2018 大健康建筑第一届联合毕业设计教案与成果

——老人与孤独症儿童的复合与共享

周颖 陈宇 等著

东南大学出版社·南京

图书在版编目（CIP）数据

2018大健康建筑第一届联合毕业设计教案与成果：
老人与孤独症儿童的复合与共享 / 周颖等著 . -- 南京：
东南大学出版社，2024.4
ISBN 978-7-5641-8438-4

Ⅰ.① 2… Ⅱ.①周… Ⅲ.①保健建筑 – 建筑设计 –
教学研究 – 高等学校 Ⅳ.① TU246

中国版本图书馆 CIP 数据核字（2019）第 102827 号

责任编辑：姜 来 魏晓平
责任校对：张万莹
封面制作：毕 真
责任印制：周荣虎

2018大健康建筑第一届联合毕业设计教案与成果——老人与孤独症儿童的复合与共享
2018 Da Jiankang Jianzhu Di-yi Jie Lianhe Biye Sheji Jiao'an Yu Chengguo ——
Laoren Yu Guduzheng Ertong De Fuhe Yu Gongxiang
周 颖 陈 宇 等著

出版发行：东南大学出版社
出 版 人：白云飞
社 址：南京市四牌楼 2 号
网 址：http://www.seupress.com
邮 箱：press@seupress.com
邮 编：210096
电 话：025-83793330
经 销：全国各地新华书店
印 刷：广东虎彩云印刷有限公司
开 本：890 mm×1 240 mm 1/16
印 张：15.25
字 数：792 千
版 次：2024 年 4 月第 1 版
印 次：2024 年 4 月第 1 次印刷
书 号：ISBN 978-7-5641-8438-4
定 价：119.00 元

著　者

周　颖、陈　宇、姚　栋、司马蕾、崔　哲、朱小雷、庄少庞、卫大可、高裕江、裘　知、刘　晖、
谭刚毅、李翔宁、胡惠琴、戴　俭、曹　艳、宋梦梅、崔颉颃、洪　玥、庞志宇、华正晨、徐子攸、
黄一凡、王　晨、吕雅蓓、徐海闻、房　玥、陈非凡、冯雅蓉、叶子桐、朱元元、居子玥、梅桑娜、
陈子恩、肖家琪、姜林成、杨小凡、陈　晔、师语璠、方欣杨、王宇慧、郭婧媛、史鹤迪、王毅超、
郑盛远、郑俊超、郑诗吟、周宇嘉、吴韵诗、储宇鑫、毛金统、张颢阳、秦士耀、娄颖颖、严心瞳、
陈雨蒙、张小可、孔　晰、李志纯、乔壬路、袁　浩、徐　熠、蒋志伟、徐明月

制　作

秦博娜、陈韵玄、陈欣欣

序

健康是人民幸福和社会发展的基础，也是人们对美好生活的共同追求。我国《"健康中国2030"规划纲要》指出，优化完善健康服务，发展健康产业，应该加强重点人群健康服务，提高妇幼健康水平，促进健康老龄化，维护残疾人健康。在这样的背景下，国内七所知名建筑院校（东南大学、同济大学、哈尔滨工业大学、华南理工大学、华中科技大学、浙江大学、北京工业大学）将"大健康居住"作为联合毕业设计的主题，关注老年人和孤独症儿童综合福祉设施的规划和建设，紧跟时代热点，具有重要的现实意义。

首先，福祉设施这一建筑类型功能性较强，空间的规划设计对后期运营有较大影响。目前我国人口老龄化不断加剧、福祉水平持续提高，福祉设施仍有大量的建设需求。同学们在学习期间能从事相关主题的训练，关注弱势群体，掌握该类型建筑的设计方法，可以为毕业后走入工作岗位打下坚实基础。

其次，我国福祉建筑的建设起步较晚，尤其是"老幼代际互助"这种类型的设施，长久以来受到的重视程度不够，其设计方法和建筑形式还有待进一步探索。来自七所高校的几十名同学，将一个真实的项目作为毕业设计选题"真题假做"，经过半学期的学习思考，群策群力，形成的研究成果能够为解决现实问题提供全新的视角和思路。

站在建筑学教学的角度，这种多校联合毕业设计的形式也具有很好的示范作用。不同建筑院校的教学方法各有千秋，培养的学生特色鲜明。来自不同地域、不同高校的师生同聚一堂，围绕一个命题充分地交流互动，取长补短，良性竞争，对于老师和学生，都是非常难得的学习机会。最终呈现的教学成果，相较于传统的毕业设计模式，内容更加多元和丰富。

清华大学建筑学院因教学时间安排的原因，遗憾错过"大健康建筑"第一届联合毕业设计。但是，中期评图期间，清华大学主办了"全国高校首届老年建筑研究学术论坛"，邀请七校师生共聚清华园，开展了一系列学术活动，与大家进行了深度的切磋和探讨，因此对联合毕业设计的工作成果有较直观的了解。纵观整个教学的过程，不同高校的同学有竞争、有合作，有交流、有互动，态度积极，思路开阔，最后形成的成果内容丰硕，图纸精美，对解决现实问题富有启发。

联合毕业设计结束后，师生们不辞辛苦，举办了一系列成果展览，还将教案和优秀作品集结成册，刊印出版。这些工作具有重要的教学价值和社会意义，一方面，本书可以为接下来的联合毕业设计教学提供一个参考范本，优秀作品能够给同学们带来思路上的启发；另一方面，本书也可以让全社会看到高校在福祉建筑这一领域所做的思考和努力，推动这一建筑类型的发展。

周燕珉

2023年9月　于清华园

目　录

Contents

02　场地设计

03　建筑设计

04 学生作品

05 附录

01

教案

1.1 任务书

1.1.1 用地
用地面积 800 亩，约 53 万 m²。

1.1.2 建筑容积率
建筑容积率为 0.5 ~ 1，具体由各校老师决定。

1.1.3 建筑体量
初步拟定的功能包括七大板块，建筑面积 26.5 万 m²，包括：

1. 办公管理 200 人、访客接待（等候、谈话、儿童游戏、阅读、查资料等）、就业指导（协同办公、互联服务、科研转化、创业孵化、产品展示等），约 10 000 m²。
2. 员工生活区 200 名（包括宿舍、食堂和娱乐，类似招待所的功能，办公人员可以来食堂就餐），约 16 000 m²。

3. 养老设施，约 175 000 m²，包括：
1）1 800 户养老住宅：服务于自理型和支援型老人，其中：600 户 60 m²/ 户的养老住宅，1 000 户 80 m²/ 户的养老住宅，200 户 100 m²/ 户的养老住宅
2）200 床养老公寓：服务于自理型和支援型老人，50 m²/ 人，合计 10 000 m²
3）400 床养老院：服务于介护型老人及失智老人、临终老人，合计 18 000 m²
4）100 床的时空胶囊，可满足两周生活的主题度假疗养，面积 5 000 m²
作用：建成老人年轻时的模拟环境，让失智老人在这个环境中生活 2 周左右的时间，让老人穿越到年轻的时光。研究成果表明，老人年轻时的模拟环境有利于老人回复年轻的心态，延缓痴呆进程，改善身心健康。
关键问题：回到历史年代的情境和生活方式，如何和现在养老的生活方式衔接。
总体规划中保留村庄的同学，可以尝试通过新型乡村建设，设计时光胶囊。
5）老年大学 1 500 m²
6）营养厨房 + 餐厅 1 500 m²
7）管理用房 1 000 m²
8）后勤用房 1 000 m²
9）医护办公 1 000 m²

4. 康复医院暨社区卫生服务中心，约 20 000 m²，包括：
1）门诊医技部 5 000 m²
2）住院部 8 000 m²
3）康复训练大厅 3 000 m²（含水疗、作业疗法等）
其中：儿童康复 1 500 m²
　　　成人康复 1 500 m²
4）日间护理中心 1 000 m²
5）后勤供应 1 000 m²

5. 孤独症青少年儿童为主体的学校，12 人 / 班 × 30 班 = 360 人（幼儿园 6 班 + 小学 12 班 + 初中 6 班 + 高中 6 班，共计 30 班），全日制住宿，需额外设置技能训练场地，建筑面积约 39 000 m²，包括：
1）幼儿园用房，约 3 000 m²，包括：
活动室 50 m² × 6 = 300 m²
寝室 50 m² × 6 = 300 m²
卫生间 15 m² × 6 = 90 m²
衣帽储藏 9 m² × 6 = 54 m²
集体活动室 150 m²
2）小学用房，约 11 000 m²，包括：
普通教室 60 m² × 12 = 720 m²
多用途教室 120 m²（其中准备室 20 m²）
微机教室 120 m²（其中准备室 30 m²）
美术教室 120 m²（其中教具室 30 m²）
语音教室 120 m²（其中准备室 30 m²）
音乐疗法室 90 m²（其中乐器室 30 m²）
个性训练室 15 m² × 30 = 450 m²
科技活动室 30 m² × 4 = 120 m²
阅览室 150 m²
教师办公室 20 m² × 8 = 160 m²
厕所、饮水间 500 m²（可根据需要分设若干处）
3）初中、高中用房，约 12 000 m²，包括：
普通教室 60 m² × 12 = 720 m²
技能培训室 120 m² × 6 = 720 m²（其中准备室 20 m² × 4）
多功能厅 500 m²
4）各个年级办公室，包括：
行政办公室 30 m² × 15 = 450 m²
教师办公室 30 m² × 30 = 900 m²
广播室 30 m²
卫生保健室 30 m²
荣誉室、接待室 60 m²
传达值班 30 m²
总务库 60 m²
设备用房 200 m²
5）300 名学生宿舍，约 9 000 m²
6）营养厨房 + 餐厅 1 000 m²

6. 室外场地，必需功能约 50 000 m²，可根据需要增加，包括：
1）幼儿园室外活动用地，共计约 1 000 m²
60 m² × 6 = 360 m²
集中活动场地 600 m²
2）中小学体育用地，共计约 6 000 m²
200 m 环形田径场（其中一长边布置 60 m 直跑道）
篮球场 450 m²（2 个，可分设）
羽毛球场 400 m²（2 个，可分设）
场地综合器械 300 m²
3）马疗场地，标准马场 60 m × 20 m，周围一圈 20 m 空地，

第 1 周	第 2 周	第 3 周	第 4 周	第 5 周	第 6 周	第 7 周
毕业设计开题						
课题介绍	总结场地设计研究	设计构思表达		深化总体设计		布局模式研究
场地调研	提出总体规划构思	提出规划总平面		初步单体设计		案例分析
场地认知	场地设计	概念生成	总体设计	单体设计		模式研究

故面积为 4 000 m²

4）露天停车场，其中机动车计 500 停车位，约 20 000 m²；非机动车计 500 停车位，约 1 000 m²

5）种植、园艺、水疗、花园、运动场等，主题及面积自拟

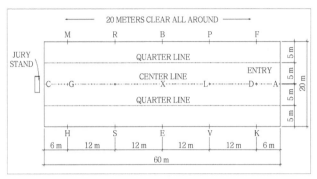

图 1-1 马疗场地平面

7. 公共设施，约 5 000 m²。包括：

1）超市 5 000 m²

2）观影中心 5 000 m²

1.1.4 作业要求

1. 两所学校的 4 名同学组成小组，完成前期调研文本和总体规划

2. 同校的两名同学组成小组，每人完成其中一栋建筑的方案设计

表 1-1 毕业设计分组情况

组名	总体规划分组定稿	
总规组 01	哈尔滨工业大学第 1 组（史鹤迪、郭婧媛）	浙江大学第 1 组（王毅超、储宇鑫）
总规组 02	哈尔滨工业大学第 2 组（方欣杨、王宇慧）	东南大学第 2 组（黄一凡、王晨）
总规组 03	北京工业大学第 1 组（乔壬路、袁浩）	浙江大学第 2 组（娄颖颖、严心瞳）
总规组 04	同济大学第 2 组（梅桑娜、居子玥、朱元元）	东南大学第 3 组（华正晨、徐子攸）
总规组 05	同济大学第 3 组（叶子桐、冯雅蓉）	哈尔滨工业大学第 3 组（陈晔、师语璠）
总规组 06	华中科技大学第 1 组（李志纯、孔晰）	浙江大学第 5 组（张颢阳、秦土耀）
总规组 07	东南大学第 4 组（曹艳、宋梦梅）	华中科技大学第 2 组（陈雨蒙、张小可）
总规组 08	浙江大学第 3 组（郑诗吟、周宇嘉）	同济大学第 1 组（陈非凡、房玥）
总规组 09	浙江大学第 4 组（郑盛远、郑俊超）	东南大学第 1 组（吕雅蓓、徐海闻）
总规组 10	华南理工大学第 1 组（肖家琪、陈子恩）	浙江大学第 6 组（毛金统、吴韵诗）
总规组 11	东南大学第 5 组（崔颉颃、洪玥、庞志宇）	华南理工大学第 2 组（杨小凡、姜林成）

表 1-2 任务书

功能板块	规模要求	分项指标	特殊要求
养老设施	1 800 户住宅600 老人床位300 儿童床位175 000 m²	60 m² 养老住宅 600 户，60 m² 养老住宅 1 000 户，100 m² 养老住宅 200 户，合计 136 000 m²200 床养老院——50 m²/人，合计 10 000 m²	自理型和支援型老人
		400 床养老院——合计 10 000 m²	介护型、失智、临终老人
		100 床的时空胶囊，可满足两周生活的主题度假疗养，面积 5 000 m²	
		老年大学 1 500 m²	
		营养厨房 + 餐厅 1 500 m²	
		管理用房 1 000 m²	
		后勤用房 1 000 m²	
		医护用房 1 000 m²	
康复医院即社区卫生服务中心	20 000 m²	门诊医技部 5 000 m²住院部 8 000 m²	
		管理部 1 000 m²	
		康复训练大厅 3 000 m²，包括儿童康复 1 500 m²，成人康复 1 500 m²	含水疗、作业疗法等
		日间护理中心 1 000 m²	
		后勤供应 2 000 m²	
孤独症为主体的学校	12 人/班×30 班=360 人，39 000 m²	幼儿园用房，约 3 000 m²	幼儿园 6 班 + 小学 12 班 + 初中 6 班 + 高中 6 班，共计 30 班
		小学用房，约 11 000 m²初中用房，约 6 000 m²	
		高中用房，约 6 000 m²	
		管理用房，约 1 500 m²后勤用房，约 1 500 m²	
		300 床孤独症儿童宿舍 30 m²/人，合计 9 000 m²营养厨房 + 餐厅 1 000 m²	
办公管理	200 人，10 000 m²	就业指导（协同办公、互联服务、科研转化、创业孵化、产品展示等）	
		访客接待（等候、谈话、儿童游戏、阅读、查资料等）	
员工生活区	200 名，16 000 m²	包括宿舍、食堂和娱乐，办公人员可以在食堂就餐	
室外场地	约50 000 m²	幼儿园室外活动用地，约 1 000 m²	
		中小学体育用地，共计约 6 000 m²	
		马疗场地——标准马场 60 m×20 m，周围一圈 20 m 空地，面积 4 000 m²	
		露天停车场，其中机动车500 个停车位，约 20 000 m²；非机动车 500 个停车位，约 1 000 m²	
		种植、园艺、水疗、花园、运动场等，主题及面积自定	
公共设施	约5 000 m²	超市、观影中心等	

1.1.5 教学计划

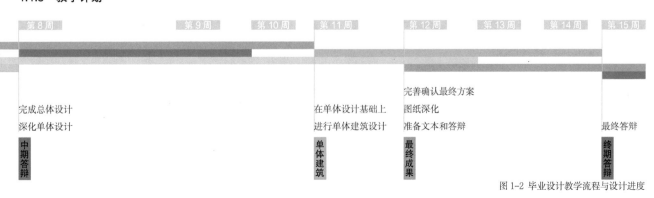

第 8 周　第 9 周　第 10 周　第 11 周　第 12 周　第 13 周　第 14 周　第 15 周

完成总体设计深化单体设计中期答辩

在单体设计基础上进行单体建筑设计单体建筑

完善确认最终方案图纸深化准备文本和答辩最终成果

最终答辩终期答辩

图 1-2 毕业设计教学流程与设计进度

1.2 教学计划

1.2.1 第一周 2018 年 3 月 2 日（周五）开题

筑医台 侯丽萍 报道

鉴于加强高校之间学术交流的重要意义，并考虑到健康建筑在现代社会的重要作用，东南大学主办了"大健康建筑"第一届联合毕业设计活动，同济大学、华南理工大学、哈尔滨工业大学、浙江大学、华中科技大学、北京工业大学等高校合办。其特色不仅在于加强校际交流，而且专注在"大健康建筑"领域，旨在整合各校优势资源，群策群力，共同将我国医疗、养老、健康人居、残障照护、特殊教育等建筑领域的教学与研究水平推进到一个新的高度。

图 1-3 各校师生合影

| 庄少庞老师 | 李翔宇老师 | 周颖老师 | 陈宇老师 | 裘知老师 | 崔晢老师 | 芮国兴董事长 |

图 1-4 开题现场进行介绍和说明的各高校老师 ▲

课程说明　　　　　　　　　　　　　　　开题现场

今年的设计题目是"老人与孤独症儿童的共享型福祉·康复设施设计"，最大的新意与亮点是把养老和孤独症儿童进行有机整合，出题人是东南大学建筑学院的周颖教授。目前，国内已有一些学者展开了相关的研究工作，例如北京工业大学的胡惠琴教授和同济大学的司马蕾副教授，都取得了很好的成果，但落实到具体设计实践中的还不多。

整个毕业设计分开题、中期答辩、终期答辩等三个阶段。2018 年 3 月 2~3 日，2018 大健康建筑第一届联合毕业设计在东南大学顺利开题。中期答辩将由清华大学举办，中期答辩后，北京工业大学为深化设计提供教室。终期答辩还将回到东南大学。

在东南大学中大院的开题现场，华南理工大学庄少庞、北京工业大学李翔宇、浙江大学裘知、同济大学崔晢等老师分别主持了不同时段的活动。东南大学周颖老师详细介绍了课题内容，南京瑞海博老年康复中心的芮国兴董事长重点说明了建设意图，东南大学陈宇老师则对建设场地进行了详细的讲解和剖析。

周颖老师希望通过本次联合毕业设计，不仅实现教学相长，还能获得研究与设计相互促进的效果。她的最大愿望是通过校际交流，大家能碰撞出新的火花，最终产生出具有高品质健康环境且富有艺术感染力的设计作品。

哈尔滨工业大学学生自我介绍　　北京工业大学学生自我介绍　　同济大学学生自我介绍　　东南大学学生自我介绍

华中科技大学学生自我介绍　　浙江大学学生自我介绍　　华南理工大学学生自我介绍

图 1-5 联合毕业设计开题现场

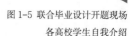
各高校学生自我介绍

开题现场

3月2日下午，各校师生乘坐两辆巴士考察了设计场地。项目位于南京市雨花区，占地20万 m²。除800床养老设施、200床孤独症儿童福祉设施（含教育和生活设施）外，设计内容还包括康复中心、室外场地、行政办公、员工生活设施等。

值得一提的是，本次毕业设计课题将在国内首次尝试已被国外研究证明对失智老人和孤独症儿童的康复颇有疗效的马疗场地设计，因而室外马疗场地成为本次毕业设计中的关键内容之一。本次毕业设计的具体安排是，先由来自两所高校4~5名同学组成一个小组，合作进行总体规划，然后每名学生再选择其中的一个具体项目展开深入的建筑单体设计。

▲ 图1-6 联合毕业设计师生踏勘现场

开题现场

为了保证设计成果的多样性，鼓励学生从总体规划、建筑形态、景园设计、材料建构、行为特性、场景叠加、老幼互动等不同的层面或视角来切入设计主题。为了更好地帮助学生抓住重点、理清思路，各校教师进行了精彩纷呈的现场教学。3月2日晚，北京工业大学胡惠琴老师以"居住福祉学理论下社区代际交流环境的构筑"、华南理工大学朱小雷老师以"使用者、使用方式与典型养老模块的设计要素"和卫大可老师以"国家标准《老人照料设施建筑设计标准》编制介绍"为题分别介绍了他们的最新成果。

图1-7 联合毕业设计授课现场

3月3日，浙江大学高裕江老师以"建筑形态创新理论概述与时间案例研析"、华中科技大学刘晖老师以"绘图材料Mapping Material——从材料视角讨论设计方法"、同济大学姚栋老师以"老年人的需求和应对"、东南大学陈宇老师以"福祉教育类学校规划与设计理论及孤独症儿童的特征"、同济大学司马蕾老师以"认知症老人的环境需求与老幼复合设施的可能性"为题分别做了精彩的演讲。

面对现场师生提出的各种问题，授课老师均一一给出了深入而独到的解答。活动最后，胡惠琴老师对本次毕业设计开题进行了总结，她充分肯定了这次开题活动，认为不仅有利于加强对老年人和孤独症儿童群体的关注，也能使今后的设计朝着更适合各类不同人群的方向发展。胡老师还表示了对优秀设计成果的期待。

胡惠琴老师　　卫大可老师　　朱小雷老师　　高裕江老师　　刘晖老师　　姚栋老师　　司马蕾老师

▲ 图1-8 联合毕业设计授课现场各老师精彩演讲

后记

在随后的教师会议上，各校老师表示要把这项有意义的活动一直举办下去，最终决定2019年大健康建筑领域第二届联合毕业设计由华中科技大学举办开题活动和终期答辩，中期答辩由浙江大学举办。这也多少弥补了因天气原因而未能出席本次开题活动的华中科技大学谭刚毅教授的缺憾。另外，由于时间不凑巧等原因，部分高校错过了第一届联合毕业设计，因此非常欢迎更多的高校共同参与第二届的活动。作为东道主，谭刚毅老师表示热烈欢迎各校师生明年来华中科技大学欢聚一堂。

1.2.2 第二周 2018 年 3 月 9 日（周五）布置作业

1. 场地分析调研报告 PPT 与场地实体模型制作

1）对场地地形的总体形态分析（宏观视野，想象在高空中观察，要联系红线外的地形一起看分布特征）

（1）高地分布在哪里？高地上看到什么？

（2）低地分布在哪里？是否有空间走向的暗示？

2）植被分布的空间特征

（1）树林、茶树、水田（藕塘、茨菰塘、荸荠塘）和农田分布的空间特征。

（2）行道树分布的空间特征。

3）水体分布的规律，与地形高地形态分布叠合的分析

4）现状道路的分类、通向

5）现状公共交通、线路和站点

6）现状村庄——每个村庄占地、人口、村庄分布的平均间距

7）村庄中单体建筑——基本单元类型、主要建筑朝向的规律

8）高压线走向，标出等级和保护范围

9）本基地所属最小行政管理单位、行政区划图

2. 对上位规划的解读

1）把板桥新城的控规路网放到基地上（CAD 图，控规路网只描基地及周边相关区域）

2）在基地图上标出控规规划的用地性质

3）查找与基地相关的交通、教育等公共设施和基础设施规划（比如基地及周边是否有规划学校布点，是否有公共交通线路，高压线走向的调整）

3. 场地设计条件图

1）如果你把现状当做主要的设计约束条件，根据场地分析和调研资料，画出场地设计条件图

（1）标出现状道路宽度。

（2）场地中哪些要素要保留？

（3）场地中哪些要素可改造利用？

（4）建筑可布置的区域？

（5）有没有重要的远景？

（6）噪音分布的影响范围？

（7）与基地周边的关系（比如是否保持梁三路与孙余村的联系）。

2）如果你把板桥新城的控规当做主要约束条件，根据控规和场地分析，画出场地设计条件图

除以上 1）中的要点外，标出：

规划道路宽度和建筑后退距离；

其他与基地相关的公共实施位置。

4. 场地前期研究的总结

对场地的 SWOT 分析：场地的优点、弱点、机遇、挑战。

5. 对任务书的解读

1）功能空间关系的研究—— 画出功能组织泡泡图（不分室内外，包括所有的空间，对功能关系不同组可有不同理解）

例如：学校区域要考虑幼儿园、小学、初中、高中功能区之间的关系，教学训练空间与居住空间（学生宿舍）的关系，教师办公管理是分还是合，公共教学用房是分还是合。

2）建筑在基地上量的研究——在基地条件图上，在本组划定的宜布置建筑的区域内，按一层满铺（满铺是指不考虑任

何功能要求，只是算量，不必挖院子考虑形态）计算建筑密度；按二层满铺，计算建筑密度；直到算到六层！考察不同高度建筑的量与占地比例关系

6. 总体形态模式研究——请大家罗列案例（找总图和鸟瞰图），了解这种基地规模上可能的总体形态模式有哪些（不考虑内部功能，只看整体形态）

先提几个模式供参考：

1）城市密集街区网格模式——巴塞罗那

2）古典小镇、村庄模式——西耶纳、宏村

3）现代园区模式——校园产业园

公园中散布的单体建筑）

4）巨构模式——大型商业综合体、医疗综合体

5）毯式——低层延展，没有明确的单体建筑形象

6）组团式——分区分级成组，疏能跑马，密不透风

7）兵营模式、新城市主义的模式……

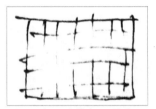
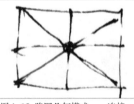

图 1-9 路网几何模式——均质　　　图 1-10 路网几何模式——连接

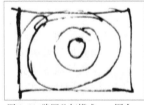

图 1-11 路网几何模式——围合　　　图 1-12 路网几何模式——有机

7. 单体形态模式研究——收集学校、养老院、康复医院的总平面，归纳形态模式以及与周边环境形态模式的关系（类似？对比？变体？）

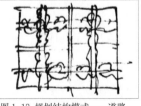
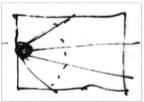

图 1-13 规划结构模式——道路　　　图 1-14 规划结构模式——西点放射

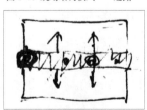
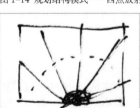

图 1-15 规划结构模式——东西轴　　　图 1-16 规划结构模式——南点放射

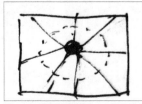

图 1-17 规划结构模式——南北轴　　　图 1-18 规划结构模式——核心放射

8. 总体规划布局构思的提出

1）总体设计的目标

2）达成目标的途径

3）总体布局的生成过程

4）成果

（1）总体规划结构示意图

（2）总图：表达建筑布局、道路、绿地水体

（强调总体视角，关注外部空间系统，单体的形式不必纠结，把所有建筑涂黑，不断观察作为群体的建筑区与外部空间的关系）

1.2.3 第三周 2018 年 3 月 16 日（周五）布置作业

1. 毕业设计中期文本要求

1）封面

2）目录：项目简介

前期研究

设计构思

总体规划

单体设计

专项设计

3）前期研究

场地研究：人文历史 / 区位区划 / 地形 / 水系 / 道路 / 公交 / 村落分布 / 建筑 / 生态植被 / 噪音……

案例研究：总体形态布局案例研究

单体类型学研究

与构思相关的特定案例研究

任务书研究：功能空间组织模式

场地布局层数与密度量化研究

上位规划研究：对场地设计的约束与引导

（路网、土地利用、形态布局、公共服务设施、绿色开放空间）

总结：场地设计条件图

SWOT 分析

4）设计构思

设计理念　设计目标　实现路径

5）总体规划：总体规划平面图

经济技术指标

功能空间组织模式分析图

外部空间结构图

道路系统

步行系统

绿色开放空间

景观视线

6）单体设计

7）专项设计

2. 完善场地设计条件图（CAD 打印稿 A3，贴在工位前）——每组可有不同的条件图

1）明确场地设计大前提（请在以下三项中选择）

（1）完全按照现状场地条件和环境作为前提——乡村型。

（2）完全按照板桥新城控规作为设计前提（不得改动路网）——城市型。

（3）以场地现状和控规作为前提（可局部调整路网）——城乡结合型。

2）画出周边道路，标明宽度

3）画出高压走廊，标明保护宽度

4）标明场地中可能保留的要素（路？水？树？民居？）

5）画出建筑红线，标明可建设区域

6）标明其他可供参考的约束条件（如噪音防护、开放空间连接）

3. 设计构思的表达（每组要有不同的构思）

1）设计理念：一个关键词、一幅图片或简图

（1）本组的设计从何生发？核心理念是什么？

（2）田园都市？老少互动？生态村？欢乐谷？

（3）自然课堂？新农庄？香·乡？味·道？……

2）设计目标

一句话解释说明核心理念的意义，或描述所追求的环境氛围。

3）实现路径

从不同维度（如形态、视觉、功能、社会、时间等）、不同层级（宏观、中观、微观）、不同要素（建筑、绿化、公共空间……）等来考虑如何实现所追求的目标。

4. 构思草图

（此处主要指基本的模式，画出你想要采用的模式简图）

1）功能分区图——思考一下基本模式有哪些可能，分不分，怎么分

（1）在总体层面，是采取功能大分区，还是功能混合？

（2）如果采取大分区（如分为老人区，儿童区……）是否还有次结构（分层级组织）？

（3）如果采取功能混合，最小单元什么规模？是在什么层次上混合？（单体层次？组团层次？还是总体？）

2）外部公共空间结构图

（指人在室外活动的主要空间，如城市的街道、广场等，公共空间系统是组织城市功能空间的骨架）

（1）有没有中心？一个还是不只一个中心？

（2）有没有轴线？节点和轴线如何构成一个网络系统？

（3）这个基地上的外部公共空间系统，与基地外围的公共空间是否有连接？

3）绿色开放空间结构图

主要指绿地水体，如城市中的公园、林荫道等，自然中的农田、茶林、树林。

4）道路系统图

（1）路网采取什么模式？几何 / 有机？格网 / 放射 / 环路？

（2）路网是否分层级？分几级？

5）步行系统图

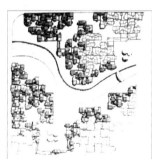

图 1-19 组合式布局 1　　　　图 1-20 组合式布局 2

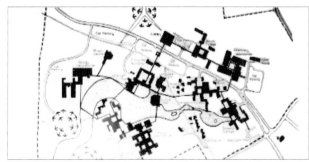

图 1-21 组团式布局 3——强调各组团的内聚力，自成小中心

图 1-22 组团式布局 4——强调各组团的内聚力，自成小中心

5. 规划总平面（要有尺度控制网格）
1）图面表达分清道路、广场、绿地、水体、建筑、特殊运动场地
（1）标明主要出入口。
（2）标明道路宽度。
（3）标明建筑功能和层数。
2）单独画一张黑白图底图（建筑涂黑，除外围路网环境外都略去）
3）以总平面为底图，画出功能分区、外部空间结构、绿色开放空间、道路系统和步行系统的分析图，并与基本模式进行对照，看看是否实现了基本模式，还有什么问题

1.2.4　第五周 2018 年 4 月 1 日（周日）布置作业

1. 按 A3 文本设计中期汇报 PPT 板式

2. 完成总体设计以下图纸
1）现状分析
（1）区位分析图（3 个空间层级）。
（2）现状分析总平面底图 1（比做模型的 1：2000 范围框大一些，包括周边的村庄，北到孙村和老西王，南到生态园，东到谷里花木园和大柏树，西到钟家和姚家）。
（3）现状分析图——道路和村庄（在底图 1 上做）标明道路宽度。
（4）现状分析图——植被和水体（在底图 1 上做）。
（5）现状分析总平面底图 2（上次确定的 1：2000 范围）。
（6）现状分析图——地形（在底图 2 上做）。
（7）现状资源评价图——植被、水体、建筑、道路的评价（保留、拆除、改造利用）。
（8）场地设计条件图——外围路网红线、高压线保护区、可建设区域、其他要解决的问题和关注的要素。
2）案例研究（选择 1~2 个与设计目标相关的案例）
3）规划设计总平面 CAD、彩色总平面及鸟瞰图（上次确定的做 1：2000 模型）
4）总体规划分析图（基本分析图见中期答辩 PPT 模板）
5）SU 小动画（从主入口开始安排空间序列的展示路径）

3. 完成单体设计的初步图纸
1）单体所在地块的总平面
2）单体平面（一层平面要有环境）
3）单体剖面
4）单体透视图

1.2.5　第七周 2018 年 4 月 13 日（周五）布置作业

1. 按中期答辩要求，介绍 PPT，每组演练时间 10 min，准备好答辩提纲

2. 总体高度研究——总体 SU 模型
1）按照总体规划控制要求，先解决好共性问题，区分英雄（重要标志和节点）和群众（作为背景的大多数）
2）滨水建筑、靠绿地公园的建筑、沿中轴线的建筑，找到一种应对的形态，其他部分最简单地建模，表达基本的建筑虚实关系
3）重要建筑，注意屋顶轮廓线和形态的多样性

3. 打印 1：2 000 总平面，训练种树
1）观念上要延续空间是核心的理念，在绿地上绿化只不过是用树、小品和其他植被来围合、划分界定空间，而不是用建筑
2）对空间形态的有机、几何、尺度、空间序列、氛围等特性先有定性再种树
3）用地范围外也要布置绿化，随着距离的远离，逐渐弱化表达

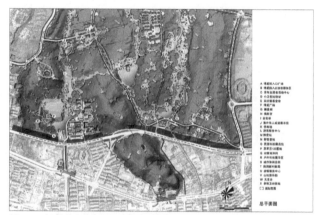

图 1-23 场地中大片的绿地森林参考画法

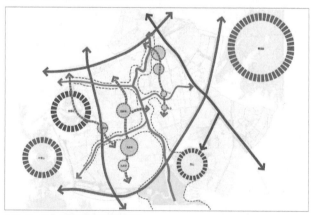

图 1-24 绿色开放空间的结构分析

图 1-25 总图种树的参考画法

中期答辩 PPT 案例

东南大学　徐海闻　吕雅蓓

图 1-26 中期答辩 PPT 案例—1

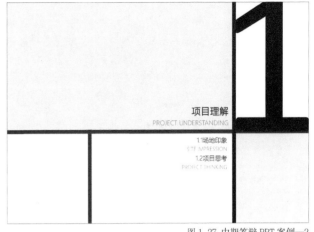

图 1-27 中期答辩 PPT 案例—2

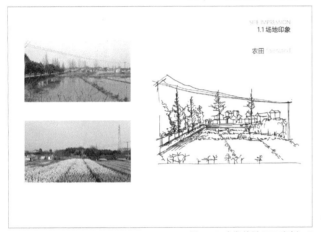

图 1-28 中期答辩 PPT 案例—3

图 1-29 中期答辩 PPT 案例—4

图 1-30 中期答辩 PPT 案例—5

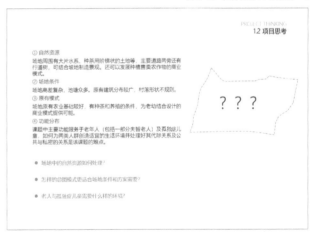

图 1-31 中期答辩 PPT 案例—6

图 1-32 中期答辩 PPT 案例—7

图 1-33 中期答辩 PPT 案例—8

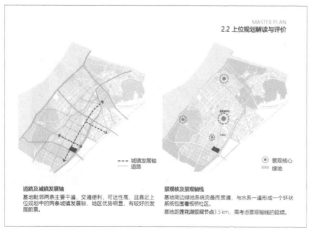

图 1-34 中期答辩 PPT 案例—9

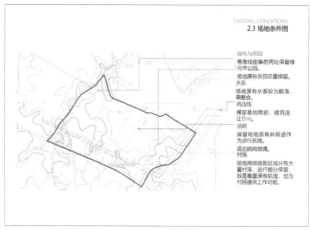

图 1-35 中期答辩 PPT 案例—10

图 1-36 中期答辩 PPT 案例—11

图 1-37 中期答辩 PPT 案例—12

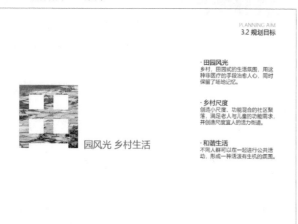

图 1-38 中期答辩 PPT 案例—13

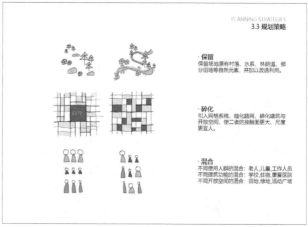

图 1-39 中期答辩 PPT 案例—14

图 1-40 中期答辩 PPT 案例—15

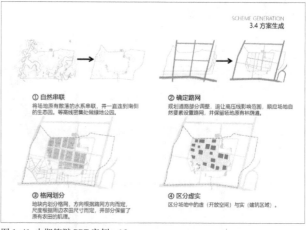

图 1-41 中期答辩 PPT 案例—16

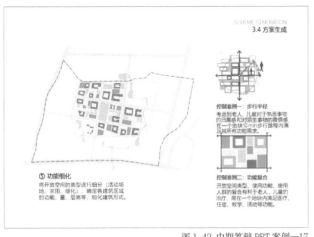

SCHEME GENERATION
3.4 方案生成

控制准则一：步行半径
考虑到老人、儿童对于熟悉事物的归属感和对陌生事物的畏惧感，在一个地块10 min步行路程内满足其所有功能需求。

控制准则二：功能复合
开放空间类型、使用功能，使用人群的复合有利于老人、儿童的治疗，需在一个地块内满足医疗、住宿、教学、活动等功能。

⑤ 功能细化
将开放空间的类型进行细分（活动场地、农田、绿化），确定各建筑区域的功能、量、层高等，细化建筑形式。

图 1-42 中期答辩 PPT 案例—17

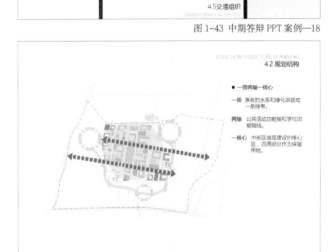

4

总体规划设计
OVERALL PLANNING AND DESIGN

4.6 图底分析
FIGURE GROUND RELATIONSHIP

4.7 格网尺度
RASTER SIZE

4.8 建筑高度
BUILDING HEIGHT

4.9 场景拼贴
COLLAGE

4.1 总体布局
MASTER PLAN

4.2 规划结构
PLANING STRUCTURE

4.3 功能组织
FUNCTION STRUCTURE

4.4 开放空间
OPENING SPACE

4.5 交通组织
TRANSPORTATION SYSTEM

图 1-43 中期答辩 PPT 案例—18

URBAN DESIGN MASTER PLAN
4.1 总体布局

1.总用地面积　520 000 m²
2.总建筑面积　94 495 m²
　办公　18 500 m²
　公寓　48 350 m²
　学校　10 410 m²
　护理　9 035 m²
　活动　8 200 m²
3.容积率　　　0.18

01 接待中心
02 老年大学
03 孤独症幼儿园
04 孤独症小学
05 孤独症中学
06 混合公寓
07 混合公寓
08 护理公寓
09 豪级养老公寓
10 活动中心
11 员工办公管理
12 孙村
13 枣树
14 梁村

A 创意集市
B 渔夫俱乐部
C 希望田野
D 岸芷汀兰
E 濑游马场
F 濯足浅池
G 弈客棋亭
H 健身公园
I 荷香藕塘
J 花鸟观田

图 1-44 中期答辩 PPT 案例—19

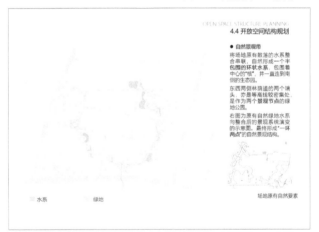

FUNCTION STRUCTURE PLANNING
4.2 规划结构

● 一带两轴一核心

一带 原有的水系和绿化串联成一条绿带。

两轴 公共活动功能轴和学校功能轴线。

一核心 中部区域是建设的核心区，四周部分作为保留用地。

图 1-45 中期答辩 PPT 案例—20

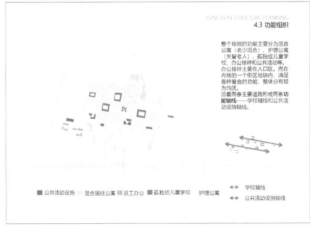

FUNCTION STRUCTURE PLANNING
4.3 功能组织

整个场地的功能主要分为混合公寓（老少混合）、护理公寓（失智老人）、孤独症儿童学校、办公接待和公共活动等。办公接待主要在入口区，而在内核的一个街区地块内，满足各种复合的功能，整体分布较为均质。
沿着两条主要道路形成两条功能轴线——学校轴线和公共活动设施轴线。

■公共活动设施　■混合居住公寓　■员工办公　■孤独症儿童学校　■护理公寓

⟷学校轴线
⟷公共活动设施轴线

图 1-46 中期答辩 PPT 案例—21

OPEN SPACE STRUCTURE PLANNING
4.4 开放空间结构规划

● 自然景观带

将场地原有散落的水系整合串联，自然形成一个半包围的环状水系，包围着中心的"核"，并一直延到南侧的生态园。

东西两条林荫道的两个端头，亦是等高线较密集处，是作为两个景观节点的绿地公园。

右图为原有自然绿化水系向整合后的景观系统演变的示意图，最终形成"一环两点"的自然景观结构。

　水系　　　绿地

场地原有自然要素

图 1-47 中期答辩 PPT 案例—22

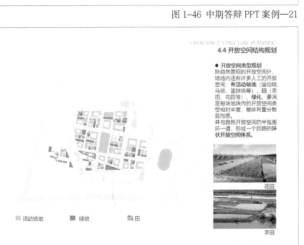

OPEN SPACE STRUCTURE PLANNING
4.4 开放空间结构规划

● 开放空间类型规划

除自然景观的开放空间外，场地内还有许多人工的开放空间，有活动场地（运动场、马场、篮球场等）、田（农田、花田等）、绿化，要满足每个地块内的开放空间类型相对丰富，整体布置分散但均质。
并与自然开放空间的半包围环一道，形成一个回顾的环状开放空间体系。

■活动场地　　■绿地　　■田

花田

农田

图 1-48 中期答辩 PPT 案例—23

TRANSPORTATION SYSTEMS PLANNING
4.5 交通系统规划

2.5 7.0 2.5
12.0
C-C 道路剖面

5.0 7.0 2.5
12.0
B-B 道路剖面

4.0 3.5 15.0 3.5 4.0
30.0
A-A 道路剖面

■城市次干道
■城市支路
■场地原有林荫道

图 1-49 中期答辩 PPT 案例—24

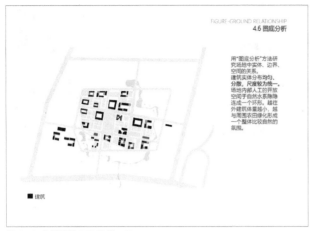

图 1-50 中期答辩 PPT 案例—25

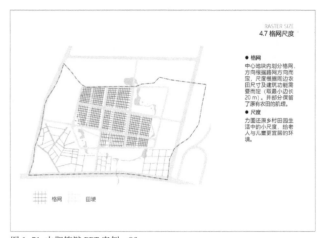

图 1-51 中期答辩 PPT 案例—26

图 1-52 中期答辩 PPT 案例—27

图 1-53 中期答辩 PPT 案例—28

图 1-54 中期答辩 PPT 案例—29

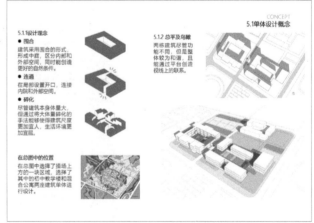

图 1-55 中期答辩 PPT 案例—30

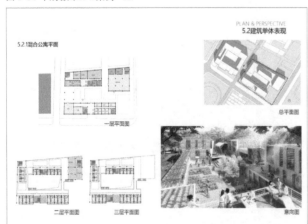

图 1-56 中期答辩 PPT 案例—31

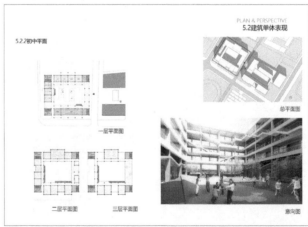

图 1-57 中期答辩 PPT 案例—32

1.2.6　第八周 2018 年 4 月 20 日（周五）中期答辩

筑医台　侯丽萍　报道

图 1-58 答辩教师合影

图 1-59 师生聚清华园

作为主办方，清华大学周燕珉教授及其团队做了大量的筹备工作。今年的设计题目是"老人与孤独症儿童的共享型福祉·康复设施设计"，最大的新意与亮点是把养老和孤独症儿童进行有机整合。

参与本次联合毕业设计的学生共完成了 22 份设计作品，分成 3 个答辩组，分别在清华大学建筑馆新馆一层和地下一层同时举行中期答辩。

中期答辩现场

围绕"老人与孤独症儿童的共享型福祉·康复设施设计"的设计主题，尽管还处在毕业设计的中期，各校同学们不仅提出了许多新颖的想法，而且在设计作品中表达出相当深度。答辩现场气氛既紧张又不失活泼，激烈的一问一答与欢声笑语不时传出。

虽说是同一个设计课题，各高校的风格与侧重点有所不同，通过碰撞能起到相互启发的效果，我们有理由期待在终期答辩时能产生出一批具有高品质健康环境且富有艺术感染力的设计作品。

第一组

第一组由北京工业大学胡惠琴老师主持，答辩组成员还包括浙江大学高裕江、华南理工大学朱小雷、东南大学陈宇、清华大学程晓青、中国矿业大学贾敏和美国南加州大学维克多·阿尔伯特·雷吉尔（Victor Albert Regnier）等老师。

图 1-60 第一组答辩现场

第二组

第二组由同济大学姚栋老师主持，答辩组成员还包括华中科技大学谭刚毅、北京工业大学李翔宇、浙江大学裘知、清华大学尹思谨、西班牙巴塞罗那大学若泽·玛丽亚·塞尔达·费雷（Jose Maria Cerda Ferre）等老师，以及南京瑞海博老年康复中心董事长芮国兴先生。

图 1-61 第二组答辩现场

第三组

第三组由清华大学周燕珉老师主持，答辩组成员还包括北京工业大学戴俭、东南大学周颖、华南理工大学庄少庞、哈尔滨工业大学卫大可、华中科技大学刘晖、同济大学司马蕾、西安建筑科技大学张倩、沈阳建筑大学刘敬东等老师。

图 1-62 第三组答辩现场

合作设计

图 1-63 合作设计点评现场

组两两成组，互相给对方改图，并对设计中的关键问题进行了深入探讨。期望通过加强校际学生之间的交流，不仅能加深对设计问题的理解，更能增进彼此的友谊。

22 日下午在清华大学建筑学院 503 教室，东南大学陈宇、北京工业大学李翔宇两位老师主持会议，很多老师都对合作设计成果进行了总结点评，此外深圳大学张玲老师、厦门理工大学高燕老师也参与了这次教学活动。

与此同时，全国高校首届老年建筑研究学术论坛在清华建筑馆王泽生报告厅紧锣密鼓地进行，来自国内 15 所大学的 23 名学者以及两名国外学者共带来 25 场精彩的学术报告。清华大学周燕珉教授期望通过这样的学术交流，共同将我国养老建筑领域的教学与研究水平推进到一个新的高度。

图 1-64 清华大学周燕珉教授在全国高校首届老年建筑研究学术论坛上做报告

在之后的两天里，同学们又在清华大学建筑学院里进行了合作设计。在中期答辩点评意见的基础上，不同学校的设计小

教学计划

1.2.7 第八周 2018 年 4 月 20 日（周五）布置作业

1. 工作内容

1）22 个小组各自总结中期答辩老师的评点意见

2）11 个总规合作组的两校同学修改合作学校同学方案

3）11 个总规合作组同学提出该基地容积率的建议值，并说明理由

4）11 个总规合作组同学阐明对基地上两类人群（养老人群和孤独症谱系儿童）共处的态度和理由，并说明达到此目标的策略

2. 成果汇报：PPT＋修改后的总图
3. 工作时间：4 月 21 日（周六）—22 日（周日）
4. 工作地点：清华大学建筑馆旧馆 5 楼开放教室
5. 汇报时间：4 月 22 日（周日）下午 14:00—17:30

1.2.8 第九周 2018 年 4 月 27 日（周五）布置作业

1. 对评点意见的回应——总结中期答辩老师的评点意见，并逐条回应，回应包括以下基本内容

1）首先表明态度：是否认同

2）如认同，提出解决应对办法

3）如不认同，提出理由来辩护

2. 参加中期答辩的体会，可包括（不限于）以下基本内容

1）对其他院校方案特点的认识（优点、弱点，有哪些印象深刻之处）

2）对这种答辩形式的意见和建议

3）对合作的看法

4）其他

3. 中期前成果的整理打包，包括以下基本内容

1）模型照片——正投影和 8 个方位角的鸟瞰

2）师生对方案各阶段进程的讨论

3）各阶段草图的照片，按日期编号

4）A3 文本 PPT 文件和中期答辩 PPT 文件

4. 单体的场地设计条件图——图上标明以下信息

1）用地红线、道路红线、建筑红线

2）建议的出入口位置（主入口、机动车出入口、后勤服务入口等）

3）建筑限高高度、建筑密度、容积率、绿地率

4）机动车停车数量、非机动车停车数量

5）对建筑形态的引导建议（如屋顶、骑楼、平台、柱廊等与外部公共空间系统的对话）

6）对功能布局的引导建议（如公共设施布局方便与社会共享）

7）对景观的引导建议（与景观视线控制相关的导则）

8）室外场地的功能要求（如几个球场等）

9）周边地块的功能

10）对预留发展的要求

11）与此地块相关的要求

5. 文献阅读——为孤独症谱系儿童服务的空间环境设计导则等，每人选择 1 篇翻译后共享
6. 案例分析——目的是理解相关设计导则在真实情境中是如何运用的

1.2.9 第十周 2018 年 5 月 4 日（周五）布置作业

1. 单体的场地设计条件图——图上标明以下信息

1）用地红线、道路红线、建筑红线

2）建议的出入口位置（主入口、机动车出入口、后勤服务入口等）

3）建筑限高高度、建筑密度、容积率、绿地率

4）机动车停车数量、非机动车停车数量

5）对建筑形态的引导建议（如屋顶、骑楼、平台、柱廊等与外部公共空间系统的对话）

6）对功能布局的引导建议（如公共设施布局方便与社会共享）

7）对景观的引导建议（与景观视线控制相关的导则）

8）室外场地的功能要求（如几个球场等）

9）周边地块的功能

10）对预留发展的要求

11）与此地块相关的要求

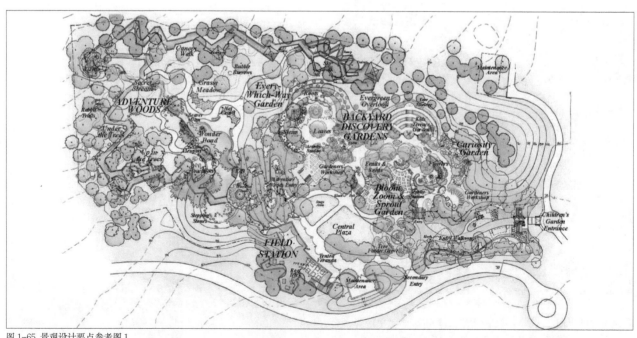

图 1-65 景观设计要点参考图 1

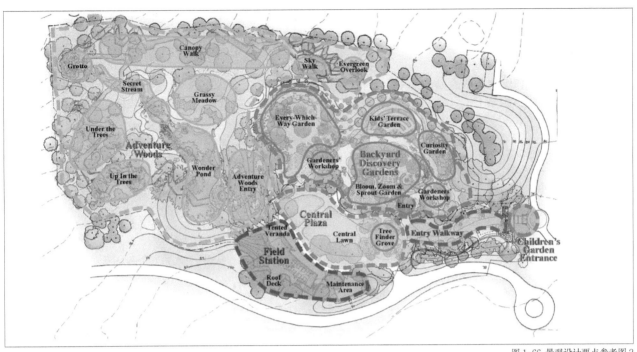

图1-66 景观设计要点参考图2

图1-67 景观设计要点参考图3

图1-68 景观设计要点参考图4

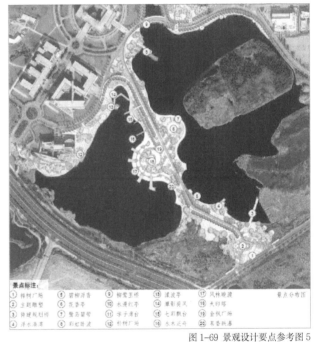

图1-69 景观设计要点参考图5

2. 忘记总体规划时的单体设计，重新思考建筑单体布局的多种可能性

3. 选择时光胶囊设计的同学，请和陈宇老师讨论设计目标和策略相关的模式研究，深化单体总平面

4. 单体设计——功能分项和面积以原任务书作为参考，大家对孤独症相关特点、诊疗、康复干预、教育培训等有了了解后，可依据人群特点和不同教育理念和方法进行功能分项和相应面积的策划调整。需要考虑以下两个问题

1）是否分为普通班（孤独症程度轻）和特殊班（孤独症程度重）

2）针对孤独症谱系儿童的特殊教育训练设立的项目（偏康复治疗的大型设施可放在康复医院内）

5. 针对特殊人群，该单体设计的具体目标实现目标的策

6. 教室单元平面图

1）你认为每班孤独症谱系学生数量多少合适

2）教室需要哪些子功能空间

3）根据上面两个问题答案画出教室单元示例平面图，标明总面积和尺寸

7. 模式研究——单体总图布局

不考虑内部房间功能，只考虑基地上实体与外部空间的关系，重新站在各位所选单体（如幼儿园）的角度反思原总规平面中这个单体平面是否还有其他设计可能：

周边式？集中式？分散式？毯式？……

8. 模式研究——单体功能空间组织

只考虑内部各功能空间如何组织在一起，如何分区？水平？垂直？……

9. 完成至少两种以上单体总平面草图

1.2.10　第十一周 2018 年 5 月 11 日（周五）布置作业

1. 总体规划图——打印 1∶1 000 的 CAD 总图（用地范围）
策划所有外部空间的名称（是什么）。
景观分区。

2. 单体建筑方案——单体 CAD 总图打印 1∶500
各层平面（有柱网、楼梯、厕所、房间功能区）。
SU 模型（体块、虚实关系）。
主角度外观人视。
内部主要空间的透视。

3. 单体造型色彩材料的构想意象表达

1.2.11　第十二周 2018 年 5 月 15 日（周二）布置作业

1. 1∶1 000 CAD 总图表达深度要求
1）所有用地表达全覆盖，除人行道外的主要公共空间画上铺地，所有绿地要表达类型（森林、草坪、疏林草地），大片的公共广场和庭院要有较小尺度的小块花池、树池等细分空间尺度
2）硬地公共空间的铺地图案不需要画得很复杂，而是要反映空间意图（强调园和中心的要顺应向心和放射、扩展的意象，有方向的空间铺地图案强调导向）
3）建筑部分，要适当加点细节（出入口雨篷、阳台、楼梯间或者一些调节尺度的变化），比中期的有些细分的尺度感

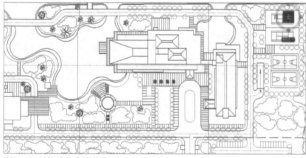

图 1-70 总图表达深度参考图

1.2.12　第十三周 2018 年 5 月 25 日（周五）布置作业

1. 毕业设计最终成果文本
1）前期研究
（1）项目定位（区位、服务人群、用地开发意愿、等级、运作管理）
（2）场地分析（地形、绿化、水体、建筑、景观、尺度……）
（3）上位规划解读（表明对此地块的开发模式设想）：
园区型、城市街区型或乡村型
（4）任务书研究（列出最终的任务书，简单介绍）
（5）场地设计条件图（以上各项分析结果综合在基地地形图上，所有保留的场地
要素明确标出）
（6）相关人群的研究案例研究（康复患者、老人、孤独症青少年儿童相关设施案例）

2）设计理念
理念、目标、策略——以关键词、一句话和标志图像等阐明设计理念的含义，并具体阐述实现的途径（策略方法）。

3）总体规划
（1）生成过程：以设计理念和策略为主线表达总体方案的生成过程（平面或 SU 模型方式呈现）
（2）总体鸟瞰图
（3）规划设计总平面——要标出规划设计指标
总用地面积
总建筑面积（包括远期规划的面积）
容积率
建筑密度
绿地率
机动车停车位
建筑分项面积表

（4）规划分析——可将彩色总平改成灰色后作为衬底，表达各系统的分析
规划结构
功能布局
开放空间
交通系统
网格尺度
绿地水体（保留的要素明确分清）
图底分析（保留的建筑明确分清）
高度分布等

4）分区介绍
把总平面分为若干区，每个区介绍包括：
（1）分区文字介绍：分区名称（如时光胶囊区）、占地面积、总建筑面积、包括哪些内容、主要的功能和特色简介
（2）分区总平面（从彩色总平面上截取）
（3）分区鸟瞰图（从总体鸟瞰图上截取或拍摄模型）

5）景观分区
（1）景观分区总图（在彩色总图上标出各景观分区名称）
（2）每个景观区放大平面 + 意象照片

6）建筑单体设计
图纸要求：外观人视图至少一张，室内人视图至少一张。
（1）在总体规划中选择这栋建筑进行单体方案设计的理由和特殊意义
（2）单体建筑技术经济指标
总建筑面积、分项建筑面积、层数

（3）建筑单体策划书
·目标人群设定、人群特征分析及其所需建筑空间
康复患者：脑卒中偏瘫患者、帕金森患者等。
老人：自理型、支援型、介护型、失智……
老幼复合或老幼混合。
·规模设定依据
·功能设定依据

（4）建筑理念、目标、策略
（5）建筑形态生成过程
（6）专题分析（按康复患者、老人和孤独症儿童设施设计的特殊性组织分析图）
（7）技术图纸（平面、立面、剖面等）所有平面至少要标两道轴线尺寸
（8）单元放大平面（单元放大平面要标轴线尺寸和面积），如康复病室、老人居室和孤独症儿童的教室和文字介绍

2. PPT

总体规划说明，重点介绍中期答辩后对总体规划的修改（5 min），围绕康复、养老和孤独症青少年儿童教育主题阐述建筑单体设计方案（10 min）。

3. 展板

每组 4 张或 6 张 A0 竖版。

4. 实体模型

1）中期总体模型 1∶2 000（已完成，保管好）

2）终期总体模型 1∶1 500（统一 A0 横板，上北下南）

3）单体模型（比例自定）

5. 宣传册页（不大于双面 A3 的量）

自由设计，包括主题词、标志、总平面图或鸟瞰图等。

终期答辩 PPT 案例

东南大学　徐海闻　吕雅蓓

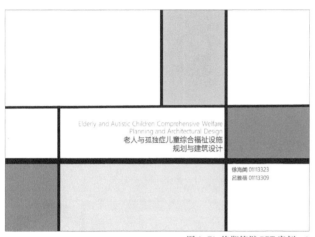

图 1-71 终期答辩 PPT 案例—1

图 1-72 终期答辩 PPT 案例—2

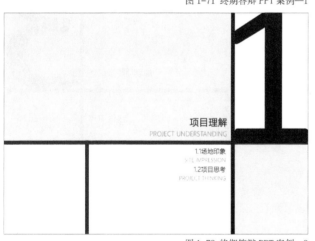

图 1-73 终期答辩 PPT 案例—3

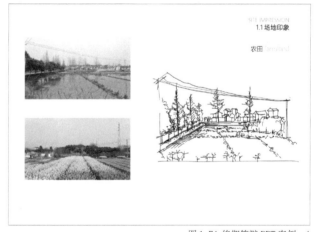

图 1-74 终期答辩 PPT 案例—4

图 1-75 终期答辩 PPT 案例—5

图 1-76 终期答辩 PPT 案例—6

教学计划

17

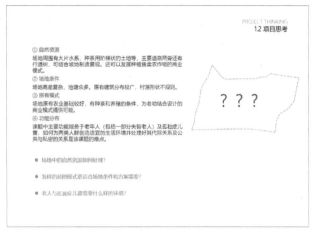

图 1-77　终期答辩 PPT 案例—7

图 1-78　终期答辩 PPT 案例—8

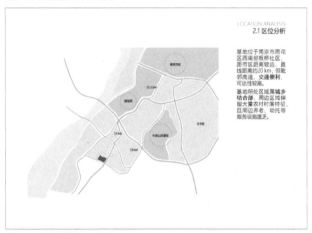

图 1-79　终期答辩 PPT 案例—9

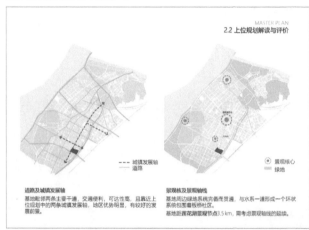

图 1-80　终期答辩 PPT 案例—10

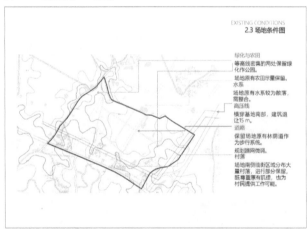

图 1-81　终期答辩 PPT 案例—11

图 1-82　终期答辩 PPT 案例—12

图 1-83　终期答辩 PPT 案例—13

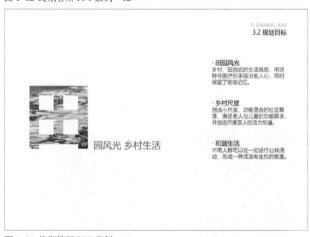

图 1-84　终期答辩 PPT 案例—14

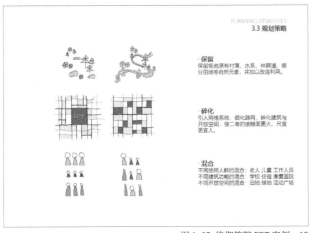

图 1-85 终期答辩 PPT 案例—15

图 1-86 终期答辩 PPT 案例—16

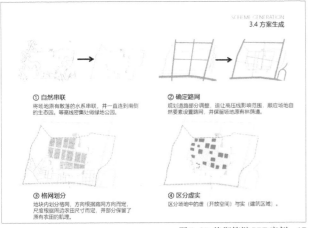

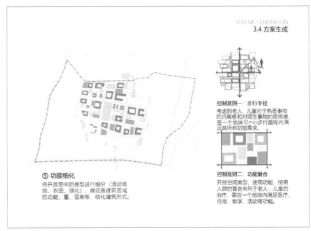

图 1-87 终期答辩 PPT 案例—17

图 1-88 终期答辩 PPT 案例—18

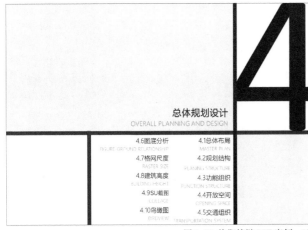

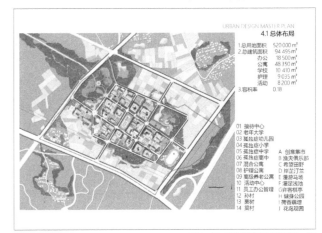

图 1-89 终期答辩 PPT 案例—19

图 1-90 终期答辩 PPT 案例—20

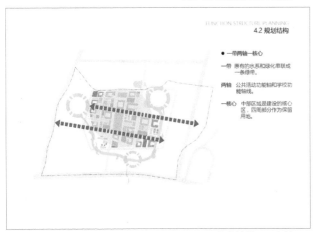

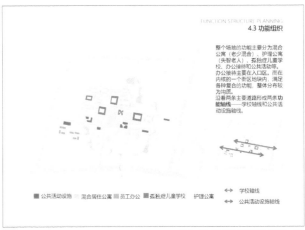

图 1-91 终期答辩 PPT 案例—21

图 1-92 终期答辩 PPT 案例—22

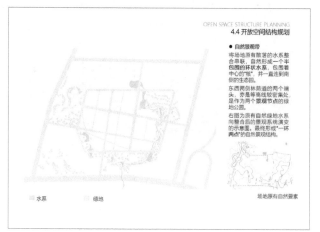

图 1-93 终期答辩 PPT 案例—23

图 1-94 终期答辩 PPT 案例—24

图 1-95 终期答辩 PPT 案例—25

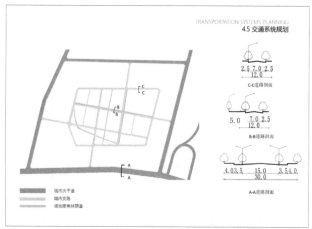

图 1-96 终期答辩 PPT 案例—26

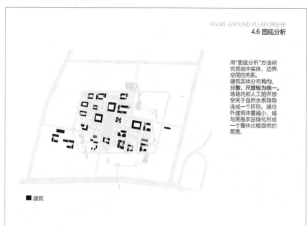

图 1-97 终期答辩 PPT 案例—27

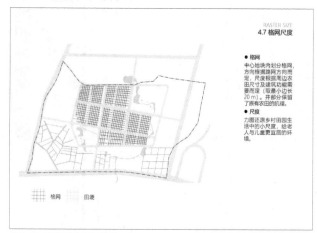

图 1-98 终期答辩 PPT 案例—28

图 1-99 终期答辩 PPT 案例—29

图 1-100 终期答辩 PPT 案例—30

5

单体设计
PLANNING AIM AND STRATEGIES

5.1 单体设计理念
CONCEPT

5.2 混合公寓
APARTMENT

5.3 孤独症儿童学校
SPECIAL SCHOOL

图 1-101 终期答辩 PPT 案例—31

BIRD VIEW
4.10 鸟瞰图

图 1-102 终期答辩 PPT 案例—32

图 1-103 终期答辩 PPT 案例—33

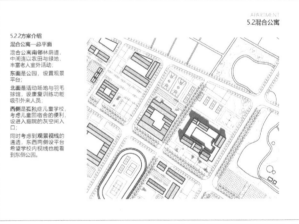

APARTMENT
5.2 混合公寓

图 1-104 终期答辩 PPT 案例—34

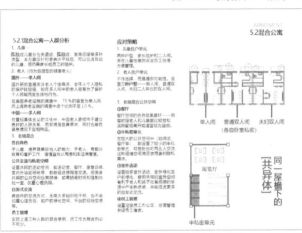

图 1-105 终期答辩 PPT 案例—35

图 1-106 终期答辩 PPT 案例—36

图 1-107 终期答辩 PPT 案例—37

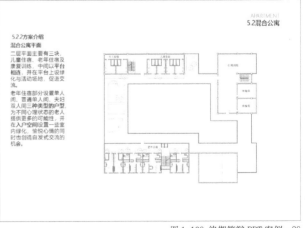

图 1-108 终期答辩 PPT 案例—38

教学计划

21

图 1-109 终期答辩 PPT 案例—39

图 1-110 终期答辩 PPT 案例—40

图 1-111 终期答辩 PPT 案例—41

图 1-112 终期答辩 PPT 案例—42

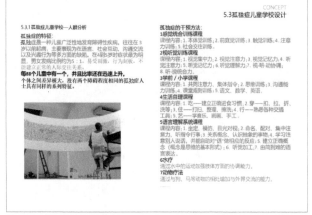

图 1-113 终期答辩 PPT 案例—43

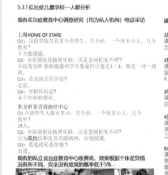

图 1-114 终期答辩 PPT 案例—44

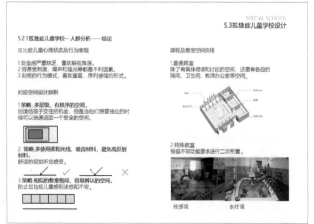

图 1-115 终期答辩 PPT 案例—45

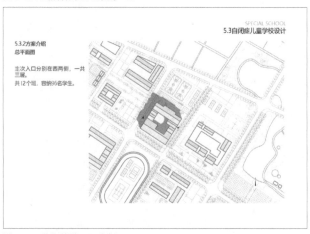

图 1-116 终期答辩 PPT 案例—46

图 1-117 终期答辩 PPT 案例—47

图 1-118 终期答辩 PPT 案例—48

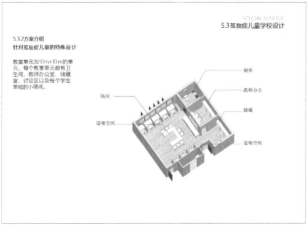

图 1-119 终期答辩 PPT 案例—49

图 1-120 终期答辩 PPT 案例—50

图 1-121 终期答辩 PPT 案例—51

图 1-122 终期答辩 PPT 案例—52

1.2.13　第十五周 2018 年 6 月 7 日（周四）终期答辩

筑医台　侯丽萍　报道

2018 年 6 月 7 日，2018 大健康建筑领域第一届联合毕业设计终期答辩在东南大学顺利举办。来自东南大学、同济大学、华南理工大学、哈尔滨工业大学、浙江大学、华中科技大学、北京工业大学的师生济济一堂。6 月的东南大学沉浸在毕业离别的氛围中，春风化雨只为此时，迟迟吾行只因拳拳之心。莘莘学子即将插上理想的隐形翅膀，带着老师的殷殷期望飞向更广阔的远方。

今年的设计题目是"老人与孤独症儿童的共享型福祉·康复设施设计"，最大的新意与亮点是把养老和孤独症儿童进行有机整合。参与本次联合毕业设计的学生共完成了 22 份设计作品，分成 4 个答辩组，分别在东南大学四牌楼校区前工院北楼一层展厅分 4 个区域进行答辩。每个学生的答辩时间严格控制在 15 min。

图 1-123　答辩团队集体合影

图 1-125　答辩前每位学生都做了充分的准备工作

图 1-124　东南大学毕业照拍摄现场及校园风景

图 1-126　很多学生不远千里将设计图和模型带到现场

终期答辩现场

第一答辩小组

第一答辩小组评审老师包括华中科技大学谭刚毅、浙江大学高裕江、东南大学陈宇、北京工业大学李翔宇、河北工业大学张萍、前华岩资本投资经理王禹晗等。

第二答辩小组

第二答辩小组评审老师包括北京工业大学戴俭及胡惠琴、东南大学周颖、哈尔滨工业大学卫大可、同济大学崔哲、东北大学曲艺、中国老年医学学会副会长兼秘书长陆军、太和公司董事长尹潇瑞等。

第三答辩小组

第三答辩小组评审老师包括华南理工大学朱小雷、华中科技大学刘晖、同济大学司马蕾、浙江大学裘知、南京瑞海博老年康复中心董事长芮国兴。

报优答辩小组

报优答辩小组的评审和投票由来自 7 所大学的 15 名指导老师和芮国兴董事长共同完成。

围绕"老人与孤独症儿童的共享型福祉·康复设施设计"的设计主题，虽说只是毕业设计，不少同学还是显露出大师风范，想法新颖，注重细节设计。答辩现场环节控制紧张，而气氛十分活跃。有的学生用PPT结合设计图和模型一起讲解，有的学生直接根据展示设计图和模型进行演讲，而老师们也会根据自己的理解提出很多问题和建议，学生都会及时根据自己的设计展示准确说出自己的想法，现场精彩不断。

图 1-127 终期答辩报优小组答辩现场

颁奖仪式

经过了整整一个下午的激烈角逐，七校教师和芮国兴董事长一起评出了特等奖1组，一等奖4组，二等奖4组，三等奖13组，共计22份作品。

教师和芮国兴董事长的评奖结果
特等奖：东南大学 吕雅蓓、徐海闻

一等奖：华南理工大学 肖家琪、陈子恩
一等奖：浙江大学 郑盛远、郑俊超
一等奖：同济大学 陈非凡、房 玥
一等奖：哈尔滨工业大学 陈 晔、师语璠

二等奖：北京工业大学 乔壬路、袁 浩
二等奖：华中科技大学 陈雨蒙、张小可
二等奖：东南大学 崔颀颀、洪 玥、庞志宇
二等奖：浙江大学 张颖阳、秦士耀

三等奖：13组学生团队

为了提高学生的参与感，本次毕业设计还增设了学生投票环节。所有学生对参赛作品进行了实名制选票，每人两票。依据学生的投票结果，设立了最受学生喜爱的优秀作品金奖1项、银奖2项。

最受学生喜爱的优秀作品奖
金奖：同济大学 梅桑娜、居子玥、朱元元
银奖：东南大学 吕雅蓓、徐海闻
银奖：浙江大学 张颖阳、秦士耀

本次毕业设计活动还得到了筑医台资讯的大力支持，开展了微信投票活动。虽然每个作品只能在网上刊登"简短的设计说明，一张总体规划图以及建筑单体的效果图"，但已向社会公众充分表达了设计理念。依据网络投票结果，设立了最受网络喜爱的优秀作品3项。

最受网络喜爱的优秀作品奖
东南大学 黄一凡、王 晨
北京工业大学 乔壬路、袁 浩
同济大学 叶子桐、冯雅蓉

在三个多月的毕业设计教学过程中，各校的教学风格与特色已有相当的展示，这有利于各校师生求同存异、取长补短。而本次教师投票、学生投票和网络投票结果中出现的差异也许更加体现了评判者在观念与视角上的多元，相信这有益于学生今后能更加全面公允地看待建筑设计作品。

南京瑞海博老年康复中心芮国兴董事长为本次获奖的同学颁发了获奖证书、奖金和精致的奖品，将毕业设计答辩活动推向了高潮，会场中处处洋溢着获奖学生的喜悦与兴奋。颁奖仪式之后，芮兴国董事长还为所有师生准备了丰盛的晚宴。

图 1-128 颁奖现场

教学计划

1.3　各校老师教学体会

1.3.1　同济大学建筑与城市规划学院教学进度表

姚　栋　司马蕾　崔　哲
同济大学建筑与城市规划学院

1. 选题背景

21 世纪，人类进入了一个全新的"大健康时代"。医学的进步让过去的许多严重机体疾病有望康复，却尚难治疗各类神经病变。老年失智问题即为伴随长寿而来的大脑神经病变，目前尚无确切的药物治疗方法；而儿童孤独症亦是难以界定和治疗，却会伴随患者终身的严重神经发育病症。针对这些患者的看护和康复设施在我国尚处于发展初期，相关的建筑学专题研究与设计也较少。本次毕业设计以针对两者的福祉设施为题，紧扣时代发展需求，并通过多校的联合教学引起建筑学领域对相关问题的关注和探讨。

| 第1周 | 第2周 | 第3周 | 第4周 | 第5周 | 第6周 | 第7周 | 第8周 | 第9周 |

基地调研　　抄绘福祉案例　抄绘调研失智老人、孤独症儿童看护设施
　　　　　　并做分析　　　　　　　　　　调研远郊文旅设施
　　　　　　　　　　　　　　　　　　　　园区规划概念设计　　　　园区规划深化设计

东南开题　调查研究　　　　　　　　　规划设计　　　　　　　　北京中期

图 1-129 设计安排

| 失智老人看护设施调研 | 孤独症儿童看护设施调研 | 远郊文旅案例调研 |

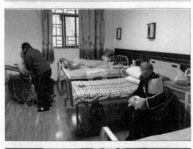  

2. 教学目标及要点

教学的主要目标包括两部分：（1）理解福祉设施基本设计原理，掌握针对失智症老人和孤独症儿童的环境设计要点；（2）理解远郊文旅项目的规划方法，掌握针对地形、交通、功能分区等基本问题的分析与解决策略。

为使学生对教学内容有深入理解，教学采用以研究带动设计的形式开展，通过国外优秀案例抄绘、福祉设施实地调查与使用者访谈、远郊项目调查与案例分析、文献研究等方式，鼓励学生深入了解和体察特殊使用者的身心需求，了解常用的相关建筑环境规划设计手法，并针对场地进行创新设计。

3. 设计成果

三个设计小组针对基地风貌和任务书要求，确定了依据原始地形进行场地规划、体现茶园地区田园风光的设计原则。在此基础上，各组取得了具有不同特色的成果："朝暮与西东"在基地的东西两边分别安放老人与儿童设施，并通过中心贯穿基地的休闲街道串联起两者与前来探望并度假的家人的联系；"三十三院"依从等高线将大小不同的院落有机散落在基地中，并通过院落设计为不同身心状况的人群营造安心的生活环境；"公园汇"通过丰富的园区活动设想和场地设计为老人、儿童及休闲度假人群提供汇聚交流的可能性。

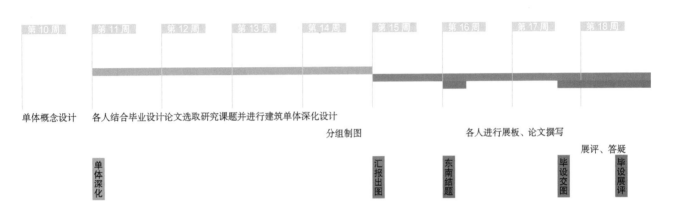

第10周　第11周　第12周　第13周　第14周　第15周　第16周　第17周　第18周

单体概念设计　　各人结合毕业设计论文选取研究课题并进行建筑单体深化设计

分组制图　　　　　各人进行展板、论文撰写

展评、答疑

| 单体深化 | | 汇报出图 | 东南结题 | 毕设交图 | 毕设展评 |

东南大学　课程开题

清华大学　中期汇报

东南大学　终期汇报

1.3.2 研究型联合毕业设计教学的思考：以老幼复合综合园区项目为例

朱小雷 华南理工大学建筑学院

1. 背景

开放、交流与合作是促进毕业设计教学水平提升的重要方式。这次的七校联合毕业设计是一个交流的盛宴。通过开题、中期答辩、终期答辩等教学环节，以及教学过程中教师和学生们利用微信、QQ进行多渠道的交流，使得教学相长，师生们都有丰厚的收获。华南理工大学参加这次毕业设计的是一个4人学生小组，配备2名教师加入联合毕业设计教学组中。

联合毕业设计有利于开展具有专题特色的"复合式教学"。复合式教学即"以设计为核心的课程之间的复合联系将改变传统的并行式课程构架，课程之间的复合将以设计问题为牵引，从而产生不同知识背景的教员之间的联合执教和课时叠用的教学新形式（韩冬青 等，2015）"。本次毕业设计以孤独症儿童和养老福祉设施规划设计项目为题，邀请大健康、老年居住环境、城市设计、建筑形态、环境行为等领域的国内外专家进行集中授课、答辩讲评，设计题目以两个核心课题为牵引，生发出一系列的相关专业问题，各领域专家通过交流促进整体教学水平的提升。

我们认为，参加这次联合毕业设计教学，最终达到了吸收他山之石、促进自身教学水平提升的目标，同时进一步实践和发展了华南理工大学长期积累的教学理念与思想。华南理工大学的建筑教育注重求真求实，注重实践，并有独特的"技术理性"和"现代性"建筑教育传统（孙一民 等，2011）。笔者在这次教学实践中，针对设计题目的特点，提出注重调查研究、强调研究使用者的教学理念，并通过联合授课、讲评的形式进行校际交流。我们在以往的三年级教学中，强调注重地域环境、回应气候，注重设计的实践特征，注重设计新思维的吸收与消化，本次教学是以往经验的延续。

我们规划的本次毕业设计的教学框架如图1-130所示：

讲座	案例体验	文献与案例分析	土地利用比较	规划工作坊交流	密度探索指标建构	指标研究空间建构	深化材料结构构造
开题	研究1	研究2	总图试做	中期答辩		总图定稿	单体协作	单体完成
勘探现场	基地与城市分析	使用者调查	空间结构比较	讲评与学习	整体建筑形态修正	群体协同景观整合	文本与模型
	前期研究		地块规划研究			单体设计	

图1-130 教学过程框架

这一教案的特点是强调前期的调查研究和地块的规划研究，引导学生从整体规划的角度去深化单体建筑设计，训练学生中观尺度的规划设计能力。

2. 用研究启动设计教学：从调查与体验切入设计

1）研究一：以文献调研与案例学习开启设计课题

文献调研是学生学习陌生建筑类型的第一步，也是培养兴趣，根据个人爱好主动探寻问题的第一步。这个阶段需要教师很细致地引导。联合毕业设计在文献共享机制方面的优势可提升学习效率。华南理工大学在类型建筑的教学中首先强调自学，教师讲解该类建筑的核心观念和知识点，从而作为启发和引导学生的兴趣点。

典型案例学习需要主动结合文献研究。我们认为，需要提醒学生案例分析的注意力不仅仅是项目的形态和功能方面的特色和经验，更需要注意分析案例的地点因素、空间的配置标准等深层因素。一般学生在案例选择时往往比较迷茫，并不

在意项目的技术指标和空间配置方面的量的问题，多注意建筑空间的特色、空间类型、设计手法等。要真正理解实际项目如何定位，如何决定各部分的合理比例关系，需要分析案例的非形态特征。本次毕业设计的教学从开始就强调学生利用多种信息渠道，研究特定建筑的空间配置规律和空间组合模式的关系，并注意多种使用人员之间的服务和被服务的合理构成。例如，养老单元照护服务的最佳人员配比与空间模式之间的关系。结合各校专家的讲座，同学们在单体设计时对框架性的任务书进行了技术经济方面的策划性深化，根据自己方案的规划目标，自行利用有关参数推导决定单体建筑各部分功能的配置比例，并结合案例研究的成果梳理空间概念和模式，使规划及单体方案做到了综合考虑各种技术经济方面的限制条件，立足于理性的设计过程而不是仅仅从形式和空间出发的传统设计方法。

2）研究二：真实案例现场体验

对于没有相关类型建筑设计经验的同学来说，到同类项目现场参观、体验是一种高效的学习方法，也是我们在其他年级教学中坚持的基本方法。我们在三年级的类型建筑设计课程的教学中，也有一个必要的案例体验学习过程。本次毕业设计的现场调研案例由师生共同讨论确定。我们先期让学生利用网络多了解一些关于养老设施和孤独症儿童学校的实际项目，同时寻找一些优秀的综合园区规划的案例（图1-131），目的是发散学生的思维、开阔视野，在此基础上由教师与学生就项目设计的目标和任务书特点具体筛选案例。

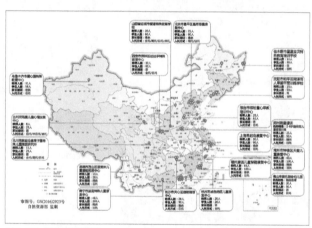

图1-131 部分调研案例

3）研究三：使用者调查

我们在教学中强调，设计者应从使用者的视角去研究项目。教学中安排针对潜在使用群体的社会行为与心理调查研究的必要阶段，引导学生将设计建立在使用者调查的基础上。这一教学过程结合一次讲座，把教师的有关思想、方法传授给学生，鼓励学生走入老年人群体、孤独症儿童群体、相关工作人员群体，采访使用者的具体体验和心理诉求，观察特定人群在这类设施中的行为模式与规律，以自己亲身的体验和洞察去发现和理解环境与行为的关系，以及老年人居住环境和孤独症儿童使用环境的特点（图1-132）。

使用者调查的学习内容是与真实案例现场体验紧密结合的。一般要求学生在体验实际案例项目时，结合访谈和行为观察，全方位了解所调查案例的特点，从使用者的角度去总结有关规律。例如，这次学生调研孤独症儿童照料设施，详细了解

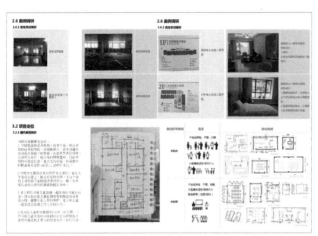

图 1-132 学生的部分调研成果（左上，广州某孤独症儿童学校；右上，泰康粤园；左下，调研数据与项目定位；右下，文献调研）

到孤独症儿童的行为特点及学习方式，也了解到这类群体往往难以和其他群体共处的特点，同时发现了照护孤独症儿童的员工比例较高的特性，在后面的单体设计中这些规律性的发现都很好地启发了设计构思，创造出符合使用群体的空间模式。

3. 方案生成：多元视角的转换
总的教学思路，是以地域自然环境和人文社会环境并重的观念引导学生建立设计构思。项目规划构思和建筑设计构思往往比较难教，也是教学上需要重点引导的。我们在以往的教学中一贯反对学生从形式主义出发建立方案构思，但并不等于不重视设计美学。美的形式必然包含特定的内在逻辑。

1）引导学生从使用者的角度开启构思
作为准毕业生，多数同学在设计基本功方面有一定的水准，但是设计构思能力还需要在具体项目中锻炼成长。对于设计构思能力而言，如果从形态学基础、空间学基础去看，华南理工大学的同学们有基础，但是具体项目设计往往有复杂的制约关系和影响因素，要全面把握错综复杂的设计因素，必须具备理性的判断力。所以，我们针对题目的特点，引导学生从使用者、文脉、场地资源等角度开启规划和建筑构思。笔者始终以为，从使用者出发开启设计构思，是建立合理判断力的价值基础。诚然，良好的设计判断力还跟思维方法有关。例如，在这个题目的时空胶囊规划部分，引导学生从分析项目使用者的需求出发，充分尊重场所环境资源和历史文脉，建立基于时间轴的功能规划概念；先有符合开发和运营规律的合理内容，再去考虑空间的形态和细节（图 1-133）。

2）重视研究利用自然环境和人文社会环境资源
这个设计题目处于典型的市郊城乡结合部，未来是规划中的新城。新城开发如何对待原有的自然和人文资源，是一个大课题，这一点也是这个题目的训练价值所在。如何利用好场地周围的资源，是一个比较理性可行的方案生成路径，也是我们长期坚持的教学思路。自然资源方面，针对这个地块的特点，我们建议重点分析地形、水文、植物方面。因为地块作为茶场，原有的灌溉体系以及邻接周围小河流的独特性，是启发构思的重要出发点；人文方面以板桥镇和原有自然村落为依托。基于详细的技术分析，学生提出利用内环道路围合形成中部的、以低密度建筑群体和开放式水乡景观为核心

的基本规划格局方案，较好地利用了场地的资源条件；在地块的南面临接板桥镇的现状主干路，基于规划高压线的限制条件以及具备一定人文价值的原有村落资源，以插建更新的方法构建较为完整的时空胶囊组团，既解决了高压线周围地块开发局限的短板，又通过临建式的更新改造方式盘活整体项目，将休闲功能和养老功能有机结合起来。最后的规划方案，是一个尊重自然条件、充分利用场地自然和人文资源的方案，具备较强的地域文化特色和可行性。

3）重视技术要素的研究学习与转化
在以往的设计课教学中，我们一直坚持的基本思路是技术要素应作为方案构思的主要途径。场地、气候要素是最基本的，气候和形态之间有必然的联系；上位规划体现了项目和未来开发的衔接（图 1-134）。同时，我们注重引导学生学习传统民居建造中的技术，并充分运用到设计生成当中。

以上的使用者调查、利用自然环境和人文社会环境资源以及技术要素的学习与转化等三个基本教学目标，都具体落实到前期研究之中。例如，学生们在调研当地民居后认为，合院形态是适应当地夏热冬冷气候的重要手段，就合院的形态、尺度、空间等基本建筑学问题进行了分析，相关成果有效利用到建筑单体的建构之中。例如，时空胶囊对原有合院空间养老环境领域感的强化（图 1-134），医院最终采用的三合院空间模式对集约式医疗空间拥挤感的缓解，青年与老年复合公寓的南向三合院的构思（图 1-135），均得益于学生小组对地方建筑技术的学习，研究获得的软知识很好地完成了物质空间的转化。

4. 以整体设计、环境共生的理念贯穿设计教学过程
1）强调总图的研究与方案比较
虽然 2018 年 1 月已经布置题目，由于过年、教学时间的安排等因素，七校集中开题后本次毕业设计实际的周期是 14 周。开题前我们的安排是文献调研，中期答辩（4 月 20 日）前学生以总体设计为核心，规划阶段的单体设计是为了研究指标的合理性，并在总平面的框架下进行单体选型。总图设计的时间至少为 5 周。我们强调，项目与周围村镇的关系没有调查清楚，不做项目定位的决策；环境和场地条件没有分析清楚，总图就不能定方向；总图的基本规划问题没有解决，就不急于进行单体的深入设计。教授理性的工作逻辑，比传授方案思维本身更有意义。

在修建性详细规划层次，总图需要考虑的问题比较多。前面 4 年的学习经历，多数建筑学的学生不习惯驾驭用地面积大、单体功能多的园区开发项目，也不习惯以较大范围场地的整体视角切入建筑设计。这个题目的挑战性价值在于能够全面训练这方面的能力，加上设计功能内容对学生比较陌生，所以这个设计需要以一种初学的姿态对待。

2）单体设计：强调建筑及其与环境之间的整体关系
起初，在深入单体设计时，每个学生单独负责 1~2 个地块进行单体设计，并根据基本确定的总平面所划分的地块，分头进行单体设计。教师发现此情况后及时加以制止，提示需要整体考虑地块之间的空间和形态关系，保持整体设计视角。保持整体的设计进程，关键是统一的空间建构要素。建筑学的学生往往希望在自己的设计范围内充分发挥，做出非常有

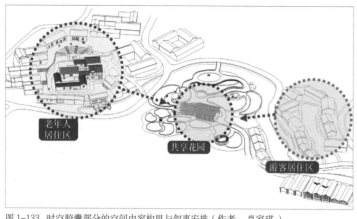

图 1-133 时空胶囊部分的空间内容构思与叙事安排（作者：肖家琪）

图 1-134 总平面规划技术条件调研与分析
（上，场地条件；左下，水文分析；右下，上位规划解读）

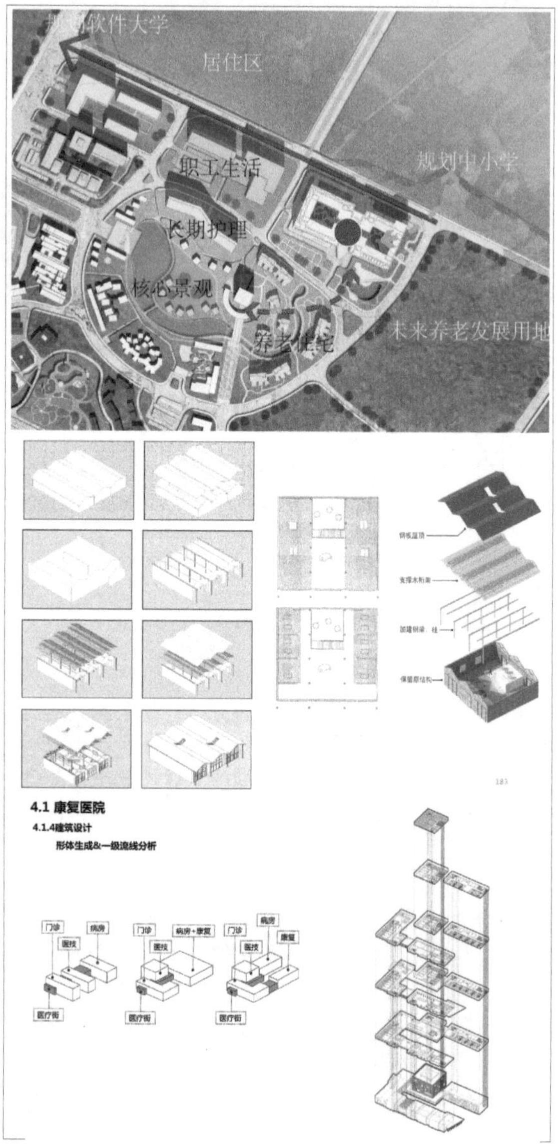

图 1-135 建筑单体的协调与分析
（上，养老功能区的协调，作者：姜林成；中，游客中心空间模式
研究，作者：肖家琪；下，医院空间构成解读，作者：杨小凡）

个性的空间形态与造型,在协调别人的形态进行总体设计时,难以放弃自己的一些想法。我们要求学生重新讨论整体协调元素,遵循一定的设计共同准则。例如,一期主要的建筑形态在协调后,统一按空间围合及视线交互的准则深化,地块内和地块间体现围合和对位的协调关系,大致完成了形态协调,同时注意地块之间的功能互补和协调。可惜由于时间关系,相关的方案尚有许多不足,单体相互之间的对话和尺度协调还做得不到位,个别单体尺度过大。由于任务书是框架性的缘故,这就提示在此情况下单体功能定位和形态的推进需要提前到总图深化阶段。

5. 结语：作为全新学习课程的毕业设计

毕业设计往往强调已有设计知识和技能的综合运用,似乎是毕业学生缺乏设计动力的内在原因之一。毕业设计不仅仅是五年本科学习的总结,更是学生过渡到职业实践的重要桥梁,应该是面向实践挑战同时又保持着象牙塔下的建筑理想的状态。这个阶段的设计活动,应该是考虑实践条件要求下的创造。

教学其实是对专业的理解问题。传统建筑学的核心内容是物质空间的设计建造,狭义的"单体"建筑设计能力是以利用合理材料和结构、在建造合理性要求下的空间建构和形式生成能力。但是,新时代、新项目要求建筑师需要站在更高的视角上审视作为单个的建筑实体,需要从自然、城市、社会、人文等多角度理解并设计建筑。

"价值引导、传授方法"是设计教学的核心理念。本次毕业设计是以研究启动设计教学,从调查切入设计,以理性的归纳分析方法构建形态,充分尊重和利用自然环境和人文社会环境资源,是以整体设计、环境共生的理念建立设计构思的教学模式。

1.3.3 建筑策划在建筑设计教学中的应用

高裕江　裘　知
浙江大学建筑工程学院

1. 背景

近几十年来，伴随着社会经济的发展，以及人们对生产生活环境要求的逐步提升与细化，越来越多未知的、多功能的、新功能的建筑类型涌现出来。建筑师们的视角也因此日渐开放，逐步开始承担愈来愈多的社会责任，由最初的关注建筑物本身的功能、空间、造型以及构造方式等的"工匠精神主义者"逐步扩展，对城市文化、历史渊源、人的感受等有了更多的思考与回应。21 世纪初，库哈斯首次将 function（表层功能）转义为 programming（程序），对单纯的、被经验主义固化的 function 进行重新定义，提出 programming 一词，用以阐释基于新型社会结构、使用方式、人的行为习惯建立起的新的功能秩序链，强调理性的建筑逻辑与秩序。一种新的建筑设计思考方式悄然诞生。当然这种程序化的思维方式有其局限之处，但其反思和批判的态度具有积极意义。相应的，建筑学教学的方向、方式，也需要由传统的以类型建筑为导向的教学方法，不断向更为开放、更为社会化的教学体系调整和转型。作为建筑学本科五年的最后一次综合性训练，毕业设计既考察学生的专业规划、建筑设计素质，同时也检验着学生甚至老师对特定社会问题的理解和应对。

"建筑策划"中计划的英文释义虽也可翻译为 programming，但其又不同于库哈斯的 programming（程序），然而强调理性的功能秩序链二者是具有异曲同工之妙的。它是建筑设计的前期准备工作及其成果，通过调查和分析的研究方法，明确建筑设计的条件、需求、价值、目标、程序、方法及评价。从狭义的角度理解，"建筑策划"就是建筑设计计划，是整个设计过程的一部分。在设计前期，设计者通过大量的调研与分析，充分了解人的行为与某种建筑空间的关系，明确某类型建筑的使用现状及存在问题，继而得出合理的控制框架，指导后期的设计。"建筑策划"广泛研究了关于建筑的任何一点的问题，它从人的需求出发，"以人为本"地研究建筑各个方面的问题，从而设计出符合人类需求功能的可持续发展的建筑。本次毕业设计以"老人与孤独症儿童的共享型福祉·康复设施设计"为题，使用者包括不同阶段的老人、不同严重程度的孤独症儿童，甚至还有可能包含着毗邻原有村落的村民，要求学生不但清晰了解每类独立人群的行为方式和生活需求，更要综合考虑不同人群间的互相影响，有可能需分离，有可能需互动。由于设计需求、建筑功能与空间的复杂性，每个学生都可能有不同的理解和回答。因此，在形成图形化的规划、建筑设计成果之前，需要学生通过调研，综合相关信息，与本设计要求拟合，进而进行一系列建筑策划的分解动作。当然，建筑设计是一个综合的、复杂的过程，需要考量的因素众多，本文仅以"建筑策划"的教学导向为切入点，探讨在该过程中所涉及的过程与问题点。

2. 设计前需思考的问题点

每场建筑设计，都可以看成是作为社会活动者的建筑师对社会问题的回应。建筑策划之初，也需要引导学生挖掘其中的问题点和切入点。本次毕业设计的选题非常有意思，除了很多与设计技术要素相关的部分，如高压线的位置需要学生合理考虑入口等问题之外，还涵盖很多与人文相关的"陷阱"需要学生去挖掘。

1）"半城半乡"的回应

选址位于城市近郊，地块毗邻即为原有村落，村落蜿蜒生长，与基地紧密融合。而基地已被纳入城市总体规划中，周边路网结构、高压线位置等又需要学生用理性的态度推导出地块的总体布局。众所周知，城的自上而下的规划，与村的自下而上的自生长原理不同，最终的规划结构、建筑组合方式也会大相径庭。如何在新开发的城市福祉设施和原有乡村人居之间找到平衡，需要学生给出相应的态度：是隔离，还是融合？是采用城市路网结构清晰理性的处理方式，还是以原有村落为起点，继续村落结构的自生长，抑或是将村落作为总体布局中的某项节点，与整体功能和空间交相呼应？不同的态度，将指引向截然不同的设计结果。

2）使用者的关怀

题中涉及的人群结构较为多元复杂，例如老人又可详细分为自理老人、需要介助以及介护的老人以及认知症障碍的老人，而孤独症儿童也可详细分为轻度、中度以及重度孤独症儿童。以老人的居住单元为例，在强调延续原有生活、新增公共活动与娱乐以及医疗保健康复服务方面，三类老人对于三方面的要求比重截然不同，也必然因此产生建筑空间设置的差异，如自理老人可考虑邻里式布局，以提升生活的多元性与趣味性，其他类老人宜采用公寓式集中照护布局，以提升照护的专业性和效率性。而对于那些考虑将原有村落纳入整体规划的同学而言，亦需要考虑村民与福利设施使用者的互动和隔离。

3）不同建筑类型的认知

这次命题其实是有一定难度的，它涉及多种建筑类型：老年人居住设施、针对认知症障碍老人的"时空胶囊"、幼儿园、中小学校、亲子活动区、茶文化体验区以及一个用于治疗孤独症的"马疗区"。如果说前两个问题点的答案更趋于感性，可能有多种解答方式，那么对于该问题点而言，很多是技术层面的，是唯一解。如：考虑马场的布局时，需考虑风向；考虑幼儿园设计时，必须关注规范内严苛的采光要求等。这更像是多种类型建筑的大集中营，需要学生综合考量相关规范条例，研究出建筑生成的规则。

3. 建筑策划研究

在引导学生认识本设计的问题点后，让学生自行开启研究之旅，逐一对上述问题点予以阐释和回答。具体方法主要分为以下几方面。

1）文献调查

文献调查是所有研究的基础和最直观的途径。与建筑设计相关的文献调查一般包含对当地法规、相关建筑设计规范标准的掌握以及对相关案例的收集。五年级学生可以自发完成上述工作。此外，教师会额外提出一些专题，请学生通过整理分析网络资源、书籍资源后完成，如中国城乡在肌理、土地模式、文化习俗、生活方式等方面的差异，国内外养老模式、养老要素相关研究，不同群体之间如城乡之间、"老幼互动"、人与动物的互动等的可能性、边界及内容。这些基础资料的阅读有益于学生打开视野，更加接近设计的要点与目的。

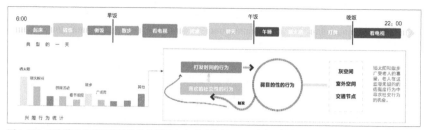

图1-136 研究信息向建筑设计转化的图示表达（图片来源：浙江大学储宇鑫的设计作品）

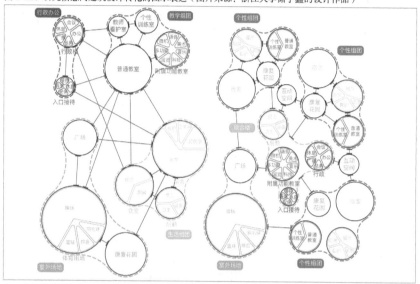

左：传统特殊儿童学校：功能分区明确，但各功能建筑间距离较远，流线交叉较多，不利于孤独症儿童等特殊儿童使用；空间尺度大，考虑到孤独症儿童的心理生理需求，应该考虑更多的小尺度空间以避免过多的刺激。

右：组团式孤独症学校：考虑不同患病程度和恢复程度的孤独症儿童，将学校分割成更小的个性组团，一方面减少了各功能间的距离，使得流线变得简单，另一方面，更小的尺度可以营造更好的治疗氛围；将公共需求的教学空间和行政空间置于组团之间，以满足功能需求。

图1-137 对已有信息处理后形成的建筑策划（图片来源：浙江大学毛金统的设计作品）

2）实地考察

与文献梳理工作同时进行的是案例的实地考察，以获得对设计要点、使用者评价最直观的印象和感受。该步骤是与文献调查紧密相连的，实地考察前，教师会要求学生初步阅读案例信息并进行集中讨论，用以明确考察的目的和观察的重点。案例调查需引导学生分类型进行，以在最短时间内，获得最丰富的信息资源。考察对象和分类如表1-3所示。

3）基于分析的图示语言

经过上述步骤，学生会对设计的问题点有比较全面的了解，如果说上述步骤是在大脑中建立资料库、对资料进行筛选分类和提取相关信息的过程，那么接下来形成自身方案的功能策划就是一个信息汇总后理性创作的过程了。这种建筑策划和传统意义的"功能泡泡图"有一定相似度，但其意涵又远远超过功能泡泡图。它更多地体现了建筑思考的维度，是一种不同层面信息的转换过程，首先将相关信息，如不同使用者的分类、需求、行为、互动方式，基地规划的限制条件，以及城乡肌理结构、文化习俗、居住方式的差异和相互影响等，进行图形化、程序化的处理（图1-136），进而自发地提出设计目标和概念，并提出相应实现设计目标的设计手段。其表达的方法通常使用图示语言（diagram），如图1-137所示。

4. 形成最终设计：生活模式—建筑功能—空间形态的转义

在建筑策划的研究过程中，学生将相关设计信息网络化，并提出自身的建筑设计目标与概念以及设计手法，也可以理解为学生自主完成了任务书策划和明确设计要点的工作。在形成最终设计时，需要将原有的非建筑的使用模式的信息转化成建筑功能，进而向空间形态进行转译，空间形态又被检验着是否与最初设定的使用模式相吻合，这个过程形成一个闭合的三角形。如某设计方案中，学生创作了一个一层容纳老人活动、二层以幼儿园的形式为儿童服务的场所，两类人群通过视线、声音等实现互动。

此外，在前期建筑策划研究过程中，学生会比较关注某种自身感兴趣的社会话题，以这种社会话题为主线，在设计过程中不断与其他设计要素消解、折中、融合。如某设计作品中，学生关注城市化进程对乡村的影响，希望打造一种城乡共融的积极性城市化方式。作品将原有村落、原有村民作为基础要素纳入设计方案，将农田、原始村落的细密肌理延续到基地内，并置入一栋类似"穿越之门"的建筑，作为乡村与城市环境的分割线。该建筑包含了若干层面的内容：如创造活动和交流契机的商业（线性小商业、集中式超市），较为积极活跃的饮食组团，体现为老服务的老年大学、剧院和开放的室外剧院以及小尺度、街道感的内向村落，以事件和流线的交叉来布置功能，形成了建筑策划研究成果向设计成果的转换。

5. 结语

随着建筑生产环节、技术等的不断成熟，人们对生活品质的要求不断提升，我国的建筑市场正开始走入一个思想相对活跃的时代，建筑师创作的不再仅仅是建筑本身，更是对社会生活的回应。建筑学本科五年培养出的学生，必须打开思路，除了对建筑设计手法、空间感知能力等进行持续训练外，更要对"为什么要如此设计"这个问题给予更多的思考。本次毕业设计中，通过建筑策划的设计方法引导学生进行设计前研究，对设计背后的城乡问题、使用者分类与需求、不同建筑类型进行总体认知，进而形成针对性的设计方案，是一场综合性的、多元的建筑设计训练。该教学方法可以广泛应用于其他建筑学高年级的建筑设计教学中，在教学过程中注重调研、感知与体验等科学的研究方法，训练学生发现问题、解决问题的能力，才可以期许获得最大的教学效果。

表1-3 典型实地考察案例说明

类型	案例名称	说明
医养结合型典型案例	杭州朗和	着重贯彻不同类型老人照料单元的差异，分析居住空间、公共活动空间与医疗康复空间的组合方式
机构养老典型案例	绿城蓝庭颐老公寓	着重酒店公寓式布局下的空间体验和使用感受，一级医疗照护功能的置入。观察和体验不同居住空间的户型设计
邻里式养老典型案例	杭州随园嘉树	邻里式布局（类小区）模式，分析居住空间、公共活动空间与医疗康复空间的组合方式
儿童福祉设施	杭州市儿童福利院	观察孤残儿童（尤其中的孤独症儿童）的生活习惯和行为方式，了解特殊人群的教育和照料方式
老幼互动典型案例	余杭市社会福利中心	了解老幼互动的活动项目，建立老幼互动的活动边界
教育建筑典型案例	海亮教育集团诸暨校区	了解不同教育模式下，幼儿园、小初高、食堂宿舍等建筑功能与空间的不同组织方式

1.3.4 基于空间行为分析的福祉类建筑设计工作方法

刘 晖 黄超凡
华中科技大学建筑与城市规划学院

1. 引言

环境心理学成为国内高校建筑学与城市规划专业学生必修的专业基础课之一后，无疑给学生的设计课程带来了或多或少的影响，设计中学生开始关注建筑环境对行为的影响、基于行为的功能研究、环境行为的信息等，优秀作品中不乏场地调研分析、环境—行为信息图解、场地氛围的塑造、认知空间和地图的解读设计切入点及研究方法，让学生作业更多地被注入了"人"气，也由此而更加动人。然而，设计课中的应用多来自学生碎片化、片段式及即兴式的对环境—行为的分析和模仿应用，弱化了其理论方法在设计过程中的系统及多样性的学习与应用，难以形成一种可持续的设计工作程序，也难以最终发展为学生将理论与设计整合、教师将教学与科研结合的设计研究的教学相长型教学模式。

近年来，综合福祉建筑设计作为针对特殊群体的特定场所中的环境和行为问题，其环境心理学和空间使用的模式的研究备受重视，有关论文逐渐增多。如何将研究转化为设计，通过对设计教学组织中的设计研究过程和方法进行探讨，在教学实践中的确值得一试。

2. 综合福祉建筑间设计的空间行为分析

1）空间行为分析理论与方法

空间行为分析方法以环境心理学中行为主义及交互行为心理学为依托，提出从行为需求要素上设计符合人性需求的空间。通过对个人空间与人际距离以及空间的私密性、领域性及拥挤感等的分析，旨在了解个人在空间中社会互动的固有方式及其心理需求。早在 1975 年，约翰·季塞尔（John Ziesel）就提出了建立基于行为的设计过程，因当时很难诉诸设计全过程的实践而逐渐被人淡忘。

福祉类建筑设计以主要空间使用者为中心，建筑类型偏重基于行为对建筑显性和隐性"功能"的研究。老年人、身心障碍者、儿童等弱势人群作为空间的主要使用者，其行为活动能否得到充分满足和拓展，是鉴定空间是否适宜完善的重要指标。"良好的综合福祉设施不仅是弱势人群接受各类服务的场所，也是提高他们的主体意识、改善身心状态的场所，乃至成为促进不同居民间的交流、增进彼此理解与信任的社区据点。"空间行为分析无疑对混合多样化的功能、营造交往空间效果、居住空间的精细化设计等都提供了行之有效的方法。

2）基于空间行为分析的研究设计

选择综合福祉建筑作为毕业设计课题，既顺应城市快速发展变化中对老龄化和人文关怀现象下的社会热点问题的思考，又回应大健康理念下对环境促进健康生活行为模式的专题设计研究。此次福祉类建筑设计中，对空间主体使用者老年人和孤独症儿童而言，由于学生有限的生活阅历，其行为模式并不为大多数学生所熟悉。从使用者的空间行为设计研究出发，恰恰避免了学生很大程度上习惯性地凭感觉设计，而找到一定的科学依据，鼓励基于特殊使用者的因素，畅想空间效率、弹性规划和设计及绿色技术等未来，创建安全放心的场所，凸显设计对人性的呵护。设计研究内容围绕研究主题、资源学习、分析方法，教学中通过对空间行为理论和方法的

学习和讨论，引导学生以问题为导向，发现问题，提出基本和核心问题。如一系列不同侧重点的问题：各种不同空间的影响要素如何在老年人和孤独症儿童的生活中相互关联？老年人和孤独症儿童的行为模式决定了怎样的空间环境的层次和组织关系？哪几种环境与空间要素对福祉类建筑中老年人和儿童的典型生活模式具有支撑和维护作用，其表现逻辑和形式是什么？老年人和儿童行为事件属性如何界定空间的流动和边界？设计研究内容和组织框架如图 1-138 所示。

3. 空间行为研究设计的工作方法

1）空间行为分析结构的认知

根据设计研究内容框架，设计研究工作首先始于对空间行为结构的基本认知。在解读空间行为理论方法后，对于空间行为关系的架构其实不难建立，由此为福祉类建筑设计研究前期调研的设计及过程中对老年人或孤独症儿童行为的图解分析提供了指导性原则（图 1-139）。在福祉类建筑设计前期和中期的文献学习、参观调研及案例分析中，空间行为结构经过转译，形成"需求、行为和空间"三者间多变的、具有老年人和孤独症儿童空间认知特点的个性化行为关系拓扑图，凭借不同设计研究方法和工具，最终尝试功能细化后精准设计与空间形式的统一（图 1-140）。例如，可以借助认知地图的方法，以"路径、节点、距离、密度、使用者、事、时"为要素，图解空间行为分析模型，从交往—私密—包容三个空间层次，以及使用者日常、自发、组织、特定行为活动的多个环节，分析特殊使用人群及其社会关系群体组织的活动特征和规律，建立不同空间结构之间的映射关系。

2）空间行为观察与图解分析

不同于一般福祉类建筑设计对相关设计标准、技术规范的学习，而是依赖应用一定技术手段测量或者计算分析结果。针对特殊人群的使用者，在不了解其行为特点的前提下，针对性地展开探讨行为空间的关联，空间行为观察无疑是一种行之有效的设计方法及难以逾越的设计过程。对空间行为观察的方法主要依靠文献阅读、实地调研及案例学习，同样依靠图绘记录与图解思考，找到设计中实际问题的解决方案。

在文献阅读和调研分析中，增加习惯性标注和再现描述行为的研究；分析和对优秀养老建筑作品平面、剖面的抄绘，不失为在抽象和具体间的一种方法上的互补。在案例学习中，以养老设施的空间使用者需求为重心，选择某方面和设计课题具有类比性和相似性的具有老年照料设施的公共建筑或居住建筑，借助空间行为分析结构认知的帮助，选择案例聚焦问题，以规范的图像分析收集、提取、再呈现，从设计课题关键词和提出的关键问题出发，梳理建筑使用者与空间氛围、场所、尺度及其隐性的关联，从而规避过往常常从形式借鉴到形式的弊端。

在实地调研中，观察老年人的哪些行为激发和增强了建筑环境现状中的某些要素和条件，记录与推断发生在调研环境里的特殊和未知事件（图 1-141）。图解分析和思考作为一种抽象的设计工具，使文献和调研后很多关于老年人和孤独症儿童的片段式信息得以清晰和条理化呈现。在图解分析不断的演绎中，不同层级、属性的空间关系及空间边界的不同可

图 1-138 设计研究内容与组织方式框架

案例拼贴
日本筑波大学附属久里浜特别支援学校（孤独症学校）
小学部课程编制

各学科・道德・特别活动・自立活动

・孤独症教育的研究功能→有计划地对孤独症教育、教学、指导、训练等等方法进行研究，将成果在全国推广。
・孤独症教育师资的培训功能→全日本孤独症教育师资的培训基地
・PECS（图片沟通系统）的广泛应用
・重视儿童的自立能力的培养

自立学习　集体活动
个别学习　游玩

任务书修订／定位
・专业孤独症学校（幼儿／小学）缩小班级规模
・融合学校（初中／高中）部分／全部融合
・地区孤独症资源中心（教师培训／教育示范／诊断康复）
・公益性孤独症活动中心（义工）

图 1-139 空间行为结构的认知框架　　图 1-140 根据空间行为对任务书的细化

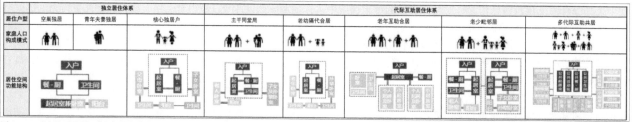

图 1-141 空间行为图解（摘自张倩《社区织补，代际互助》）

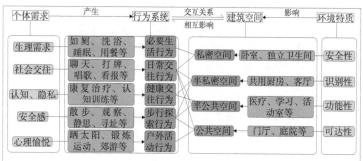

图 1-142 空间行为记录

图 1-143 场地氛围

图 1-144 场地故事

能性被释放及优化，潜藏的设计思想和线索被厘清与修正，老年人或孤独症儿童行为观察记录的具体内容转译为抽象层面的可能性并被进一步深化讨论，从而把握生成行为驱动下设计概念和空间关系的本质。

4. 行为分析与空间转译

以此次联合毕业设计课题为例，设计课题关键和首要任务是把握地处南京市江宁区的复杂用地上，同时具有复合、共享功能的综合福祉项目。这里以前是自然生态条件较好的城郊小丘陵之地，现在和未来则是一个被高密度的城市网络所包围的袖珍空地。课题从更大的城市尺度至细部比例，从单一的养老建筑到复杂与共享的多功能共享模式，要求对场地规划、空间结构和材料选择等进行全面考虑。如何从使用人群的特殊性及多元性中，凝练出行为驱动下的用户使用需求，建立空间结构关联与层级，促成设计概念和空间特色，也是课题必须面对的巨大挑战之一。根据行为观察、需求特点、空间组织到建筑环境之路径，形成一个循环的设计训练系统。

同时根据对空间行为的调研分析，对任务书中缺少或者不合理的地方进行修改（图 1-142）。

5. 基于行为分析的教学模式

此次联合毕业设计教学实践过程中，并不能完全折射与检验空间行为分析方法应用的完整性和连贯性，但良好的开端已积累了实施的经验。教学中，基于空间行为分析的工作方法，主要从以下几个方面予以介入和展开。

1）讲故事

作为故事的主角，行为的主体可以聚焦于个人也可以是群体。调研时寻找角色的视角各不相同，聚焦行为方则各有侧重，有如一部电影有多条线、多个人的行为抉择和命运交织成立体的场景和主题式的网状人生。每个老年人和儿童都是自己世界里的主角，也可能成为学生调研时眼里被关注的主要对象（图 1-143、图 1-144）。为了尽快挖掘设计的主题和定位，了解和呈现各类老年人环境行为与日常生活的点滴需求，设计教学安排两人为一组,在一周内完成对相关小说、电影与有故事的场地的调研。不仅观察行为的结果,并重点记录围绕老年人和儿童发生的系列事件、驱动行为的因素和行为对环境的导向。此次联合毕业设计中,有小组选择了特定类型行为主体"爱健康美食的老年人"的日常生活故事和事件,支撑起设计概念的一部分。

2)讲氛围

氛围来自于对老年人及孤独症儿童生活空间场景的分析和观察,并在设计中予以再现。在讲解行为场景理论知识及方法基础上,从场所感的场所依赖、场所认同和场所依恋三个维度,提出满足老年人和孤独症儿童心理和精神需求的场景系统及其空间体验的图解,通过建筑空间的尺度、材料、光影等,重构熟悉的具有归属感的空间氛围。人们通常对熟悉的事物与场景"熟视无睹",但是当一件熟悉的事物以新的形式重新出现,一定会吸引人的注意,继而引发相应的行为,这一点在老年人身上尤为明显。上述小组从场景的文化连续性出发,再现了南京当地老年人早期生活中熟悉的街道环境和空间场景,建立了场景和老年人的情感联系,其作品选择了南京传统老街的建筑立面进行重构,凸显材料的新颖和色彩合理的搭配。

3)讲细节

空间氛围需要通过细节来塑造。在设计过程中,从把握空间行为细节到控制设计成果中建筑空间的环境品质,通过文字记录或录像短片、草图、光影、室内家具等研究模型和行为空间装置的制作,将个人学习经验中提取的细节想法物质化和空间化。模型或装置可以是1:1比例,并置入另一个具体场地中,体验不同人群在地点及文化特定性与设计细节场景之间的互动效果,进一步优化设计。这个步骤往往因为时间成本最不易实施(图1-145)。

4)讲手段

研究设计效果最有效的设计手段及其分析操作的技术方法。如果要发现雅各布的"街道芭蕾",那么一定要学习掌握简便的记录方法,约翰·季塞尔《研究与设计》(*Inquiry by Design*)就是一本调研手段传统经典的参考用书。随着社会老年化的加速和社会的不断发展,当下社会对于功能的需求非常复杂而多变,运用参数化思想和方法,则可以基于老年人行为模拟或空间变量参数可控性,优化福祉类建筑的功能设计。设计工具有基于空间影响行为假设的空间句法软件,也有源自荷兰的关联设计方

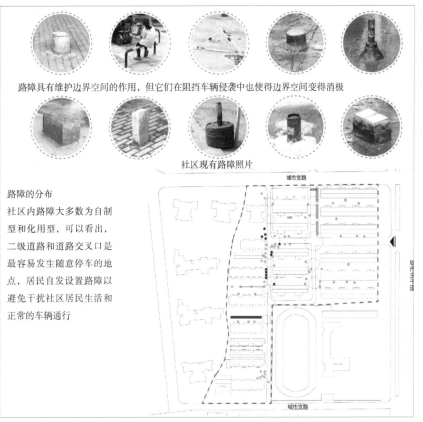

路障具有维护边界空间的作用,但它们在阻挡车辆侵袭中也使得边界空间变得消极

社区现有路障照片

路障的分布
社区内路障大多数为自制型和化用型,可以看出,二级道路和道路交叉口是最容易发生随意停车的地点,居民自发设置路障以避免干扰社区居民生活和正常的车辆通行

图1-145 社区中老年人无障碍调研——路障设施

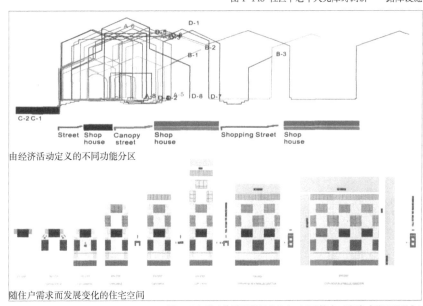

由经济活动定义的不同功能分区

随住户需求而发展变化的住宅空间

图1-146 引入先进的设计方法和工具(摘自王麓鸣《关联设计》)

法,将使用逻辑、空间组织逻辑、交通逻辑及建造逻辑和能源逻辑关系整合的结果生成创新的空间几何关系和建筑形式(图1-146)。在每次的教学组织中选择性学习和运用上述工具。

6. 结论

基于空间行为分析的联合专题毕业设计,对于学生和教师实乃双赢之效。仅从环境行为研究方面,笔者认为,传统多数福祉类建筑设计作品往往局限于一定时空环境条件下投射出的使用者运动行为的信息和结果,如对老年人运动路径的跟踪记录与使用,却可能忽略了老年人行为变迁对建筑空间条件属性、关系等的改变,致使许多设计缺乏灵活和弹性。研究设计工作方法的引入,可通过对老年人、孤独症儿童行为问题有针对性的持续观察和分析、广泛的师生交流平台及成果的逐步积累,激发学生对空间行为形式化的表达及创造性的设计构想,同时,对于使用者时行行为驱动机制的科学研究而言,真正地为建构适应老年人和孤独症儿童的生活模式和空间创新提供潜力。

1.3.5 华中科技大学建筑与城市规划学院教学进度表

刘　晖　黄超凡
华中科技大学建筑与城市规划学院

1. 选题意义

1）一切从人的需求出发设计

通过对老年群体的福祉文化和孤独症儿童治疗干预的需求层次和特点的全面分析，构建老年福祉服务设计系统，提出设计理念；借鉴大健康领域的研究成果，将其渗透到养老环境、生活服务、福祉设施等老年福祉文化各个方面，满足老年人福祉文化需求，展现老年福祉服务设计的安全性、互动性、灵活性与人性化等特点，以设计创新推进中国老龄化社会福祉的发展。

2）专题设计研究与可持续

既增加毕业设计的挑战性，提高学生对毕业设计的兴趣和研究合作能力，同时探讨毕业设计中导师科研与教学结合的专题设计研究，不断积累毕业设计成果和提升设计质量。

2. 选题背景

1）课题重点

聚焦中国老龄化及大中城市的快速扩张形式下社会福利设施和服务配套问题，基于国内外设计理论、方法和案例的比较研究，结合当前国情和真实工程项目的多方利益需求，得出理性思考，谋求设计综合创新。

2）课题特点

课题任务针对特殊使用群体，包含规划、建筑和景观相关的设计方法和技术手段，充分考察学生毕业设计的综合能力；研究层面既强化城市宏观上的设计导向，以期设计研究成果更加整体，同时也针对特殊问题的细节设计进行深入拓展。

3）课题选址

设计课题位于南京市江宁区谷里江宁镇附近，针对性强，场地特点丰富，具有大中型城市发展中配套设施需求问题的典型性。

教学流程与设计进度

图 1-147 教学流程

各校老师教学体会

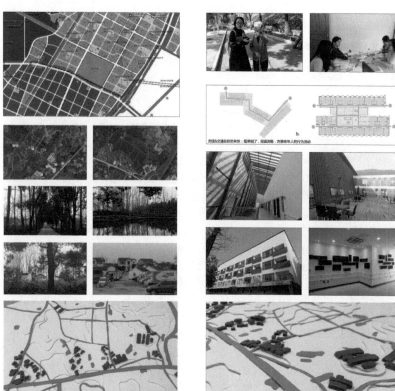

图 1-148 设计过程图

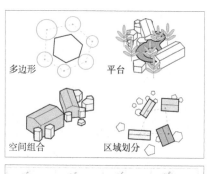

多边形　　平台
空间组合　　区域划分

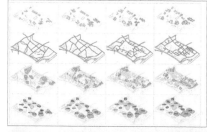

3. 教学目标及要点

1）理解特殊使用群体行为—空间环境的相互影响，掌握设计调研与研究方法

对孤独症儿童行为心理、干预模式和老龄群体的社会形态、生活模式、福祉需求等核心层面的调查分析，全面整理相关老龄群体及孤独症儿童研究成果数据与信息，结合实际场地与城市设计，对养老设施空间组织与环境设计进行创新。

2）探索特殊使用群体空间环境系统化和精细化设计

从系统整体角度分析，提炼应对老龄化社会的设计理念及深入独到的细节研究，尝试提出解决孤独症儿童与老年福祉不同层面需求问题的空间模式和设计解决方案。

4. 设计成果

1）规划设计（图纸两人合作）
（1）总平面图 1:1 000
（2）规划结构分析图 1:1 000
（3）技术经济指标、建筑单体（每人选择一种类型1～2栋）
（4）各层平面图 1:200
（5）剖面图 1:200、立面图 1:200（各不少于两个）
（6）主要空间表现图（室内外均有）
（7）分析图（日照分析、场地组织模式、空间模式、结构模式等）
（8）细部设计详图
2）手工模型
（1）场地模型 1:1 000
（2）建筑模型 1:100 或 1:200
（3）居住单元或建筑局部空间模型，不小于 1:50
（4）过程模型若干，比例自定
3）工作手册（文献、调研报告，各阶段成果及 PPT）

第9周	第10周	第11周	第12周	第13周	第14周	第15周	第16周

功能与空间组织　行为与空间尺度　场地与室内外环境设计　专题讲座与讲评

单体深化

结构与空间及使用　构造材料与功能使用　采光与通风模拟　设计修正

技术专题

结构与空间及使用　构造材料与功能使用　采光与通风模拟　设计修正

答辩、评图

终期答辩

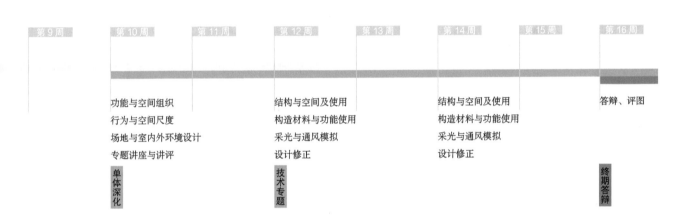

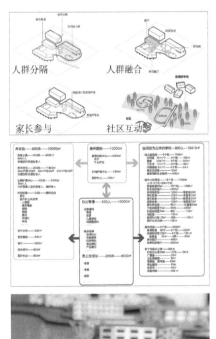

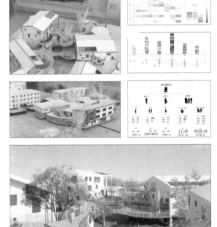

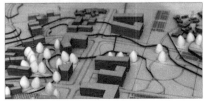

图 1-149 方案讨论

1.3.6 以"研"促"教",面向研究型建筑设计的教学模式探索

李翔宁　胡惠琴
北京工业大学建筑与城市规划学院

当代建筑教育正处于转型期,建筑师的责任边界逐渐模糊。一方面建筑师的责任在跨界扩大,一方面又分工细化,从而要求建筑师须具备更加综合的职业技能、更加全面的知识。在这一市场需求下,传统建筑设计课程的教学也应该从"命题型"向"研究型"过渡,从侧重于建筑设计实践技能的训练向拓宽视野,培养发现问题、分析问题、解决问题的能力转变,为未来的建筑师在设计实践中应具备的"研究素质"打下基础。

1. 选题背景与意义

1）选题立意

本次 2018 大健康领域第一届联合毕业设计选取的题目是"老人与孤独症儿童的共享型福祉·康复设施设计"。随着我国已经进入老龄化社会以及"健康中国"战略的推进实施,老龄与卫生健康事业的结合愈加紧密,本次毕业设计的选题就定位在"老幼代际互助"这个社会的热点问题上。而且此次的设计课题也正是各高校导师的科研方向,有助于同行们的交流和对学生们的交叉指导。基于上述背景,以东南大学为主要承办单位,联合国内六所知名建筑院校(同济大学、华南理工大学、哈尔滨工业大学、浙江大学、华中科技大学、北京工业大学)开展了综合福祉设施规划与建筑设计的联合毕设。

2）题目拟定

设计方案的基地位于南京雨花台区宁芜高速与梁三线交会处的西北侧,南至梁三线,西至梅村路,北至茶场路。距离南京市区约 20 km。基地面积 45 万 m^2,规划建筑面积 8 万 m^2。

本项目的地理优势在于:临近宁芜高速,距离南京市区仅 20 km,交通便利。基地内部及周边有 7 个村庄,如何梳理新建建筑与村落的关系是本次设计的挑战之一。基地地处典型的江南水乡环境中,大小各异的水系星罗棋布。原有村庄建筑及景观风貌良好,场地高差起伏不大,可以利用微地形打造立体景观。场地内部道路为两横二纵四条田间小道,中心腹地为一片废弃茶场(图 1-150)。

2. 教学目标及要点

1）教学目标

本次毕业设计的教学目标是:以"研究型建筑设计"为纲,以"研"促"教"为本,采用以"过程为导向"的教学模式为实施途径。"研究"是一个需要不断被探讨和学习的复杂范畴。高等建筑教育应该通过由简到繁的循序渐进的训练,来培养学生的研究能力,主要有三个研究过程——"理论积累与案列搜集""创意提炼与方案深化""技术提升与设计反馈"(图 1-151)。以"过程为导向"的教学模式即要求学生尽可能地思考包括城市、社会、环境、建筑在内的多元问题,善于现场调研与科学研究,善于团队协作与多方沟通,摒弃以往说教和讨论式的传统教学方法,重在教师自我示范式的言传身教,使学生建立科学的研究态度和方法,来应对未来建筑师多元化人才发展的需求。

2）教学要点

目前,一方面,我国老龄化十分严重,特别是失智、失能的老人的护理问题十分突出。另一方面,据统计我国孤独症儿童达 4 000 万人,而国内鲜有收容机构。基于这个背景,本

次毕业设计"老人与孤独症儿童的共享型福祉·康复设施设计"具有重要的社会意义和现实意义。课程以"老幼复合设施"为主题,在集中授课的初步认识基础上,学生以小组为单位进行文献收集和案例分析。首先从使用者入手,分析老年人和孤独症儿童的行为特征、需求以及与空间的对应关系,为二者打造共享、共融、共生的建筑空间。其次探讨如何通过设计的力量激活乡村,重塑乡村。来自不同地域的建筑院校师生 60 余人受邀对位于南京西南的项目场地进行了现场探勘,将新的风貌带入传统乡村,以"针灸式"建筑空间的营造带动整个村庄村乃至辐射周边区域。核心教学要点包括以下 5 个方向。

(1)研究该地区城市空间特征、发展与变化,分析现状的主动和被动因素,形成区域定位。

(2)老人和孤独症儿童都属于弱势群体,这两类人群在一个场地上如何交流和共处是本课程设计的难点。要求学生从守望、融合的角度思考,提出老幼复合设施的合理空间布局、行为特征、设施互动。

(3)探讨基地的文脉特征,保留基地现有的景观资源、大地资源的再利用以及茶场、农田等农村特色,传承农耕文化,结合当地环境特征进行整体规划,对该地区建设项目提出可行性设想。

(4)结合区域环境,探讨场地交通与城市上位规划的协调,提出创新城市设计空间形态方案。

(5)选取一处建筑单体,提出合理平面布局、功能配置、行为流线关系、形态造型方案。

3. 教学环节与进度

本次联合毕业设计主要由 7 所高校的 46 名学生和 14 名指导教师参与,在开端阶段要求学生跨校组合,团队协作完成城市层面的宏观研究与规划概念。因此利用开题阶段在项目课题所在城市——南京东南大学进行 3 天的专题讨论,期间全员进行现场踏勘和调研,指导教师以讲座形式对相关领域的设计方法与案例进行集中授课,学生们以两个学校组成 4～5 人小组进行多学科视角分析问题和提出概念。后续在此基础上各自领取任务书,做中观场地层面的详细设计。毕业设计的中期汇报在清华大学举行 3 天的专题讨论,同学们以所在学校为单位做园区整体规划与建筑单体概念设计的答辩,并参加了"全国高校首届老年建筑研究学术论坛",拓展思路,加深认识。第二天根据答辩意见再以之前的跨校合作小组进行互评和互改,第三天组织二次汇报。终期答辩回到东南大学,进行完整的毕业设计答辩。答辩分为同学互投、专家点评和网络投票等环节,最终评出特等奖及一、二、三等奖。除了指导教师外,还邀请国外养老建筑专家和企业知名建筑师作为评图专家共同进行评审(图 1-152)。

4. 设计方案释义

北京工业大学团队方案在规划设计中旨在以创设生态农业与保护原住居民为设计出发点,方案名为"朝夕'乡'处"。从代际维度来看,朝阳代表儿童,夕阳代表老人;从时间维度来看,"朝夕相处"意含 24 h 的爱护;从地域层面上看,"乡"是指基地所在的村庄地域,旨在打造老幼互助、和谐共享的疗愈环境,将老幼复合设施渗入乡村发展进行全面思考,对福祉设施的空间设计与对乡村振兴模式的探索并重。"老幼福祉设施"旨在为乡村引入新的生活方式和优质业态,从最基本的层面,创造满足乡村需求、适应乡村现状、引领

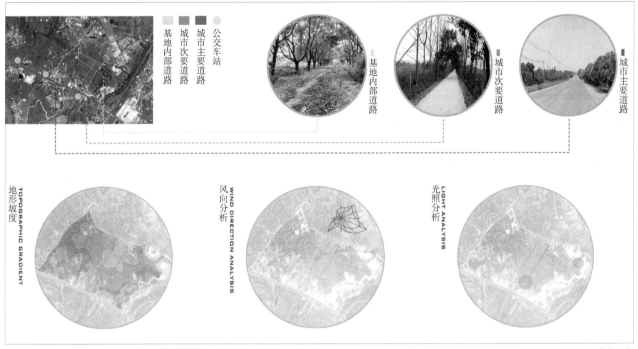

图 1-150 基地区位与现状

图 1-151 以"过程为导向"的教学模式的三种研究能力的培养

1.通过对踏勘现场、解读任务书、专业讲座等环节的设定，培养学生的专业判断、分析能力，以及在复杂系统（内外环境）中的综合决策能力。

2.设定主题创意，培养学生制定目标以及控制时间节点的能力。

3.培养学生全面认识自我，并能够提升方案质量的纠错能力。

乡村发展的功能布局。此次联合毕业设计，通过对原有茶场、村落的聚合、发酵、升华，探索如何赋予福祉设施与自然有机结合的纽带，从而达到从功能到生活方式的全面提升。

规划方案以原有茶场作为活力核心和交流中心，构筑环形架空廊道，形成立体茶场，以纵横两条景观路作为交通动脉，重新组合场地原有池塘，形成一条贯穿整个园区的景观水系。从功能上包括交流环廊、共享茶场、康养医院、活动中心、居住区、学校教育区、森林氧吧、田园休闲区、村落风情区、时空胶囊、健身区。本次毕业设计的规划方案充分利用场地高差，形成以立体茶场为核心，各功能片区环状放射性展开的向心性布局，路网关系与景观设施相得益彰、生动活泼（图1-153）。

在建筑单体方案中，养老公寓方案着眼于共生颐养的概念，建筑布局为合院型，能够通过底层架空、空中连廊将院落分割成"五感花园"主题空间，空间可识别度极高。建筑主要房间充分考虑到不同朝向的采光、景观的均好性。建筑外立面大量运用玻璃、木材，灵动飘逸。建筑形体与原有地形结合，错落有致，与清澈的溪水和美好的田园生活完美契合。方案还引入持续照护理念，根据老年人身体机能，针对自理、半自理、非自理的老人进行不同层次的空间配置和护理等级的设置。

孤独症儿童学校方案以"星语·星愿"为思想内核，建筑布局以一个起伏的参数化上人屋盖统领各建筑功能，巨构形态灵动丰富，视觉冲击力极强。盖下空间考虑到孤独症儿童的行为特征和复杂的心理特征，提供了封闭、半封闭、开放、半开放的"内街"空间层次，让儿童根据自己的心理状态进行选择。内街空间实际上是由不同类型、各具特色的治疗单元组成，它临近共享茶场，是老人与儿童交流的纽带。为了满足孤独症儿童的多样化的教学需求，在各个功能块之间打造更多的交流空间，形成功能组团，在视线上尽量使共享茶场与生活街之间产生更多的联系，在设计中设置了多样化的教学单元和康复花园，力求营造多样化、个性化的使用空间。

5. 思考与启示

作为本科建筑学设计课的收官之作的毕业设计教学应该更加注重教学模式的开放性、研究性和实践性，搭建信息互通与借鉴的平台。

1）"多校联合"教学模式的创新

联合毕业设计在教学模式上应该多元化，其关键在于引导和诱发学生的主动性，为学生的自主学习和研究探索创造空间。鼓励具有不同教学特色的学校联合且应数量适中。建立客观的成绩考评体系与课程制度，学生集中上课、评图周转不应过于频繁，以三次为宜，而其中诸如"互换教学""驻场跟踪""社会考评"等诸多创新模式应积极尝试。

联合毕业设计以"开放式"教学为理念，为教师提供了充分的交流教学、管理、科研等创新方法的平台，也为学生提供了难得的一次"团队组合"的训练机会，通过"实战"建立"协作"能力，以此交流不同学校个体间的设计认知与能力特征。本次毕业设计的中期答辩还组织师生们一同参加了在清华大学举办的"全国高校首届老年建筑研究学术论坛"，旨在于"联合"过程中，鼓励师生们跨学科联合学习，建立不同专业视角，全面、综合的分析问题、解决问题的设计观。师生们从被邀请的从事养老领域的专家们的讲座中获得了很多书本中得不到的经验与知识。

2）"过程为导向"教学方法的实践

"过程为导向"是教师将设计实践的研究过程完整、直观地

图 1-152　教学环节与工作进度流程

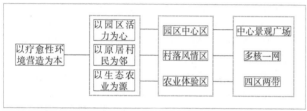

图 1-153　规划设计概念的提出

呈现给学生的一种示范式教学方法。它要求老师转变角色，成为学生中的一员，尽可能参与研究，不仅示范具体的技术手段，更要亲自深入一线研究全过程。"过程为导向"的教学要与传统的"看图指导"教学相结合，不但老师"看"学生的"图"，而且学生也"看"老师的"图"。在这个过程中，老师"身体力行"将方案完整的思考和研究过程，包括设计挫折、反复和应对策略呈现给学生，以此引导学生建立整体性、系统性和条理性的设计研究思维和方法。

3）从"教研相长"到"博采众长"的提升

本次毕业设计结合各校老师的自身科研及兴趣方向引入初步的"研究性"内容，强调以"调查""研究"和"逻辑思维"为基础的建筑设计技能的训练，使设计变得更加"可学""可教""学研融合"。教师将科研所关注的先进理念及方法带入教学，有效地推动课程组织的完善和知识更新。同时，教学部分成果在某种程度上也为科研提供基础数据等研究资料，提高科研成果转化效率。

多校联合毕业设计最为重要的意义在于提供师生们都能够在教学、科研、专业能力上取长补短、博采众长的平台。本次毕业设计选题"老幼福祉设施"涉及的建筑类型多、功能复杂、规范限制多，学生们单靠看资料集或收集案例是难以有效推进设计的。而在专题讨论工作营期间，老师们通过讲座、讨论、评图的形式将相关工程经验、适老建筑理论、国内外福祉设施调查、养老政策趋势等知识共享，同学们通过"实战"建立"协作"能力，以此交流不同学校个体间的设计认知与能力特征。联合毕业设计鼓励联合学习，建立不同专业视角的研究，搭建师生们共同分享的平台。

6. 结语

通过本次联合毕设课程我们总结了一些经验。首先，选题很有挑战性，难度大，工作量饱满，锻炼了学生们的思维和思辨能力；其次，学生们通过设计，关注人的行为和社会问题，学会调研和解决问题的能力；再次，多校联合使学生看到与其他学校的差距，得到启发，同时发奋努力，有动力做好设计。学生们反映通过本次联合毕业设计收获了知识，增强了信心，也学会了如何将设计与研究相结合。

02

场地设计

2.1 场地调研与分析

2.1.1 场地区位

基地位于南京市雨花区的西南部梁三线与梅村路交叉口，距市区距离较远，直线距离约20 km。

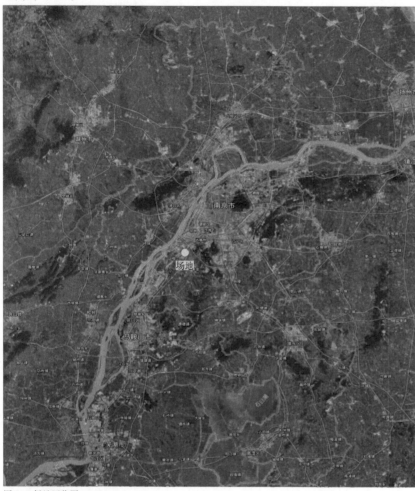

图 2-1 场地区位图

2.1.2 场地周边环境

1. 场地勘探

绿色为勘探路线，红色为设计时需要注意的点。

图 2-2 场地勘探路线图

2. 板桥历史沿革

板桥老街长约3 km，呈南北走向。有一条铁路穿过板桥老街。

图 2-3 三山矶

图 2-4 燕儿矶

图 2-5 古雄

图 2-6 板桥老街1

图 2-7 板桥老街2

图 2-8 铁路

3. 传统乡村到高密度现代城区的变化

场地除了像规划一样被设计成方格网,还有没有其他设计方法?
在场地内就可以看到农村的房子和远处城市中的高层建筑。

图 2-9 板桥新城土地利用规划图

图 2-10 现状地形图

图 2-11 城市高层建筑

图 2-12 城市

图 2-13 多层建筑

图 2-14 农村和城市紧邻

图 2-15 城市背景下的农村

图 2-16 农村

4. 板桥社区

图 2-17 板桥社区 1

图 2-18 板桥社区 2

图 2-19 板桥老街

图 2-20 板桥社区 3

图 2-21 板桥社区 4

图 2-22 板桥社区 5

5. 莲花湖

图 2-23 场地区位图

图 2-24 莲花湖 1

图 2-25 莲花湖 2

图 2-26 莲花湖 3

6. 生态园

图 2-27 生态园总平面图

图 2-28 生态园

图 2-29 生态园入口

2.1.3 场地要素

1. 公共交通与主入口

图 2-30 现状公共交通图

第一级别道路：①宁芜高速　②梁三线
第二级别道路：③梅村路　④茶场路
第二级别道路：⑤田间小路　⑥田间小路

2. 地形

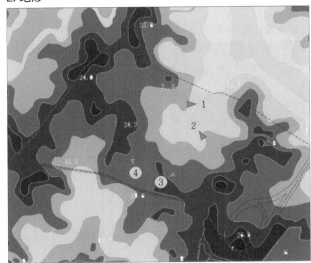

图 2-31 场地地形图

图 2-3 场地现状 1

图 2-33 场地现状 2

图 2-34 场地现状 3

图 2-35 场地现状 4

3. 村庄

图 2-36 现状村庄图

村庄：①栗树村　②梁家村　③姚家村
　　　④孙村　⑤老西王村　⑥梅村
　　　⑦俞家村　⑧大柏树村　⑨钟村

图 2-37 栗树村 1

图 2-38 栗树村 2

图 2-39 栗树村 3

图 2-40 栗树村 4

图 2-41 孙村 1

图 2-42 孙村 2

图 2-43 老西王村 1

图 2-44 老西王村 2

图 2-45 场地内三个村落肌理

4. 绿地

图 2-46 林荫道位置

图 2-47 林荫道照片

图 2-48 东西两片集中绿地

图 2-49 西部集中绿地照片

5. 水系

场地内池塘状态总体良好，部分池塘水质清澈，可作景观用，部分池塘被铁丝网围住，用于圈养家禽。

图 2-50 水系分布图

图 2-51 山丘 1

图 2-52 山丘 2

图 2-53 山丘 3

图 2-54 山丘 4

6. 高压线

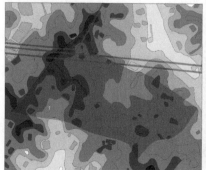

图 2-55 现状高压线分布图

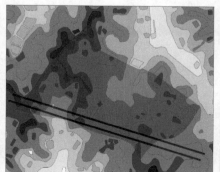

图 2-56 规划高压线分布图

图 2-57 高压电线塔

2.1.4 方案试做

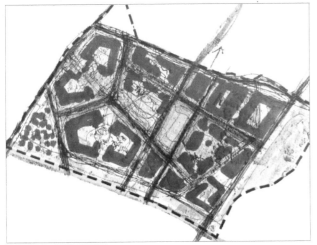

图 2-58 试做方案一：街区式

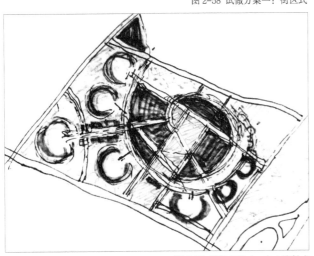

图 2-59 试做方案二：中心放射式

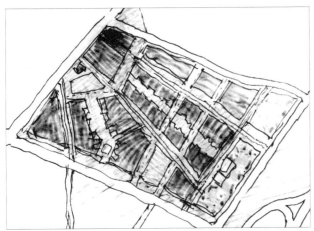

图 2-60 试做方案三：道路轴线式

图 2-61 试做方案四：中央主轴式

2.1.5 设计要素组合

凯文·林奇在《城市意象》一书中指出，城市意象元素的形态类型有五种，分别是道路、边界、区域、节点、地标。

我们将场地设计的具体要素划分到这 5 类里。在这次毕业设计的场地设计部分，主要是对具体要素的设计和调整。

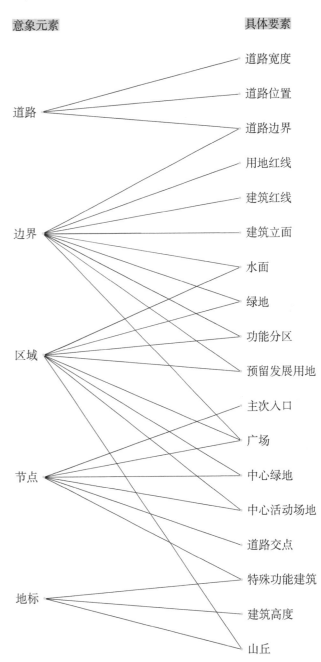

意象元素	具体要素
道路	道路宽度
	道路位置
	道路边界
边界	用地红线
	建筑红线
	建筑立面
	水面
	绿地
区域	功能分区
	预留发展用地
	主次入口
节点	广场
	中心绿地
	中心活动场地
	道路交点
地标	特殊功能建筑
	建筑高度
	山丘

在接下来 5 组设计作品的课堂教学实录中，我们将教师对学生指导的内容归纳到这 5 个意向元素和 18 个具体要素中，并在文中做出标注。

我们将5组设计作品对场地的处理总结如下，包括对场地原有条件的保留、对场地的改造以及采用控规的部分。每组方案对场地原有条件的态度不尽相同，新设置路网结构也各有特色，根据各组主题和概念，选择采用控规与否。

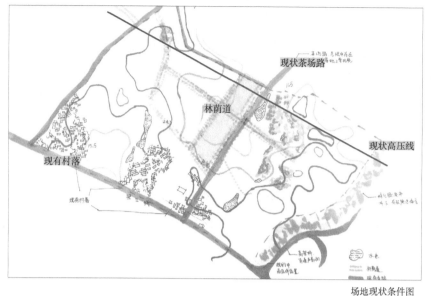

场地现状条件图

现状和控规对比图

场地现状条件包括道路、村落、绿化、水面、林荫道、高压线等等。

现状条件图

道路系统

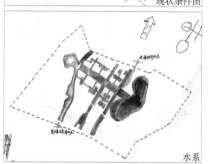

水系

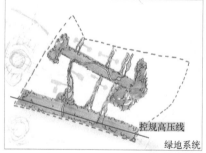

绿地系统

黄一凡、王晨作品《黄发垂髫》

保留：现状林荫道、现状部分村落、现状部分水面、顺应场地高差。

改造：将中心林荫道拓宽成为中心绿轴，添加水系以联系原有水系及场地周边水系，将茶场路道路宽度拓宽，设置中心环路。

采用控规部分：控规茶场路、控规场地西侧道路、控规高压线。

道路系统

功能分区

绿地系统

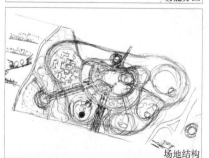

场地结构

华正晨、徐子攸作品《板桥印象》

保留：现状部分村落、现状部分水面、现状场地西侧道路。

改造：重新规划场地内道路，设置中心环路，利用场地高差改造水系。

采用控规部分：控规高压线。

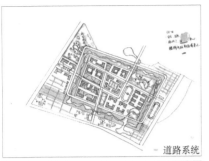

道路系统

图底关系

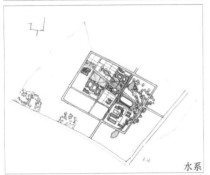

水系

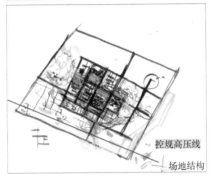

控规高压线

场地结构

徐海闻、吕雅蓓作品《归园田居》

保留：现状林荫道、现状部分村落、现状部分水面。

改造：以农田印象为主导，设置中心环路及下一层级路网，添加水系以联系原有水系，绿地系统参照农田印象。

采用控规部分：控规茶场路、控规场地西侧道路、控规高压线。

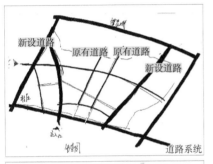

新设道路　　原有道路　原有道路
　　　　　　　　　　　新设道路

道路系统

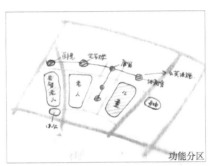

功能分区

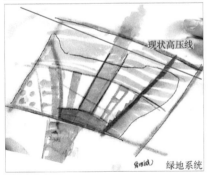

现状高压线

绿地系统

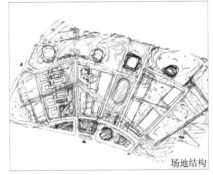

场地结构

曹艳、宋梦梅作品《绿色疗愈》

保留：现状林荫道、现状部分村落、现状道路放射状脉络、现状部分水面、现状高压线、现状场地西侧道路。

改造：以放射状脉络为主导，设置南北向中心轴以实现场地外部与内部绿色贯通，将特殊功能建筑作为地标引领放射状地块。

采用控规部分：控规茶场路。

道路系统

绿地系统

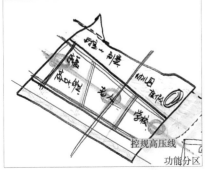

控规高压线

功能分区

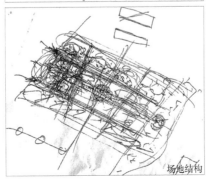

场地结构

崔颉颃、洪玥、庞志宇作品《共享社区》

保留：现状部分水面。

改造：以东西向横轴为主导，遵循场地原有放射状脉络，组织规划路网，添加水系以联系原有水系及场地周边水系。

采用控规部分：控规场地西侧道路、控规茶场路、控规高压线。

2.2 黄一凡 王 晨 作品《黄发垂髫》

2.2.1 各阶段教学讨论要点

《黄发垂髫》作品的各阶段教学讨论要点如表 2-1 所示。

表 2-1 教学讨论要点表

时间	学生设计内容		教师授课内容		
3.13 第三周 周二	场地现状条件图	保留场地树木和村落	修正道路	梅村路根据控制性规划向左移动	需要画场地设计条件图，采用一定的概念与设计手法加强联系
	总平面图	确定主次入口、初步路网和大致功能分区		茶场路修直	
	设计目标	黄发垂髫并怡然自乐：1.尽量利用场地中现有的要素；2.利用绿轴串联各个功能，丰富老人与儿童的联系；3.根据树阵的位置，确定道路框架；4.利用地形建筑，丰富室外活动场地		场地东侧道路根据规范改动	
				更改主次入口	
			功能分区修改	老人和孩子需要更多联系	
3.16 第三周 周五	场地设计条件图	根据修正过的路网和现状条件要求，确定用地红线和建筑红线	场地设计条件图	不保留的建筑不用画	细化中心绿轴
	总平面图	更改功能布局，通过绿轴，加强老人和孩子的联系	绿地系统	分层级设计，需单独一张	
	道路布局图		硬地开放系统	需单独一张	
	功能和绿化布局图				
3.20 第四周 周二	总平面图	细化绿轴，加入步行道	绿地系统	中心绿轴功能要丰富，不单单是草坪，可加入活动场地	绿地系统：引入水系，丰富绿轴
	功能分区图	绿化和建筑的关系		可引入水系并考虑水系布局是散点还是体系	总平面图：考虑高压线对建筑的影响
	建筑图底关系	通过建筑布局强调中心绿轴，建筑组团呈围合状	总平面图	规划的高压线距离内不能有建筑	建筑图底关系：考虑高压线对建筑的影响
	硬地系统	场地内步行道		入口广场的处理要精彩	
	绿地系统	场地内绿化布置			
3.27 第五周 周二	总平面图	建筑组团内部关系布局	总平面图	体育场位置改变	
	建筑图底关系	建筑进行了对称布局，南部与村庄肌理呼应		剧场位置改变	
				马场位置改变	
			建筑图底关系	保持中间公共空间的秩序，同时端部打破对称	
	道路布局图	步行系统细化	道路布局图	人行车行的铺装不同，和预留用地联系加入新路	
	开放空间图	丰富绿轴，将体育场引入，绿化和水系结合	开放空间图	水系要和场地外部水系连接	
3.30 第五周 周五	总平面图	更改剧场位置	总平面图	剧场的对称布局要打破	
		更改运动场位置			
		端头建筑打破对称布局		更改学校内部布局关系	
		结合水布置建筑			
4.3 第六周 周二	总平面图	修改剧场位置，打破对称结构	总平面图	更改康复医院朝向	
		调整学校布局，考虑幼儿园位置		场地内高差用楼梯解决	
				调整学校部分布局关系	
4.10 第七周 周二	总平面图	调整康复医院和疗养院的位置关系	总平面图	硬质铺地要到建筑	
		调整幼儿园的位置		调整水系、绿轴和剧场的关系	

2.2.2 课堂教学实录

1. 第三周 3 月 13 日（周二）

1）道路规划

学生：首先考虑城市道路。现在要来到这个地方，一般经宁芜高速从梁三线进入；另外根据控制性规划（以下简称控规），将来板桥新城建成后，还有很多人会从梅村路进入。所以沿梁三线和梅村路都设了场地出入口。

教师：梅村路就要画成规划上的那条路，按规划的宽度和走向来画。完全按控规是好做一点，但控规把这块地切割得太厉害。做实际项目时，我们要按控规的大原则来对接场地，而不是仅仅照搬控规。可以将规划的道路移到这里。现状的高压线是这样过来，到这里再向北折过去的，可以按高压线的曲折方向来定位梅村路的方向。这样的话，路的另一边还

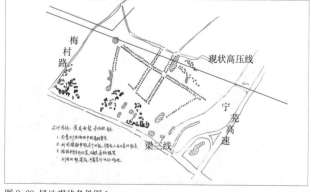

图 2-62 场地现状条件图 1

有部分场地。这就是按照控规的大原则做，再进行局部调整。

学生：场地东侧的这条道路该怎么画？

教师：城市道路一定要按钝角相接，因此这条路要这样斜过来。修正时可以按照地形稍微弧过来。控规中场地南侧有高压线，因此南面就不太好，主入口不能放在这里。梅村路是通到场地中心的，从中心过来比较方便，所以主入口应该设在梅村路上。☞（道路—道路位置）

2）落实设计主题

学生：下面介绍方案。我们的设计目标是黄发垂髫，怡然自乐。这块场地很容易进行分区，比如老人放哪儿，小孩放哪儿，但这样容易造成彼此隔离。虽然可以用功能来服务两者，但两者还是各占一块，难以实现互动。

教师：你们的目标是老少互动，这是很好的设计理念。黄发垂髫是关键词，要用一句话来解释你们的设计理念。

学生：为了达成这个目标，我们采取了四条途径。第一，尽量采用场地原有的要素。第二，希望利用这些树木形成绿轴，来串联各功能区。

教师：我明白了，用绿轴来联系老人和儿童的空间。

学生：第三，按照这些树阵的位置和走向，来确定道路框架。

教师：树阵确定道路框架，这和老人、儿童有什么关联？要找其中的关联。比如你们可以说，利用场地原有的树阵确定的道路框架，让老人和儿童更容易认知和记忆。总之，一定要找到类似的关联。

学生：第四，丰富这条绿轴，做一些地形建筑，增添景观性和趣味性。

教师：那和老人、小孩有什么关系？

学生：通过这些地形建筑和景观建筑吸引老人和小孩过来活动或交流，如果仅仅是一块草坪，感觉对他们的吸引力不大。

教师：这里最核心的关键词是什么？是丰富。要通过高差的变化，或其他变化，把"丰富"具体表达出来，这样我们才会觉得老人、儿童确实是有关联的。

学生：通过高差处理和其他变化来丰富老人与儿童的室外活动场地，让他们都可以在这一片区域里活动或交流，这样自然而然地把他们关联在一起。

教师：这四条途径都要有不同的目的。第一条强调认知，第二条强调连接，第三条强调空间，第四条强调室外场地的丰富性。要把每一条途径中最核心的东西拎出来，比如为什么借鉴原有树木进行道路设计对老人和小孩好呢？因为这个横

3）场地功能分区

教师：下面介绍你们的建筑布局。

学生：场地南边村庄全部保留，入口东侧建筑想改造成职工

学生：我们想尽量利用场地中的现有要素，比如树阵、池塘、村庄等。关于噪音，场地大概距离高速公路150 m以外，昼夜均满足50～55 dB的1类条件。这条路还有很宽的绿化带，感觉噪音基本上没有什么影响。

教师：按照控规的这条路，由于高压线下还有绿地，噪音的影响比较小。刚才你们讲的不像是设计理念，而是对场地的态度，你们想保留场地上的村庄和绿地，并加强绿色的连接。☞（区域—绿地）

平竖直的结构很容易辨识。再做场地内其他道路的时候，要从这个路网往深挖，找哪里都容易。你们一定要理解每一条途径的意义，深化设计的时候就不至于画成别的样子了。按照这个原则往下做。再比如地形建筑强调的是建筑与地形之间要有比较好的结合与变化，由于高差不利于老人或小孩，因此你们要结合地形和缓地过渡，强调过渡的连续性，这样能将老人和小孩自然地联系起来。

学生：现在这边是主入口，那边是次入口，树阵尽可能保留，外围的树形成了路，形成了活动的区域。

图 2-63 地形现状　　　　　　图 2-64 保留树木

图 2-65 村落肌理　　　　　　图 2-66 景观结构

图 2-67 总平面图 1

宿舍和民俗。场地里有池塘和竹林，所以我们想将老人放在这一块，风景好一些。

教师：如果这样布局，不是没有完成联系场地中老人和小孩

的目标吗？你们要注意解决尺度问题，比如说把你们现在规划的建筑放到场地中，会发现尺度有一些问题。老人一般适宜的出行距离是450 m，促进老人的活动要让老人的出行距离越近越好。原来老人和孩子是对角位置，现在把老人和孩子放在场地中间，让他们相邻。老人区块为什么一定要规整呢？完全可以分散在场地中。老人哪里集中哪里分散，有多种模式可以选择。老人与小孩的活动，也有很多模式，可以做成一个专题。现在是在总图的层面考虑，其实单体层面的融合也是可行的。老人和孩子可以共享礼堂、图书馆等等。☞（区域—功能分区）

学生：现在的布局，马场在场地最东边，中间是绿化。

教师：还要注意规划中的高压线，你们可以查高压线的防护距离是多少，然后把它画出来，防护距离以内不能盖房子。接下来画单体布局的时候，要画在A3以上的图纸上，上面要有网格，网格不能大于100 m×100 m。模式图则可以画在A4纸图纸上。按照教学计划，前期设计的每一步都不能跳过，都要在图纸上体现。我们推荐画草图，当然也可以使用SU。☞（边界—建筑红线）

学生：那我们接下来该怎么做呢？

教师：接下来要画场地条件图。例如，《江苏省城市规划管理技术规定》就规定了道路、高压线、河流等要素的退让距离，按规定退让后才是能建房子的范围。你们要仔细查，然后把场地周边道路、高压线等的退让距离都画出来，确定好能盖房子的范围，这就形成了场地条件图。

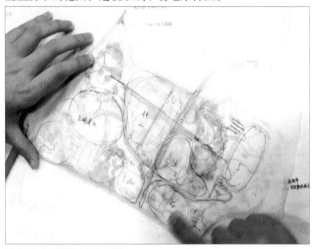

图2-68 老师手绘功能分区图

2. 第三周 3月16日（周五）
1）场地条件图
教师：这是你们调整好的场地条件图，场地北边道路的宽度是总体规划（以下简称总规）的宽度吗？

学生：按总规的宽度进行了调整。总规的宽度只有30 m，我们画得宽一些，有30多 m。☞（道路—道路宽度）

教师：你遵守总规，那就得把总规上的道路宽度、红线间距离画出来。现状图和规划图可以画在一张图上，只是颜色或线型有区别。通常来说，如果你遵守规划图，你就要把规划的线画粗一些，不要涂黑，如果想强调，就画成双线，然后标上宽度。现在看你的这张图，用地红线与建筑红线之间的距离是看不出的，如果标了宽度就能随时看到。还有一个问题，梅村路很窄？你们去看控制性详细规划（以下简称控规），好像比你们画的要宽一些，要按控规的宽度画。场地周边道路的等级肯定比场地内部的高，高等级路要比低等级路宽，还要按照等级画。前提条件不能搞错，高压线控制范围也要标出来。把这些控制线打印出来贴在墙上，抬头就能看到。这张图上画的内容都是你可能保留的。西南角的村落你们也想保留吗？☞（道路—道路边界）

学生：不保留。

教师：不保留就不要画在图上。场地条件图上涂黑的都是重要的，所以才强调。你们了解地形图上的高差吗？相邻两条等高线的高差要标在图上，它们之间还要标坡度，把数值标在图上，你们就会有概念，设计时就会考虑到。此外，场地周边的环境、地形都要保留。场地条件图上要标上每个片区的功能，比如这里是软件大学，这里是住区，这一块是中小学用地。根据场地条件图就可大致了解周边的未来发展情况。

学生：这张图是现状图，不是规划后的图。

教师：这我知道，但是规划路网不是改过了吗？改过就要把新规划的路网叠上去，别人的路网不还要跟着你这块地作调整吗？既然调整了路网，就要把调整后的路网画出来。场地内部到每一个功能区的路网也要表达。场地条件图表达的内容：第一，现状条件要全。第二，规划图的内容，不仅要放入规划调整后的内容，规划用地的性质也要写出来。第三，对场地上保留的东西来说，不管场地内外，想保留的和想连接的东西都要写在图上。比如这是生态园，现在看不出，写出来别人就好理解了。要想场地和生态园有良好的互动，需要在条件图上把这个意思表达出来。比如这边这个大学，意味着什么？你可以写场地这边以后规划为软件大学，这所软件大学对场地有什么作用？远期规划目标是什么？总之，这些要素和规划目标、规划的功能都要清晰地写在这张图上。

学生：想实现的目标都要写在上面吧？

教师：是的。现在想不出来不要紧，先把这张图打印好贴在墙上，以后想出来了再慢慢加。你现在还没做设计，如果你确定这个场地条件是好的，就要有态度，一直坚持利用下去，找到利用的方法。比如这个生态园好，你就要利用它的好处，否则就弱化它。还有就是这个工厂区，不要把它当作一个糟

图2-69 场地现状条件图2

糕的污染，要放在一个很长的历史时期内去看，很多规划的工业区是有阶段性的，这个阶段在这里画了一片软件园、产业生态园之类的，慢慢城市发展了，这些工厂就被调整到外面去了，这里可能又变成住宅区了。所以这些开发用地的话，

现在是按照这样的规划的，也有可能现在都发展不到规划的这个阶段，没有工厂建，那就还是保持农田，但也可能现在发展顺利，这里建了工厂，再过一阵子，城市发展更快了，工厂又不能建在这儿了，所以这是动态的。

2) 设计策略

学生：场地目标和上次课讲的一样，第一点是意义。

教师：要把意义和关键词写出来，把最核心的要素提炼出来。

学生：保留场地内现有要素，因为场地的原生态环境更具亲和力。

教师：场地现有要素是有历史的，从历史角度和从亲和力角度是不一样的。不是因为有亲和力而是因为有历史。

学生：第二点是认知。根据场地现有树阵位置形成道路基本框架，这样的框架对于老人和小孩来说更具有辨识度。第三条是地形。老人和小孩对地形都比较敏感，所以我们选择场地中较平缓的区域来做中心设计。

教师：应该这么说，对于老人和小孩来说，地形太平没意思，地形太陡又不安全，所以选择场地中间的平缓地来设计老人孩子的活动空间。

学生：第四点是功能布局。将老人的功能区和儿童的功能区相邻，加强两者的交流。

教师：第四点与老少互动有关。场地内有一个老人和孩子共享的活动区域，还可以通过某些方式将这两个区域连接起来。

学生：第五点是强化这条绿轴，老人和小孩共用这块区域。

教师：第五点和第三点不一样。第三点是想老人和小孩适合什么样的地形，通过缓坡地的选择来丰富他们的空间。第五点强调共享，不强调地形。

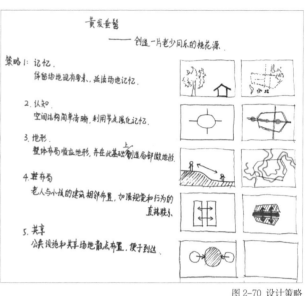

图 2-70 设计策略

图 2-71 总平面图 2

3) 功能分区

教师：下面看方案，这五点是否都强调了？为了方便将方案和这五点联系起来，还要把这五点贴在墙上，想看就能看到。这张图是功能分区吧？

学生：这是功能分区，和开放空间画在一起了。中间是一条林荫道。林荫道西边还有隐隐的一条，因为这条比较小，就想把中间扩大，形成共享绿地。通过树阵形成道路基本框架之后，场地内部就被道路自然分成了这样的几块区域。场地东侧原来有比较大片的绿地。这个是我强化的绿轴，然后主入口设在梅村路上，主入口附近就是办公功能。这里原来有条河，然后我把这条路改得稍微弯了一点，就和生态园这里接起来了。场地南侧区域做了绿化，把失智老人和康复功能放在这一块，南边保留的村落房子可以做成失智老人的时空胶囊。

教师：你们讲解功能布局时能否更宏观一些？应该一是老人区域，二是儿童区域，三是什么区域，四是什么区域，这样往下说。接着说每一个区域具体布置了什么，最后再说区域和区域之间有什么联系或者连接。应该围绕一个主题和中心

来说。

学生：那我重新讲一遍。梅村路上的入口是主入口。设计中强化了这条绿轴。规划的道路围出了中心的区域，中心区域就是地形平缓的需要重点设计的区域。老人和小孩的功能区

图 2-72 功能分区图

黄一凡 王晨 作品《黄发垂髫》

53

域就布置在中心平缓区域里。老人和小孩的区域就被这条绿轴自然地分成了两部分，他们可以共享绿轴的室外场地。然后除了这个绿色中心区域之外，主入口附近就是办公区域的位置。主入口南侧这里比较安静，景观比较好，就是失智老人和康复的区域。因为康复面积只有一点点，所以这一块的面积应该是足够的。

教师：就把失智老人的部分和康复一块儿做。2 000 m² 做不了什么东西，也不符合国家规范，可能要大一点，等进行更细的设计的时候再说。☞（区域—功能分区）

学生：场地东边离高速比较近，易受噪音影响。所以把马场放这里。

教师：马不怕噪音吗？其实不然，马对声音很敏感。马场也不是不能放这儿，但是你解释的方式不太对。你要给别人一个可以信服的解释方式。

学生：中心区域内的西边还有一片区域，考虑到这里是老少互动的一块区域，而高中是比较偏技术性的，外面的人也可以来这里培训，所以我们想把这片区域作为公共设施区。

教师：现在对外服务的部分放在场地西边和东边。其实最好都放在场地西侧，因为人都从这条路来。基本结构是这边是一个核心，这边是绿轴，东边是预留的绿色的未来用地，整

个场地是往东边生长的。等东边发展起来以后，在场地东部设置对外服务，都在这里解决，这样整个场地在结构上更好一点。大家解释的时候，还是要把开放的绿色空间系统和人活动的硬地系统开放空间分开来画，用不同的颜色画在一起也行，但是最好还是分开来画。就像你刚刚讲这张图的时候，一会儿讲出入口，一会儿讲环路，一会儿讲绿色，这样讲逻辑很混乱，现在看你绿色开放空间系统，这张图上剩下的算什么呢？所以你需要一张一张去把这个事情说明白。

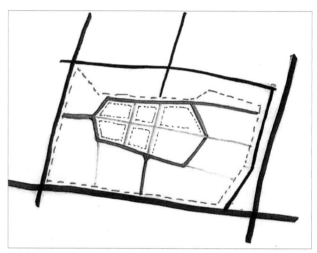

图 2-73 场地道路规划图

4）绿地规划
学生：我不知道绿色开放系统要画到什么程度，我也不清楚是不是大的和小的都应该在图纸上表示出来。

教师：绿色开放系统也是有层级的。时刻要有层级的概念，做一栋房子，有最宏观的层级，还有周围环境的层级，最后自己建筑内的层级。像这种场地，画绿色开放空间的时候，首先就是有一个宏观的层级，最主要的是场地西侧和东侧这两个团，中心这一条绿轴，这是你最大的层级。最大的层级你必须要交代与场地外部的绿化的联系，比如这个层级和这个沿着高速公路的保护带是怎么连接的，和绿洲东路、和生态园又是怎么关联的，这是第一层级的。再往下，比如说，像这条轴线，旁边这个地块里面没有绿色吗？肯定要有，开

始设想的时候是要考虑这个绿地是块状呢，还是带形的？第二个层级的也要画出来。这个轴很强，每一个区域的二级绿地都会和中心绿轴相连，这是一种模式。再往下做建筑设计的时候我发现这个模式不合适，那也可能变成两个区块中间有一个这样的延伸的绿色的块去连接，这样也可能。所以至少要有三个层级。第一个层级是跟外部的关系，大的连接，第二个层级是自身的结构，第三个层级是往下一级的结构。所以在不同层级的时候，再次一级的小的可以先放一放。所以单独画绿色开放空间系统的时候，在一张图上，三个层级都得有，大中小，然后开放空间还有一个硬地开放空间系统图，也是一样的。就是说，这里面主要的入口广场主要步行的道路活动的空间要画出来，也要单独去画。☞（区域—绿地）

3. 第四周 3月20日（周二）
1）两心一轴的规划结构
学生：我们一张图把开放系统和硬地步行系统画了出来。

教师：你们方案的规划结构就是两心一轴。所有的道路、绿地、建筑布局都在强化这个结构。这样远看的话整体结构就很清晰。其他的还有什么？建筑布置。这个总平面图确实比以前要好很多了。慢慢已经有点城市设计总图的样子了。

学生：通过建筑图底关系图可以看出，建筑布局上也是试着强调这条轴线。但因为有老人和小孩的分区，所以做得有点区别，建筑不能完全对称。主入口这边是办公。从绿色开放空间图来看，这条绿轴还没有特别细地去想它的布局和形式。本来想的是这边是学校，小学和初中，然后和绿轴相接的地方可能会形成一个入口的硬地广场，所以这有一个稍微粗一点的连接。☞（节点—广场）

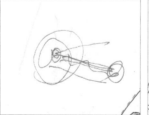
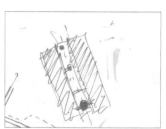
图 2-74 两心一轴示意图　　图 2-75 中轴线节点示意图

图 2-76 轴线和建筑关系示意图　　图 2-77 轴线和建筑关系细部示意图

教师：其实你刚才讲的就是硬地的开放系统：人步行怎么过来？人到哪一个房子？你把这些图分开来画吧，硬地归硬地，绿地归绿地，入口硬地广场也应当算在硬地开放系统里。硬地系统画一张图，绿地系统画一张图，这样表示更加清楚。

学生：回到总平面图上讲，因为绿轴中间可能会有共用的阅览室、一些音乐教室和餐厅等等，老人可以用，学生也可以用，可以把老人区域和学生区域连起来，所以绿轴中间会有一些连起来的建筑部分，而且这个跨度会有50～60 m。

教师：还行，50～60 m还是有可能的，但不会建很多。不可能50 m、60 m的廊子会有很多很多。

学生：这里通过外面的硬地相连，北边是学生宿舍，南边是普通老人的。住宿区的建筑都是各自围合出小的中心。

教师：这个中心和这个轴是有什么连接的吗？你要单独画一张图去表达这件事情。

学生：然后茶场路这条路，其实会有一些外面的居民和村民经过，和绿轴的交点这里可能会形成一个重要的小节点。我们想在这个交点这里做一个广场，可能老人、孩子和附近的居民会在这里聚集。从交点往东走是保留的树林，然后希望这条轴线在这里有一个收尾，所以在这个树林里做了一个室外剧场。这里不是有一个池塘吗？把幼儿园绕着池塘布置，做一个景观性的布局。然后这一块布置了活动场地，操场什么的，老人和小孩都可以来这里。我一开始是把高中布置在这里，也可以通过这里来作为老人和小孩的连接。

教师：这里可以做预留发展用地。☞（区域—预留发展用地）

学生：这一块是马场，这边是马场一些服务性的功能。现在看分区图，我们不知道绿轴这一端要怎么做，本来想在这里收住。

教师：要是收住了为什么还要画伸出来的这一块绿地呢？这些就不能画了，路网到这也就不会这样画了。想要收住的话，绿轴到这儿一定要断掉。

学生：其实画这些步道就是为了强调这些放射感。

教师：我知道，其实到最后的话，会有步行道在这边。你现在的大结构是基本清晰的。然后场地南边还有这么多的地怎么办？这边失智老人怎么布置？场地里的高压线怎么办？

学生：上次说场地南侧的房子可以保留，如果现在考虑高压线的防控范围的话，就不能利用了。

教师：现在不能用它，你现在当作高压线没有吗？

学生：上次说这些房子可以不拆。

教师：那你现在认为高压线是现状的位置还是在规划的位置？就这两个状态，不可能没有高压线。

学生：应该在控规的位置上。

教师：在这儿的话这里就不能用了，只能去做绿化。

学生：那这些房子要去掉吗？

教师：真的做的时候就要把它做成绿化了，草坪或者种树。前提要想清楚，有些同学按照现状高压线的情况考虑，所以这块地就可以用。☞（边界—建筑红线）

学生：我们还想把场地南边做成员工宿舍区和民俗体验区。

教师：把高压线让出来之后和中心道路之间不是还有一块地吗？这块不小啊。

学生：比如说高压线在这一块，然后我保留高压线控制范围北边和中心道路之间这一块用来。我可以去延续村庄的肌理。

教师：当然可以啊，要按照村庄的布置模式，散点的，小尺度的。态度要很明确。这个新的图底关系现在已经能看到了。然后其他建筑是组团式的，除了中轴线比较紧凑的部分，还有另外两个组团撒在外面。这种结构已经比较清晰了，但现在画出来量是不是够的。

学生：其实还有点超，因为没有超过两层的。

教师：那肯定超了，中心区域东侧的建筑可以去掉，可以留成预留用地。你这边规划可以先规划好，未来发展的时候再利用预留用地，现在可以做成绿色或者树林都行。从这张建筑图底关系看，场地西南侧的建筑好像比中间强了。中间的建筑的关系应该更强烈，中心区域的建筑算一个组团，那么场地西南侧这边可能是松散一点的建筑布局。还有就是中间这条轴线的态度啊，中间是中轴线和绿色开放空间。所有的绿色的开放空间，不要理解为太单一的一种东西，最后会分为很多种活动形式，都会归到这里统一去做。比如说纯粹的草坪，也可能是树林草地，比如公园里是大树，有一些灌木一团一团的。还有一种可能是足球场，运动场也可以是绿色的，当做绿色开放系统的一部分。河流池塘也可以是一部分。我的意思就是说，这条中轴，全是绿色的，但不一定是一种东西。也可能是结合了老人学校的功能，比如说这里是篮球场，我有这个运动场地，就是草坪，可以踢足球。那老人、小孩都可以在上面互动，就不是纯景观了。还有一个问题，不是为了联系老人和小孩才连这个廊子，而是要有功能的联系。可能是阅览空间，老人、小孩都可以使用。这样功能性的连廊能起到分割中轴线的序列变化的功能，不能完全将中轴线堵上，堵上中轴线就断了，不堵还可以形成丰富性。☞（区域—绿地、广场、中心绿地、中心活动场地，节点—特殊功能建筑）

学生：这边一层架空，二层可以有功能，这样不堵还丰富。

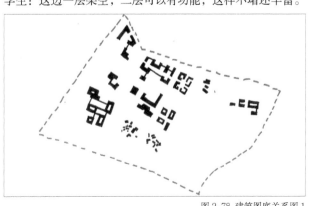

图2-78 建筑图底关系图1

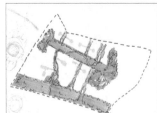

图 2-80 绿色开放空间图　　图 2-81 建筑图底关系图 2

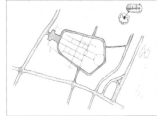

图 2-79 总平面图 3

图 2-82 硬地开放系统图　　图 2-83 分区图

2）主入口空间设计

学生：这是更改后的总平面图，我们丰富了中轴线，引入了水系。

教师：总平面图上的水系有问题。有水无系，在总体布局上，水到底是怎样的布局，是随便散点式的？还是整体关联式的？要再去想。除此之外就是说，你这个主入口的空间比较丑。在结构性上，主入口空间是里面最重要的东西。现在你们设计的这个空间，就是马路进来，两边房子到这儿，不精彩，要好好把脸面上的东西做一做。你们可以去看看，不管是大学或者是园区，规模大一点的城市设计的入口区是怎么样让人觉得比较好，不能纯粹是这样的路进来，肯定要结合景观啊，建筑群的布局啊，把中心区凸显出来。

☞（区域—水面）

图 2-84 总平面图 4

4. 第五周 3月27日（周二）

1）水系规划

教师：你们有什么问题或者有什么难点？

学生：首先是这张开放空间图。水系连接的地方我们标出来了。就是这边接生态园，这边接规划。最主要的呼应城市的是这两心一轴。入口这边重要的地方的水系做了一个放大，然后次一级的就是三条带状。进入内部就用这些小的绿化相连。

教师：画水系的时候，外围连接的也要画出来。比如这个生态园，绿化水体就这一块。太远的话就画一个意向的箭头相接，画一个圆圈也行。因为这是一个系统图。这里是接农田或者什么。画一个粗的箭头，就是这个地方，可能是绿色延伸过来的。这个形状太丑了。系统图和真正的形状不是一模一样的，就只画点线面的关系，画成分析图的样子。现在这个阶段仅仅确认自己的设计是否纯粹，所以画出抽象的结构分析图就行。☞（边界—水面、绿地）

2）道路结构细化

学生：然后是道路结构，这边是一个主要的内环路，这是主入口，这边是两个次入口，北边是接上面的规划路口，这些是进入组团的二级道路，虚线是步道，车行的旁边都有人行道。

教师：车行的旁边人行道是不是都要有你要考虑，不一定都

学生：图上的水系该怎么表达？或者说开放空间的结构该怎么表达？

教师：水系这块不和绿化放在一起画。和绿化一起放到开放空间图里面画也不要紧，把水系和绿化都当成绿色开放空间。但表达的时候应该是主入口这边就是一个圆，场地东侧这块绿地这里也是一个圆，中间用一条线连接这两个圆，要抽象一点。

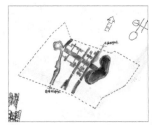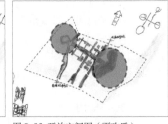

图 2-85 开放空间图（更改前）　　图 2-86 开放空间图（更改后）

有人行道。有的一边有就行了，另外一边可以没有。因为这一边很少有人来。国外很多人行道就只一边有。当然你想这边以后还有房子，这边先做上也行。如果这一块是绿化用地的话，这边的人行道就可以不做，只做一侧。

☞（道路—道路边界）

学生：画硬地的话，就是画路和放大的节点广场吗？

教师：单独一个系统去画的话，步行系统是主要的线，广场相当于是系统的面，是一个节点。☞（节点—广场）

学生：比较重要的才强调吗？

教师：所以要强调分级。总的来讲，这个是一个主要的步行系统。如果只看步行系统，入口肯定会有一个步行的广场的区域，对吧？往里面来，中间的绿带有一个双轴线，然后两边建筑有一个次要的系统。

学生：所以和绿化有点像？

教师：对啊，但这是一个步行系统结构的状态。

学生：场地东边可以做成绿地开放系统，也可以做成硬地开放系统。

教师：对啊，都可以。绿地和广场就取决于功能，如果需要很多硬地，你就不能做这么多绿地。如果要环境好，就多做

点绿地。你们两边走不走车？

学生：不走车。

教师：不走车就不能画成白的，要画成步行系统。铺地不一样，画法就不一样。

图 2-87 道路布局结构图

3）功能分区调整

教师：现在看总平面图，这是室外剧场，运动场在这儿吧？

学生：这儿是操场，羽毛球场。现在放在这里就是东西向的，不如南北向好。

教师：为什么不把这儿做运动场呢？不就变成南北向的了？

学生：原来一直想做树林包围的室外剧场。

教师：那一定要做。中轴尽端这边做运动场，绿轴中间做室外剧场也行啊。这边剧场如果要更多人使用，放这边也行。这条中轴是绿色为主的，为什么做这么碎呢？

学生：就是想绿轴上有的放运动场，有的可能是有几张桌子的公共活动空间，用不一样的活动空间来丰富绿轴。

教师：现在看太碎了，放大以后可以再看。绿轴周边这些路现在多宽呢？

学生：现在是 3 m。

教师：运动场放这里确实太挤了，还是放绿轴尽端来吧。这样在功能上有什么调整吗？

学生：原来这边放幼儿园，但是如果做医院要做老幼复合医院，那么幼儿园的位置就太偏了。

教师：所以需要先确定几个特殊功能布局，再根据这个去调整其他的功能布局。你现在设计的其他功能区的布局是怎样的呢？

学生：这一块办公管理占不了多少，我希望这一块做得更活一点。康复也是对外的，既服务场地内部的人，也对外服务。康复放在这里，供老人和小孩一起使用。

教师：可以啊。一边是老人，一边是小孩。现在怎么分布？

学生：老年大学和餐厅在这里。这里是普通老人的住宅。这

儿是学校，这儿是学生宿舍。

教师：运动场调整之后放这儿也没事。

学生：还把幼儿园和中小学放一起？

教师：这个地方适合放景观建筑。现在马场在中心区域外面，可以把马场放在中心区域里面。把马场的建筑配合水面来做。幼儿园可以放到前面去。剧场还是可以放绿轴上。因为剧场的大小和方向都好调，放绿轴里面还可以结合水做设计。☞（区域—功能分区）

学生：现在场地东侧就全是绿地吗？

教师：作为永久性绿地，这块确实太大了，可能要在里面破一破。

学生：那就把马场放过来。这两块留着当预留发展用地。

教师：那你马场不放这儿，这一块也是预留的用地。这块中间有一个开放空间和两条小路。这块建筑用地和中心是怎么联系呢？这边要有路网来连过去，不然这边过不去。比如这边有一个运动场，这边可能会有一条环路，可能会把这个绿地分几块。之后，我觉得这边是永久的绿地，这块是马场，这块还是可以建设的。这个都可以作为预留用地。没有必要想着对称，像这边是不对称的甩过来，这块这样过来包着也可以。你觉得呢？

学生：我在图上如何表示这一块？

教师：你可以画，这边是二期什么的，块块可以放上去，布置上去，可能是涂个淡绿色，涂个树林，关键要把用地分出来。主要是这一块水要出来，和运动场紧贴着，可能还要留一条绿化带或者是步行路，人最多的地方，甚至这一块是一个看台。看台不是西边吗？放在中间呢？☞（区域—预留发展用地）

学生：看台会把入口挡住吗？座椅是背对着入口的。

教师：要看这看台怎么做。剖面上，是一个休闲的看台，比如说没多高，有一个棚子，还是其他样式的看台？你把这当

成城市的休息空间，不是一堆人在这边看比赛的那种，我觉得问题不大。

图 2-88 总平面图 5

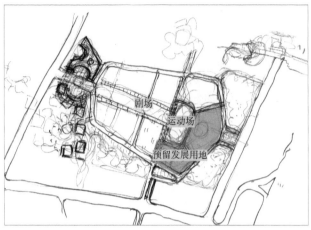

图 2-89 老师手绘功能分区和道路布局图

4）图底和轴线关系调整
学生：还有一个问题，这两条小路还是要车行的吧？

教师：这里肯定要车行，但平时要限制车行，内部的车可以走一走。这里的路也确实不太好走，通过这个方式来避免大量的车流穿行。再看你们的图底关系，你们这个是比较对称是吧？对称可以创造出一个秩序，秩序好了之后，就会很呆，就要通过不对称来破它，来活泼，所以引水系进来破它，建筑布局跟进来做不对称。建筑对于中轴来说要有开口，有些可以做成这样一些块块，有些故意错开来，就是要强化这种关系。到这个层面不要做太对称的关系。大的关系在这儿了，接下里就是要尽可能破它，让它更加有机。开口也有大有小，既可以透过开口看景观，也可将开口作为活动场地。从某种程度上，只要守住中间的公共空间，两边的建筑稀奇古怪些也没关系。小村庄可以贴着水边做成带形的一直延伸，这个范围内都是小村庄。因为高压线的距离原因，南侧建筑收得很齐，可以留一点永久性的绿化或者将菜田打破。这是小村庄嘛，要有村庄的样子，有农田有树。然后是一些关键性的入口，现在的入口有点差强人意。☞（边界—建筑立面）

学生：现在有些迷茫。

教师：迷茫很正常。主入口过来的地方是红线，本来这里是停车场。这边把它绕过来，将里面做成停车场，让停车场交

通更方便一点。

学生：总感觉主入口这里有些奇怪。主入口这里有些挤啊。

教师：这里问题不大。可以设计一块水池，外围广场是松散的。然后主入口南边建筑可以做得更放松一点，也可以做得紧一点。但是要注意主入口不要圈着水做。☞（边界—水面、广场）

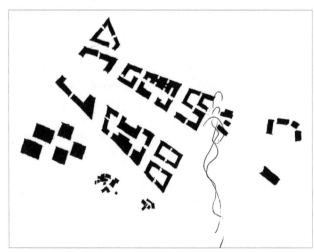

图 2-90 建筑图底关系图 3

5. 第五周 3 月 30 日（周五）
1）设计目标与策略再推理
教师：今天从设计目标开始介绍方案，你们就当我是陌生人来介绍。

学生：我们的设计目标是黄发垂髫，创造一个老少同乐的疗养院。通过认知记忆地形布局共享，有五大策略来实现目标，首先是关于场地记忆，尽量保留场地中原有的树木、村落，让场地的历史记忆得以延续。这是第一个策略。

教师：像这种你保留场地的树，你可以说这是什么树，要具体化。就是刚才这种话，应该在 PPT 里放原有的场地上的分析以及新做的分析图。一对比就知道你要保留的东西还在场地里，两张图一对比就知道了。

学生：保留原有树阵，把它变为林荫道，还有大片绿色作为树林。第二个策略是认知，根据场地中原有的树阵走向，自然形成一条环路，对老人来说不容易迷失方向。

教师：你要先讲简单的结构容易使老人和小孩辨认，然后再讲环路。而且认知不单指路网，而是指整个空间结构，空间结构是以中间有一个绿色的中轴为引领的基本的框架。小孩子看到这个地图，很容易画出来。中间有一条中轴，建筑布置在两边，很容易让人记住。

学生：在这条轴线上布置一些节点，入口有一个广场，走着走着，绿轴中间会有一个室外的剧场，在绿轴的端部会有一个运动场。第三个就是地形。

教师：地形的策略是利用缓坡的地形做出很多丰富的空间来给老人活动，你可以将这里的地形有哪些不同的变化讲出来。你这可以讲很长时间，也可以很丰富。场地地形两边高中间低，现在是当做平地来画的。你现在最低的是水，就是利用了地形啊。你先介绍，我大的场地是这样的地形，结合大的地形是怎么考虑的，主要的活动空间是这一块的话，结合这个地形做了什么，结合两个层面去说清楚。

学生：整个地形两边高中间低。中间这一块是正常的布局，外面的这一块我会根据地形来做一些变化，地形方面我可以在中轴这里做一些小山坡。

教师：现在的问题是结合原始地形你是怎么处理的。除此之外，为了丰富它去做一些微地形，那是在下一层了，也就是说，微地形处理是下一步。你解释的时候，全是要和前面的那个老人和儿童要有关联。这边高，这边布置了老人的区域，在这边可以俯瞰，要从这个角度来说，做这个事情是有目的的。

学生：第四个策略是建筑布局，环路围绕的内部布置了老人区域和儿童区域。把老人和儿童，包括设施，都布置在里面。老人的布置在南侧，儿童的布置北侧。他们通过这个绿轴进行视线与活动上的联系。最后一个是共享。

教师：相邻是指布局，两个条带，平行布局，所以老人和儿童互相之间可以很容易地去交流。共享是公共设施的布点，都是在他们很容易共同到达的位置。这两个的出发点是不一样的。

学生：我们感觉第三个策略和绿色开放空间的概念有一些接近了。

教师：绿色开放空间也是公共设施之一，绿色开放空间是公共福利，大家都可以来共享，不是说绿色开放空间是我的主

题词，这只是我的一个手段。除了公共开放空间，体育馆、商店也是，就是公共的设施都可以算做开放空间，这样你就明白了吧。

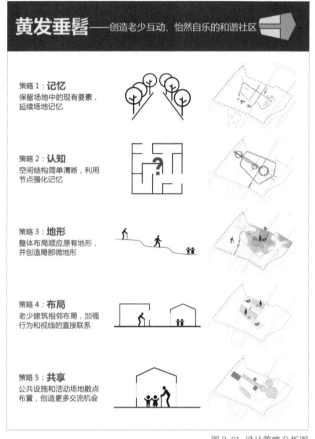

图 2-91 设计策略分析图

黄一凡 王 晨 作品《黄发垂髫》

2）建筑布局再细化

教师：下面说说你们的总图。总图大的感觉很清楚，一些小细节还要调整。做整体规划的时候，每一个都会围绕中轴做，但互相间都有关系。康复医院这三个块和中轴应该有关联。这三个块不要这样对称地布局，能不能沿着河流的方向布局呢？

学生：这里没有全部沿河，因为面积实在不够。

教师：尽量都沿河。我的建议是贴着河边，让公共空间看到湖边。你不要把它当做这个公共空间的主题，这不重要。重要的是这里面是一个组团，组团里面是被围合的绿色空间。处理好组团内部的绿色空间和开放空间大结构之间的关系是最重要的。

学生：康复医院建筑的形式可以做成一样吗？

教师：这种方块的形体什么东西都可以往里面填，适应性很强。这个剧场是按对称画的吧，然后围绕剧场的水和道路，也是对称的。但是周围的建筑是不对称的。建筑不对称很好，对外部空间的支持关系也很好。建筑组团对于中轴的开口形成空间，这边是一个空间，这边错开来又是一个空间，你这个关系就不是纯对称的，它就很有活力。在做景观的时候得

有活力。所以剧场这个地方要调整，怎么调整？我的建议是不要对称，可以这样。南边步行道可以进入剧场，北边不可以，同时不让北边的水碰到剧场。现在中轴线这个界面空间的收放感觉很好。

学生：嗯。这边布置了马场的接待功能。

图 2-92 总平面图 6

6. 第六周 4月3日（周二）

1）养老部分建筑布局调整

学生：我们对总平面的建筑布局做了调整。主入口北边是办公加员工宿舍。主入口南边这一块感觉不舒服，扭得不好看。是不是应该再顺应河一些？

教师：现在还好。

学生：现在布局比较自由，太自由的话，体量就有点儿大。现在是40 m×40 m。

教师：40 m×40 m可以。如果嫌体量大就不要做得这么方正，方正体块的角部可以切掉。尺度就变小了，真正做造型的时候，40 m大的面，也是会是进行切掉处理。

学生：康复医院和养老需要呼应吗？就是做一些介于两种体量之间的体量，这些体量可能是公共餐厅。

教师：这是什么性质的养老呢？

学生：住宅养老。

教师：住宅养老这么多东西向不好。现在规模多大？

学生：一个单元40人，总共有200间。东西向的问题很难解决。中国规范规定老人住宅都要朝南。

教师：这是有点儿东西向的，东西向日照时间要折算。现在不说这些，你觉得尺度要缩小？

学生：我觉得尺度要和村庄呼应。和中轴线相接的是大的，离村落近的是小的。它可以作为衔接。

2）场地高差处理

学生：建筑要结合场地。我们把场地划分成几个不同高差的地块，高差通过楼梯来解决。

教师：要仔细考虑高差怎么处理，可能会做出有意思的东西。

学生：要考虑得很细吗？

教师：现阶段不用太细，但成图的时候，高差得交代清楚。

学生：坡地算微地形吗？

3）城市型密集街区式规划布局确立

学生：看看其他人的图，再看自己的图，觉得我们中心部分这里很紧。

教师：你们的方案是中间紧，旁边松，很城市型，未来发展放在东边。这个定位就是密集街区，中间一个中轴，和中央公园一样。大家方案反差大是好事啊，同一块地，要有不同的做法。

学生：我们看图底关系。

教师：从总图上来看大关系没什么问题。如果觉得尺度大了，就切分。但是大关系还是这个样子。至于每个建筑的布局，

教师：这个你们定。

学生：如果建筑统一，中间不会超过三层，两边不超过五层。一层想加强老人和小孩的交流，所以建筑形式上会有很多大空间作为交流的空间，有特别开放的感觉。小学也是一层，特别开放，把教学楼这种单调的空间放在高处。

教师：一层架空太多也不合适。架空太多实际上要么没人，要么就停了车子。架空不那么容易，这个地方要有阳光、有景观、有功能才会吸引人来这里活动或停留。可以在前面做一排草地，有阳光，或有餐厅会比较好。

学生：幼儿园北边的一个空间是给孩子们的室外活动场地。幼儿园一层是教室，上面的盒子是宿舍。

教师：这个活动场地有日照就行。

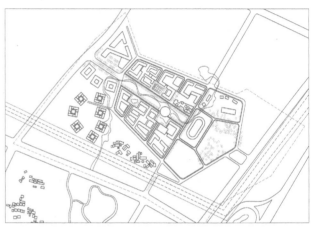

图2-93 总平面图7

教师：算，是一种微观上的地形。现在高差不大，大概只有2~3 m。一种方法是设计缓坡；另一种是把它分成几块，每块标高不一样，设计成几块都可以，你们自己定。

学生：每个标高之间都可以做一些踏步坡道？

教师：对，你可以自己解决。现阶段只要大概想想。这么大的尺度，1:2000的模型也看不出来。你只要大致想想每个高差用什么方法解决，用草图、透视图表达，最后加加工就行了。等做的那块地放大了，再把它单独做细。

现在不是大问题，现在是看宏观上有什么问题。对于我来说，康复建筑的尺度不大。为什么呢？因为对于这条轴线来讲，康复建筑位于轴线的开端，轴线开端和尽端的东西特别一点是没有关系的。但是这里作为一个大的超市或者综合体，现在这样排确实有点儿抢了。你眯起眼睛看，这一块太强了。

学生：但是再拆分的话面积不够。

教师：你去掉两个看看，就会好一些。这个地方是什么功能？

学生：是学生宿舍。

教师：学生宿舍能做这么密吗？看起来太密了，感觉要稀疏

一些。

学生：那做不出上次的感觉了。

教师：只要大感觉对就行。建筑单体如果不需要这样斜，是不是可以做成直的，然后往后退一点儿，和幼儿园的空间有联系。

学生：如果要做二期三期呢？

教师：这块就填满这种方块。因为这是第一期，就像现在这

样排问题不大。总图上这个组团是可以通过屋顶材质的不同进行区分。假如作为住宅，全是这样的房间是否合适？需要考虑考虑。

学生：这边的住宅也遇到同样的问题。只能朝南吗？不能做成双廊吗？

教师：这要看做什么样的养老住宅。如果是全自理的，老人居室就需要阳光；如果是护理的，可能就需要其他服务性质的东西放在北面。在目前这个阶段，要按照你的构想，尽快把建筑单体往下做，单体要排得再细一些。

---

7. 第七周 4月10日（周二）
建筑整体布局调整

教师：你们需要画一张建筑图底关系图，在CAD上画也行，通过这张图看整体关系。现在的养老住宅只在总平面上这样画，实际尺度会缩小。这里只表示围合的一个院子，围合的一块东西。

学生：想在这里做一个公共空间，比如食堂。

教师：这个是什么？未来扩展的？幼儿园改到北边？

学生：现在这边是中小学。场地这边应该是高的，但是幼儿园不超过3层，小学要到4层多。

教师：不一定，有可能一样高。从中间氛围的角度，幼儿园换个位置会更好些。从外围来看的话，幼儿园放在这个位置也可以。☞（区域—功能分区）

学生：先看这个地形。场地中间是最低点。整个活动区域，马场、森林、运动场都放在平地上。

教师：路是平的，或有一点斜坡。这个里面基本是平的，有一点斜的也不要紧。

学生：选建筑的时候是选哪种比较好呢？

教师：你们的概念是中间区域共享。小学和幼儿园的位置不影响概念的表达。从设施的角度，小学和幼儿园要有一些运动场地，肯定是自我比较多一点。就是不全从自我角度，从边缘的角度来看的话，场地北边放一个幼儿园，从村庄看过来，是很重要的标志和节点。如果你觉得幼儿园的位置要调回去，能摆好也行。绿轴上的这两个小建筑有多大？☞（区域—功能分区）

学生：100多m²。

教师：这里面放多少功能？绿轴里面更多的应该是亭子这样的东西，或者其他用来休息的场地，这里面不会做这样的建筑。

学生：我们想从运动场这里看过来有一个对景。

教师：这个不好，太城市化了，太硬了。要做得再有趣一点儿。

学生：从这里看过来想看一个高一点儿的东西。

教师：这是一个开放空间的序列问题。高起的建筑和体育场的距离太近，会对开放空间产生压迫感。还有就是次级道路的问题。☞（地标—特殊功能建筑）

学生：次级道路的回转半径在15m左右。

教师：这么画可以。你要找东西去和建筑形态结合。你现在画的绿轴上的这些东西，和建筑空间最好是有一个形式上的关联性。建筑空间是一个错位的，那我们就提取它错位的样子。风车形的建筑布局是比较容易连接，这种结合比较好。如果你意识到这点，摆布建筑的时候，就会故意错一错，错成一个空间。还有些可以做成细长形。☞（边界—建筑立面）

学生：做成不一样的会不会不好？

教师：从规划的角度，做成一样当然好。但到了建筑层面，建筑形态各不相同，把问题解决好就行。

学生：总平面图中橙色的是步行系统，画完后，道路之外剩下的全是绿化。

教师：可能全是绿化。这边是入口，周围就全是绿地。如果建筑底层希望有柱廊和这里直接连接，这里就不会有绿地，而是广场直接连到建筑了，广场上还是要设计树池等。这次我们没要求你们到这一步，因为这是1∶2000的图，把层级、路、建筑出入口都表达出来就不错了。中期以后，1∶1000的图就要更细一些了。

学生：我们觉得绿化面积有点儿大。

教师：绿化面积大不好吗？在绿地里面种种树，氛围就不一样了。除了两边行道树之外，最好用树来破一破绿地的形状。

学生：设计的时候，硬地接绿地是否不能太硬？

教师：硬地和绿地要有过渡。过渡区可能会有个景点，比如水景、雕塑，有个东西让硬地在这里停下来，然后再往两边。中间绿轴上的这块水做得不好。其实单独把水的图形拿出来看就知道了，现在的水景没有大小景观的变化。剧场旁边的水可以环绕，甚至剧场这一边不在水边，目的就是看起来时景观具有多样性。水景的基本布置模式只有三种：第一种是旁边是草地；第二种是一边有树，另一边是开放空间；第三种是两边有树。☞（边界—水面、绿地）

学生：画医院平面的时候没法下手，这三个体块不知道该怎

么连？

教师：这三个体块只是一个意象，下面随你怎么连。现在就把它当做一个完整的医院，下面连在一起，上部是三个体块。规划上需要什么样的形态，建筑上都能排得起来。互相兼顾，也不是完全听规划的。这条道路有多宽？

学生：3 m。

教师：这条主要的路不光是3 m，旁边肯定要加宽，要布置座椅等，需要继续深化。路也不一定是尽端式的，这样转过来也行，毕竟车子走得很少。☞（道路—道路宽度）

学生：其实最后路都不用做高差。

教师：是的。目前还处于平面规划阶段，再推敲，空间效果却不一定好。通常这种广场要做宽，让关系紧密一点。

学生：其实在之前绿色开放空间的概念图中，这种带状的就要画粗一点，要拉开它的关系。

教师：主入口还在绿洲这边的话，肯定还有一个宽一点的次入口。所以这边主入口进来不会只有一点硬地，应该有很多硬地。场地东边的树种要认真去考虑布局。入口广场这样种树没有广场的感觉了。主入口北边主要是办公和员工宿舍吧？因为这边办公都是对外的，如果这里是员工宿舍，地位高的员工是不会住在这里的。我觉得有可能把这个建筑切开来，打开一个口，前面是广场，后面可能有个后院。办公内部有路进来，停车可能放到这边。就是说里面会有个东西把两个隔开，当然不排除有廊子连。下次养成习惯，1：2 000的图你不要认为这样就画完了，要把功能写出来，所有在用地范围内的都要画出来，后面的工作量还很大，这张总图要画到位还差得远呢。

学生：这是活动中心，我们想让两边是开放的通高区域，中间一层是设备间或者厨房，上面也是开放的区域。这边的活动室布置一个个房间。

教师：不能这样解释，公共活动中心也要有设计目标。

学生：目标是吸引老人和小孩过来。

教师：设计目标和手段都要有，否则你再怎么解释空间，别人都听不懂。要先让别人理解，再用专业的手段去实现。所以设计目标要通俗易懂，设计手段则可以专业一些。你们不能光陷在技巧里面，而忘记要干什么。我跟你们讲过，做设计前要把总体对它的限定，像设计条件图一样要写出来，比如它和中轴线、湖景、操场的关系。当你往下做的时候，首先要考虑外部有什么要求，要解决什么问题，然后再去排各个功能区内部的功能。毕业设计的主要目的在于训练方法，方法会了什么都能做。像这种错位的方法，如果意识明确的话，也可以有一些斜切的东西，这就是往下做单体的时候要做的事情，这样人和广场的连接会更好，广场会更灵活。就是原来的开放空间系统的概念会不断引导你往下做。如果设计人的活动的时候把房子忘掉的话，人没有房子怎么活动，一旦有了房子，人的活动就要顺应建筑的布局。像幼儿园这一块就有点问题，家长接送怎么过来，硬地应该在哪？这边是幼儿园本身的活动场地，和这边的入口会有怎样的关联？这边学校跟幼儿园共用广场，所以它们也是有关联的。总的来说就是步行系统和开放空间与出入口、广场之类是有关联的。

图 2-94 总平面图 8

中期答辩存在问题

（1）方案中虽然对老少互动有自己的态度，但是并没有开创出老少互动的新模式。
态度：同意。接下来我们会进一步思考两者怎样互动，如何互相影响。

（2）方案中的建筑形态与建筑功能并不能清晰地一一对应。
态度：同意。在建筑形态上，大多采用了回字形。在街区围合上，这是一个有效的形式，但不符合中国的国情，不满足日照需求。同时，每一种建筑类型所对应的建筑形态也不清晰。比如学校和活动中心的建筑形态肯定是不一样的。所以这两方面我们还要继续考虑。

（3）方案中的绿轴太具有仪式感。
态度：保留意见。在建筑总图中，现在的中轴线的绿色可能过于笔直，没有将绿色散发到两边去，建筑空间的进退感被削弱。这两点都有可能让人觉得中间的绿轴过于仪式感。在下面的深化过程中，应该将中间的绿轴与两边的关系连接得更紧密，让两者从功能和形式上更加自然，弱化两者的边界。

（4）幼儿园采光不满足要求。
态度：同意。单体设计中，幼儿园采用了回字形的建筑形态。由于幼儿园需要充足的采光，所以回字形不是好的选择。我们要重新选取幼儿园的建筑形态。

图 2-95 总平面图 9

中期答辩后的修改

（1）细化了中心绿轴，进一步考虑了步行系统的布置方式。

（2）细化了建筑形态，将建筑形态与建筑功能一一对应。

（3）详细规划了预留用地的现状绿化，细化了场地内硬地
与绿地的相互关系。

（4）更改了图纸表达方式，细化了每种材质的表达方式。

01 办公建筑
02 高中
03 学生宿舍
04 初中
05 食堂
06 小学
07 幼儿园
08 马场附属建筑
09 康复医院
10 长期护理中心
11 老年大学
12 老年住宅
13 老年公寓
14 图书馆
15 老年活动中心

图 2-96 中期答辩总平面图

Ⓐ 办公及员工住宿
Ⓑ 康复医院
Ⓒ 长期护理中心
Ⓓ 时空胶囊
Ⓔ 高中
Ⓕ 学生宿舍
Ⓖ 老年住宅
Ⓗ 特色餐厅
Ⓘ 幼儿园
Ⓙ 马场接待中心
Ⓚ 马厩
Ⓛ 老年大学
Ⓜ 老年公寓
Ⓝ 超市
Ⓞ 中小学
Ⓟ 看台

① 东大门（园区主入口）
② 主入口广场
③ 南大门
④ 西大门
⑤ 北大门
⑥ 共享绿轴
⑦ 室外剧场
⑧ 200 m 跑道田径场
⑨ 综合器械场地
⑩ 羽毛球场
⑪ 篮球场
⑫ 门球场
⑬ 保留树林
⑭ 马场
⑮ 茶场
⑯ 农田
⑰ 停车场
⑱ 预留发展用地

图 2-97 终期答辩总平面图

黄一凡 王晨 作品《黄发垂髫》

63

2.3 华正晨 徐子攸 作品《板桥印象》

2.3.1 各阶段教学讨论要点
《板桥印象》作品的各阶段教学讨论要点如表2-2所示。
表2-2 教学讨论要点表

时间	学生工作		教师工作
2.27 第一周 周二	方案试做	功能分区	连廊尺度过大
3.9 第二周 周五	总平面图	以环为概念	总平面图 · 建筑形态调整
3.13 第三周 周三	总平面图	提出设计目标——城市中的桃花源	总平面图 · 概念出发点可以是乡村和城市环境的对比
	图底关系图	建筑肌理	
	绿色开放空间图	通过场地内绿轴串联场地周边绿化	绿色开放空间图
	场地现状条件图	按照现状进行设计	需要将周围绿化标明
	功能分区图	中间管理，老人儿童区域分设两侧	
3.16 第三周 周五	总平面图	功能分区	总平面图 · 开放空间设计
		路网规划	开放空间与建筑关系的讨论
		建筑形态	概念与设计方法的讨论
		绿色开放空间设计	
3.20 第四周 周二	总平面图	路网规划调整	内环建筑应为地景建筑
			建筑组团要更加集中
		功能分区调整	提出乡村城市过渡概念
			设计加入中轴线
3.23 第四周 周五	总平面图1	建筑布局调整	总平面图 · 建筑的布局要对中轴线有支撑作用
	总平面图2	建筑与中轴线关系调整	
3.27 第五周 周二	总平面图	建筑形体细化	地景建筑要营造平台和屋顶的意象
			建筑组团围合的空间质量差
			建筑组团之间联系差
4.3 第六周 周二	总平面图	景观设计细化	总平面图 · 水边步道调整
			将乡村的生活方式和城市的便捷设施结合
4.10 第七周 周二	总平面图	设计目标和策略梳理	总平面图 · 建筑面积和层数根据容积率调整
4.17 第八周 周二	场地现状条件图	现状条件梳理	细化广场与建筑的关系
	设计策略图		调整高层与周围环境的关系
	总平面图	景观设计细化	总平面图
	方案生成过程图		建筑形体过于曲折，应沿湖面展开
	学校生成过程图		

2.3.2 课堂教学实录

1. 第一周 2月27日（周二）
方案试做
学生：方案采用老幼互动、嵌套式的层级。第一级是中间公共活动的轴，次一级是组团间的院落和平台。老人住宿和儿童住宿有明确的分区。但是我觉得我可能考虑问题过于简单，现在建筑尺度严重不对。我也没去场地，对场地认识不足。

教师：中间的长廊过于长，尺度不对。现在这个尺度适合人流量很大的建筑类型，比如医院或者大学城之类的。

图 2-98 方案试做

2. 第二周 3月9日（周五）
总平面初排
学生：方案使用环的概念，不同层级的环组成一个园区式的布局。首先根据功能进行分区，区分老人和儿童的区域。老人的区域需要安静，放在场地西侧，儿童区域比较活跃，放在场地东侧。服务功能放置在入口处。然后确定主次路网，确定不同层级的交通，之后布置建筑形态。同时因为没有使用电脑，自我感觉房子尺度过大。

教师：建筑形态和康复场地的关系不明确，开放空间应该是被建筑围合的状态，要有一个场地的想法。

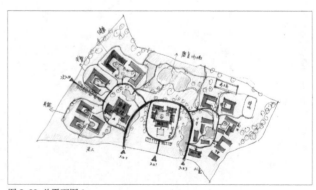

图 2-99 总平面图1

3. 第三周 3月16日（周五）

1）建筑布局初排

学生：场地中间设置大的景观。管理等功能区围绕并服务于养老区和学校。分区大概是康养医院放在入口交通便利的地方，西侧是养老区，东侧是学校。

教师：这是个很大的湖面是吧，大概占到这个场地的六分之一了吧。你是不是想做水疗啊，这个问题需要考虑。

学生：也不一定是湖，可能是其他环境绿化。中间是地势最低的地方，想将它设计为一个外部的开放空间，具体可以说湖是它的一部分，像一个公园一样。西侧养老区一部分是公共的老年大学和食堂，另一边（靠着中央景观）作为养老和学校的公共区域，形成一条景观轴。入口主要有两个，一个通向老人区，一个通向学校。

教师：高压线是怎么考虑的，是按照现状的高压线还是规划的高压线？

学生：我们是按照现状高压线的情况来设计的，如果用规划高压线的位置来做可能要好做很多。

教师：考虑现状和考虑规划的高压线是两个选择，这两个选择会影响到入口的位置。大的开放空间的设计要考虑和周围用地的关系。在总体规划的层面，开放空间一定要和周围用地有联系，所以画用地不能完全割裂开来。比如你们按现状做设计，南侧是公园一样的绿色开放空间，场地外有水田，那么这两个空间就是可以延续的。像刚刚那个建筑的缺口不能随便放，你要看这边的情况，场地内有个生态园，建筑的缺口就应该放到生态园这边来，强化整体绿化系统的连接。不可能做几个特别大的缺口来连接场地内外的绿化，但是可以做几个小的缺口。☞（区域—水面、绿地）

学生：我有考虑过场地南侧与场地外绿色空间的连接，但是没考虑过场地北侧，如果北侧的绿化延伸出去不知道会延伸到什么范围。

图 2-100 总平面图 2

设计构思的表达

城市中的桃花源

实现路径：

路径1：根据地形，设置一个供老人和儿童活动的开放空间。

路径2：将场地内的开放空间和场地外的开放空间连接。

路径3：每个组团设置不同主题的绿色开放空间。

图 2-101 设计构思与意象图

图 2-102 图底关系图 1

图 2-103 绿色开放空间图

图 2-104 功能分区图

图 2-105 场地现状条件图

华正晨 徐子攸 作品《板桥印象》

65

2）绿色系统规划

教师：在绿色系统规划方面，你要强调的地形不是光你这块地的地形，要在宏观的层面研究绿色系统的关系。现状北边就是水田，和场地里的低地公园可以联系，画分析图的时候把这片水田画上，别人就能知道水田和公园是有关联的。做场地设计，现场的特征一定要了解。比如我们那天场地调研，场地西南明显有个坡，坡上有村庄，这个景观也很有特色，这个景观给人的感觉和你在场地内低地上行走能看到两边坡上的建筑群的关系的感觉一样，所以地形就是你的出发点。

学生：但是我不知道这样做有没有特别的必要，因为这个坡地其实很缓，可能营造不出来那种环境感觉。

教师：再缓的坡也能看出来，也能营造相似的感觉。现在这个场地内的场景还是有层次的，低处有水田，高处有村庄，如果天气很好的话你还可以看到板桥新城建起的高楼，乡村和城市密集区的对比很明显。因为你是依照现状来做的。

设计，可以以乡村的自然环境跟城市环境的对比为概念，怎么从这个概念里产生设计是你下一步要着重考虑的问题。但是现在建筑的形态有问题，建筑的尺度和比例把控得不好，布局很松散，没有明确控制性的东西来引领建筑布局。

图 2-106 老师修改图 1

4. 第四周 3月20日（周二）
中心建筑布局初探

教师：往板桥街这个方向走能看到乡村到城市逐渐过渡的状况。场地南侧对面的生态园环境很好，而且和我们的场地只隔了一条梁三线，所以生态园这一大片的绿色可以和我们的场地进行连接。从梅村路上往西边看，是农村到城市那种密集开发的感觉。你们的场地中间设计的是水景、公园绿地，如果想让这部分设计和生态园以及场地西侧的农村相连接的话，场地中间的建筑可能是比较低调的，跟景观融合的，然后在外围是一组一组的建筑组团，这些建筑组团可能较高。

学生：就是说内环圈里面的建筑可以铺得很开。

教师：对，可以是像地景建筑一样。其实大尺度不够宜人，使用组团式的建筑排布，可能会营造更好的气氛。主要解决的问题就是在你的设计里，这种轮廓线、大地景观应当怎么去重现，怎么在重现的同时又能跟现在的功能生活有联系。
☞（地标—建筑高度）

学生：房子都需要朝南吗？

教师：不用那么强调非要朝南，因为是一组一组的组团，朝不朝南不要紧，但是组团感要再强一点。

图 2-107 农村与城市

图 2-108 图底关系图 2   图 2-109 功能分区图

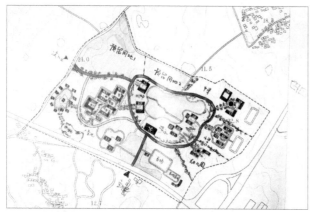
图 2-110 总平面图 3

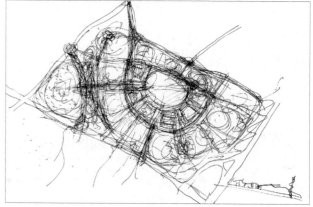
图 2-111 老师修改图 2

5. 第四周 3月23日（周五）
开放空间系统

教师：你们的方案建筑的整体分布确实太散，中间和周围的

形态要有一个明确的控制，内梳外密还是外密内梳。感觉现在做的中间太密集，反映不出中间核心空间与周围的联系。

华正晨　徐子攸　作品《板桥印象》

学生：现在的布局是要强调对景和中央公园的关系，做成内疏外紧的布局，强调出一轴和两环的概念。

教师：感觉好了一些，完全不管控规的做法是非常难的。你们要是愿意尝试，我也不反对。总的来讲，纯粹按照控规是好做一点的，但是控规对于原来这块地切割得比较严重。一般我们做项目时，是按照控规的大原则来对接我们的场地，这是比较合适的方式，不是说完全按照控规。按照控规的话边界条件会更明确。设计目标和途径都要有，否则你跟别人解释空间怎么怎么样，老人和小孩都不懂，你要先让他们理解，再用专业的手段去达到目标。所以设计目标应该是通俗易懂的话，设计手段可以专业一点。做设计之前，先要把总体对方案的限定就像设计条件图一样写出来，比如建筑和中轴线、湖景和操场的关系是怎么样的，然后你往下做的时候，要看外部条件对场地提出了什么要求，需要解决什么问题，结合对方案的总体限定来进行场地设计。毕业设计最主要的是训练设计方法，方法会了就什么都能做了。往下做单体设计的时候，可以做一些错位或斜切，这样人和广场的衔接会更好，广场会更有活力。开放空间系统这个概念会不断地指导你们往下做，在设计人的活动的时候不能把建筑忘掉，没有建筑的话人怎么活动？有建筑的话，建筑就要顺应人的活动。幼儿园这一块有点问题，要考虑家长接送的路线，根据路线来设计场地是硬质铺地还是软质铺地。这边是幼儿园的活动场地，它跟幼儿园这块分区的入口会有关联。这边是学校和幼儿园的共用广场，和出入口也是有关联的。☞（节点—主次入口、广场）

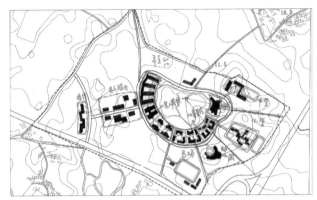

图 2-112 图底关系图 3

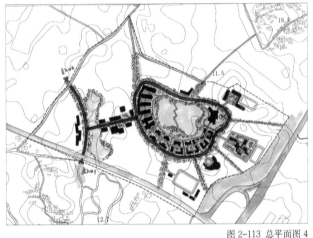

图 2-113 总平面图 4

图 2-114 老师修改图 3

图 2-115 老师修改图 4

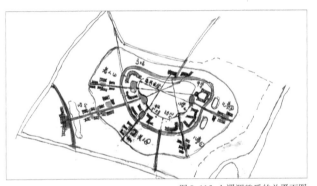

图 2-116 上课调整后的总平面图

华正晨　徐子攸　作品《板桥印象》

6. 第五周 3月27日（周二）
1）建筑形态和尺度
教师：对于建筑总的形态来说，中间的建筑可能是地景式的，比较舒缓一点。不一定非要强调这些低矮的建筑的形象，只要营造出内环建筑低矮的意象就可以。外环的建筑组团意象一定要明显，现在的布局太散了，没做出群体的感觉。应该是这么做的，内环的建筑重要的是屋顶，它的屋顶是坡屋顶还是作为景观平台使用的平屋顶，还是其他的形式，下面虚一点实一点都可以，主要是要做出来屋顶平台错落的感觉，要最后给人视觉上看到的主要是平台和屋顶的这种意象。外环的建筑组团不管是坡顶还是平屋顶，要达到组团的效果效果。假如我想强化组团的感觉，可以这样，每一组里面的每一栋房都有个楼梯间高出来一点，局部高出的楼梯间可以变成一个塔伸出来，会强化意象。入口这一块就纯粹是街的意象，主要是强调线性的一条街，从入口这样过来给人的感觉是一条线。当然有点建筑开口对着这条街也是没有问题的，主要强化街的连续性。入口附近排布的功能主要是办公和接待，而这个办公应该属于偏对外性质。☞（地标—建筑高度）

学生：场地西南侧的这个入口可以从梅村路过去，也可以从

梁三线过去？

教师：对，梁三线主要是人们从市中心走高速过来，然后梅村路是联系板桥村和莲花湖的通道，这两条路都会比较重要，所以在这里车子也可以通过梅村路过来。但是对外公共服务全放到这一块也不是特别合适，所以说希望第一次来访的人都是从梁三线进来会更好一点。☞（道路—道路位置）

学生：中间公共建筑是像现在强调一块一块还是强调一种连续的铺开感？

教师：地这么大，房子铺开的话就不可能全连起来。房子是独立的，这个连起来是指感觉上的连，就是说虽然各个地方做得不一样也不是连起来的，但是感觉好像是连起来的。我觉得你们跟地形跟地景结合是最大的条件和可能性。

学生：之前出发点其实也是这样，但是没有做到那种效果。

教师：像其他组比如说要强调这个桃花源的概念，老幼互动，

那么在整体的尺度上，入口、景观就要有收放的意识。而你们这个不是强调小的概念，是更大的地景的概念。所以我觉得你们组和其他组相比，尺度环境上是不太一样的。甚至从某种程度上来说，你们方案里老人、小孩和大家的公共活动，都是在这个大尺度的地方解决，更像莲花湖的城市化的那种层级，所以小地方就要做得很紧，反差对比要强。

2）公共空间塑造

教师：在城市化进程中，典型的农村的生活方式和城市的生活方式挤压在一起的时候，农田慢慢在缩小，农田本身的分块的规模也越来越小，水塘本来可能环境很好，但是城市的生活方式带来了污染。以前农村可能不会有这样的街道，农村可能有前院，有绿化，但是公共空间里面的事物无人问津，公共空间就变得越来越糟糕。所以我觉得你们做的时候，要注意公共空间的塑造。建筑的朝向不重要。然后路网的问题，你们在电脑上画的时候，人行道一定要画出来，根据人行道的宽度来衡量建筑尺度是否合适。组团之间的路不一定就直着过来，可以略微有点弯，只要是在一定的范围里面弯曲就可以，树就沿着路种植，或者是有一块开放的草坪空间，树种在草坪上，然后草坪在路的一边，总之就是开放空间的格局和路网也有关联。在没有把握的时候，先尽量简化场地上元素的关系；开始设计的时候、搞不清的时候，先把环画成最简单的一个圆，往下再做局部；在深化设计的时候，再去想应该怎么改变环的形状。☞（道路—道路宽度、道路位置）

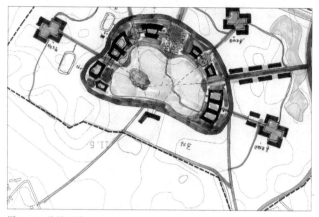

图 2-117 总平面图 5

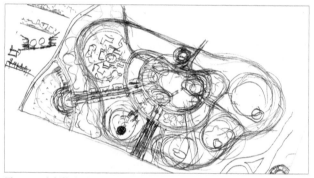

图 2-118 老师修改图 5

7. 第六周 4月3日（周二）

景观设计

教师：在中期答辩介绍方案的时候，即使你没做到，你也要预先想一想你的方案是如何应对场地的。

学生：我们在想设计环水的亲水的步道。

教师：围着水边走一圈几百米比较呆板，可能有的步道是在水边，有的步道可能穿过一个绿地，可能有的水穿过步道，路跟外部空间环境不是截然分开的。你的思路要更宽一点，景观的设计要和人的生活方式结合起来，现在你们的环境设计就有一些呆板，尺度也不大对，人们在这个尺度的环境中没有什么活动可以进行。比如说乡村的景观花园，是农村生活的一部分，并不是因为要看油菜花开才去种油菜花。在这个方案里，可能这些组团之间的绿地跟园艺、种植结合起来，跟养老的生活方式、乡村的生活方式、城市的设施能够结合起来。景观也是，乡村的景观是平展的延伸的，比较宁静的一种东西，城市可能是强调竖向的激动人心的东西，那我在这个场地里怎么去糅合它，整合它？应当要深入一点，从更广泛的角度去想这个事情。接下来，景观是一个概念，建筑是一个概念，这两个概念都要和人的生活方式结合起来。要把乡村的生活方式和城市的生活方式的优点结合起来，从这个高度去想，可拓展的东西就会多了。☞（边界—水面、绿地）

学生：其实还有一个概念是从使用的人群出发的，这些老人应该也是从城市里过来的，他们在这种乡村的环境中生活，生活方式与原来农村人的生活方式有一些不同。

教师：对，他们肯定不是按照乡村的生活方式去生活，但他们为方案的设计提供了新的思路，从这个角度去想这个场地设计不也是相当于原来的小村庄的新演绎吗？

学生：我们应当用更加集中的方式去组织这些建筑和绿化。

教师：对，更有效率。这个场地设计还需要城市化的支持，比如说老人住在里面，有很多城市化服务设施的支持。老人在闲暇时要去养养花、种种菜，场地里也提供了乡村的生活方式，整个场地亦城亦乡。你们图纸的深度很明显不够，公共开放空间还不够细化，硬地、景观这些东西需要有一定的布置。你们的方案还停留在概念阶段，只是说这里是水，这里是绿地，这里是人行道，还没到营造环境氛围的步骤。你们缺少更深入的细节，图纸上的路画的还只是车道而已。

8. 第七周 4月10日（周二）

设计目标和策略梳理

学生：我们这个方案的名字是乡村印象，场地即将被城市化的进程给淹没，我们希望在场地内保留一些乡村的特点，同时按照城市的标准去建设。

教师：乡村印象，这个名字不够大气。乡村是个太通用的名词，用板桥印象吧。

学生：我就是根据板桥印象想出来的。

教师：我觉得比乡村印象要好，乡村印象有点太通用了，跟这块地的关系没那么紧密。

学生：先来讲场地设计条件图，提取场地中可能影响设计的要素，第一个是场地的地形，第二个是在场地内看到的乡村景观以及在梅村路看到的城市的情况，场地南边有一个生态园。场地设计条件图不知道可不可以画得稍微大一点。

教师：可以。

学生：有四个策略去实现我们的设计目标，第一个策略是尽量顺应原有场地地形，设置路网和公共空间。第二个是在核心的公共空间周围营造出田园乡村的氛围。第三个就是设计居住组团。因为住户来自城市，要符合城市的生活方式，设计城市化住宅建筑组团。最后一个策略是公共活动空间，让老人、孩子和其他使用者拥有共享空间。

教师：每个策略要有一个关键词。

学生：第一个是地形策略，第二个是乡村氛围。

教师：乡村氛围是你的策略吗，还是说营造乡村氛围达到什么目的？

学生：我们公共空间设计有一个策略，然后住宅空间设计又是另外一个策略，公共空间更像是这个策略的一个对象。

教师：策略是表示通过这个手段，达到前面那个设计的目标。

学生：策略是我们怎样营造出那种空间氛围。

教师：你的目标是什么？

学生：就是乡村特点跟城市特点相结合。

教师：乡村特点有很多。你们的设计目标不明确，还是一个模糊的概念，也许你自己知道，但是你没说出来。

学生：怎么说呢，城市就是集约型，乡村就是有机型的。

教师：策略是实现目标的手段，你们目标不清楚，后面的策略就会有问题。其实我觉得你们的设计最主要的是在当前这种城市化的背景下，城市在不断地蚕食乡村，乡村的优点被不断毁掉，虽然城市得到了便利，比如交通更加便利了，但同时也失去了乡村优美的景观、良好的生态。你们现在做的设计的目标就是要把这两者结合起来，既要拥有城市的便利、好的服务、好的设施，但是又有原来乡村的好的生态和景观。

学生：目标确定了之后，先设计路网，然后布置功能分区，设计建筑单体，最后设计景观。是不是有点太简单了？

教师：你要是能这么简单就做出来，那也很好啊。但一般顺序是空间优先。这个地形里最大的特征是场地最中间的地方地势最低，然后场地西南角还有一个完整的村庄，这是你们设计中最重要的两个要素，通过对这两个要素的分析和整理，你们决定利用这两个元素设计凹陷的围合空间，然后有个轴将村庄和中心围合空间连接起来，场地大的结构就出来了。下面才会去设计功能分区，由功能分区再生成路网、房子形态等等。

学生：场地的规划结构是一轴一环，多个核心。

教师：场地中间是个生态绿核，旁边放了一堆小的建筑组团。这个不叫多核心，只能说是建筑形态呈组团状。然后是重要性问题，建筑组团和生态绿核相比哪个更重要？场地中间是生态的绿核，保留的村庄作为公共的接待服务的起点，包括连接它们的路都是对外服务的，所以应该叫一轴两核。

学生：外环建筑布局形式就是多组团。

教师：总的来说就是一轴两核多组团。开放空间看不出一个明显的结构，只有底图关系。轴、核心等节点就是开放空间的结构，你要把开放空间的结构画出来。一轴两核多组团是整个场地的格局，开放空间与场地格局是有关联的。你们建筑的面积足够吗？

学生：不是特别够，现在容积率是 0.3，建筑面积 15 万 m^2 左右吧。场地北侧的建筑都要做到 10 层，其他的建筑可以矮一点。

教师：你们可以每一个组团里加一栋点式高层来提高建筑面积。

学生：容积率要做到 0.5 是吧？

教师：容积率如果太低了也不大合适，每个组团里可以有一栋大约 20 层，高度 50 m 或者 60 m 左右的高层，远看也是很有标志性的，组团里还有 24 m 的建筑，然后内环就是低层建筑，这样差别就会更加明显。

华正晨　徐子攸　作品《板桥印象》

9. 第八周 4月17日（周二）
场地基础条件整理
学生：基础条件包括场地红线、用地面积、高压线控制范围、场地内部高差、场地内保留村庄、高速公路噪声影响、场地南侧公园的景观和北部乡村的景观。设计概念就是在城市化背景下，乡村和城市可能呈现一种对立的状态，城市不断蚕食着乡村，通过破坏乡村的优点来获得一些交通便利，这样使乡村失去了原有的优美的自然景观。设计目标是希望在这种城市化进程中既可以获得城市便利的设施，也有乡村的优点。然后讲策略，一是尽量不破坏乡村原有的地形状态，可以设置有机的道路。二是在场地中间设置共享的开放空间，让老人和儿童都能享受到优美的乡村风光。三是围绕开放空间的公共建筑尽量是低矮的坡屋顶建筑，不破坏乡村原有的肌理。四是居住组团营造像城市一样集约高效方便的居住生活氛围。

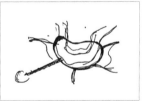

图2-119 设计策略1

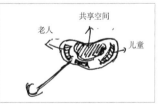

图2-120 设计策略2

图2-121 设计策略3

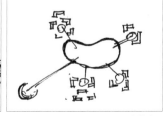

图2-122 设计策略4

教师：策略的四个图要放成一排，每一个图要有一个关键词，你要把你们现在的这四句话归纳成四个词语。场地内除了轴线这条路之外，应该还有很多连起来的步行道，并且应该有几条步行道能到达这个广场。广场和广场周边的房子也没有连接的地方，车子通过中轴线开过来，人下车，不管人要去到哪个建筑，都需要有人行道来连接下车的位置和建筑入口。

学生：我们最开始设想的是人车混行，道路宽7m。

教师：7m的话还是要布置人行道的。广场上硬质铺地的量还不够，需要再加一点，广场中间可以有绿地。要注意硬质铺地占总面积的比例，一定要通过偏高的比例来强调广场的重要性。

学生：好的。

教师：每个组团里面20层左右的建筑的位置已经确定了吗？为什么形态这么方呢？现在高层的位置太孤立了，与周边建筑和环境联系一些要更好。高层的标准层面积多少？

学生：标准层是30m×20m，600m²。

学生：对于这四张分析图，第一张图根据地形的向心性，保留原有的村庄，生成一轴和双核的概念。第二张图根据需要进行功能分区，分出老人区域、儿童区域、医院和学校。第三张图根据功能分区生成不同层级的路。最后一张图是建筑的形态。

教师：建筑的形状为什么会做得这么复杂？

学生：大致是根据地形填了个色。

教师：湖面的形态应该继续细化。湖在分析图上是一个圆，这个圆表示绿色开放空间。再往下细化的时候，湖的形状生成是要有根据的，可能需要一个开敞一点的广场，所以以湖的形状向内凹。湖周围的建筑组团应当首先在路网框定的场地内放几个组团，在图纸上画圆圈，一个圆圈代表一个组团，接下来深化的时候，就在这个圆圈内考虑建筑的形体。先从最宏观的层面进行空间结构设计，再根据空间结构要求一层一层地往下细化。☞（边界—水面、广场）

学生：现在讲一讲学校的部分。第一张图表达的是学校的形体设计向湖面展开，用曲折的体量，回应地形起伏。孤独症儿童需要比较私密的院落，通过建筑体量围合出一个公共的院落。第二张图表达的是将公共院落划分，一半成为入口广场，另一半成为内向的院落。第三张图表达的是将建筑的屋顶连起来，形成一个坡道。第四张图表达的是在坡道中间加一些绿色的平台，供孩子们活动。

教师：这四张图的差别比较小，不太像方案的生成过程。建筑形体的波动要小一些，现在折得深度太大了。建筑的总体结构要围绕这个湖，以扇形的形状展开，在这个前提下屋顶有点波动，前后有点进退。

学生：我们希望康复医院可以更多地面向湖面，所以就做了两个弧形的体量错落。

教师：建筑形体的生成过程肯定是先有一块基地，然后再去考虑建筑形体是围合状还是条状的，根据地形高差设计建筑

体块错落，错落可以是建筑高度不同，也可以是建筑平面上错位，通过平面错落形成建筑主入口。

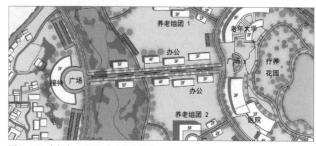

图 2-123 广场与入口区域（修改后）

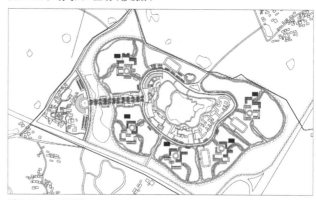

图 2-124 总平面图 6

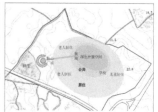
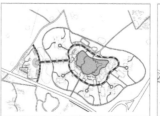

图 2-125 生成过程（修改后）

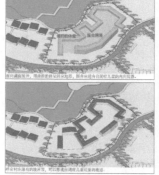

图 2-126 学校生成过程

中期答辩存在问题

（1）主入口和城市的关系不好。

（2）老人、儿童功能分区不清晰（比如医院有污染性，需要后勤和排污的流线，不宜和学校靠近）。

（3）环路设置不合理，路网密度不对。

（4）组团布局太僵硬，很单调。

（5）主轴线的设置是否必要。

（6）学校宿舍到操场要跨越主要的路

图 2-127 中期答辩总平面图

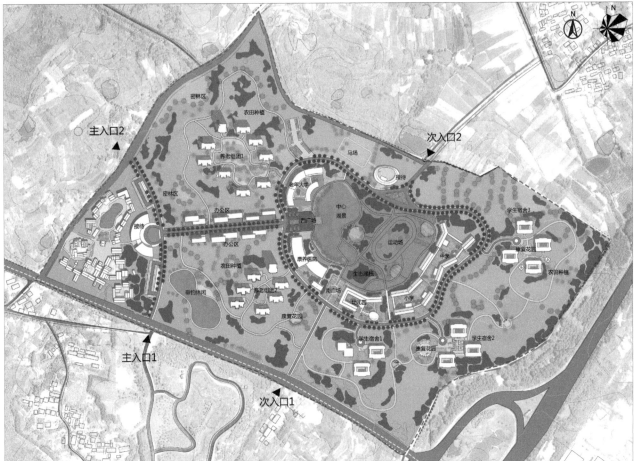

图 2-128 终期答辩总平面图

2.4 徐海闻 吕雅蓓 作品《归园田居》

2.4.1 各阶段教学讨论要点

《归园田居》作品的各阶段教学讨论要点如表2-3所示。

表2-3 教学讨论要点表

时间	学生工作		教师工作		提出要求
3.13 第三周 周二	场地现状条件图	保留场地树木、村落和绿色节点	场地现状条件图	尽量用规划道路，并对道路进行微调	场地现状条件图细化，需要单独的功能分析图，需要单独的建筑图底关系图
	总平面图	确定主次入口、初步路网和大致功能分区		需要标注高压线退让距离	
		建筑组团形式和布局	总平面图	入口需要做得精彩	
				强化场地外部空间结构	
				考虑建筑和林荫道的关系	
3.23 第四周 周五	总平面图	突出外环绿带、农田	总平面图	外围道路和红线内的地都要画上	
		整理路网			
		功能布局初排	建筑绿化关系图	先将网格覆盖，再调整绿环和建筑的关系，绿环内的绿地单个形状规整，整体成环	
	建筑绿化关系图	绿化和建筑的关系			
3.27 第五周 周二	建筑绿化关系图	从视觉的角度去考虑建筑和绿化之间的关系	建筑绿化关系图	从视觉角度考虑太过主观	要做场地原有条件、路网、网格的分析图来解释方案的生成
	总平面图	细化路网，修改主次入口		根据保留条件定网格，再定功能分区和路网	
		大致建筑布局			
		绿环的布置	总平面图	利用场地原有条件调整绿环，形成路网规整、绿环不规整的叠加	
				调整路网生成顺序	
4.10 第七周 周二	总平面图	介绍设计目标和策略、功能分区布局	总平面图	将老人和小孩功能区混合，散布在场地中	加强形态和功能的同构性，细化建筑体块，细化每个小单元立面的功能布局
		根据容积率来区分每一块地的建筑用地和非建筑用地		调整每个小单元的功能布局	
		增加一条道路，步行系统串联绿地			
4.27 第九周 周五	总平面图	大体的功能区布局调整	总平面图	避免建筑对齐	
		每个单元的用地区分细化		避免开放空间串在一起	
		建筑形体结合功能考虑		绿化不要太干净，要渗透	
				停车场要隐藏在绿化中	
				外部空间设计要回应人群特殊需求	

2.4.2 课堂教学实录

1. 第三周 3月13日（周二）

1）场地现状条件讨论

教师：这张场地现状条件图，是加上总体规划（以下简称总规）条件的图吗？

学生：是我经过筛选、觉得值得保留的信息，这些信息包括场地原有条件和总规规定的部分内容。我将它们画在一张图上了。

教师：对于穿过场地的这条南北方向的路来说，要基于总规考虑两件事情，第一是它有没有必要保留，第二是它可不可以调整。☜（道路—道路位置）

学生：我觉得这条路可以调整，但不能完全切断。

教师：那你要在旁边标注上要保留、可微调，这就是场地条件图的作用，可以表示出你对场地进行了什么样的保留和改动。之所以让大家尽量用规划的道路，是因场地内建设的建筑会对场地外的建筑有影响，利用规划来做设计就可以减小这种影响。

学生：基地现状情况是场地东西两侧等高线比较密集，是高起的山坡，场地中间是地势最低的地方。在卫星图上也可以看到这两个山坡上有密集的植被，道路被隐藏在茂密的树林下。我觉得这两个小山坡是两个绿色的节点，希望利用它。

教师：你要在总图上标出来，树林较茂密、宜保留，这就是你们对于场地的态度。

学生：下面是对村落和水系的态度。我们认为场地南侧的村落可以保留，进行改造。场地内部的水系围绕着场地内最低的地段，我们也想利用这些水系。

教师：高压线的退让距离要标出来。

学生：好，我们下次把这些条件全部列出来。

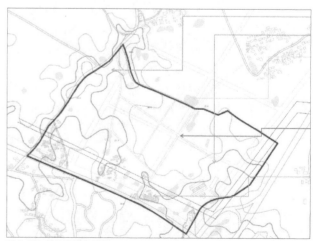

图2-129 场地现状条件图

2）总平面图初排

学生：在总平面图上，这两个绿色节点被场地原有的林荫道串起来。主入口处原有村落不保留，其余保留村落可以作为农家乐等功能为外部的人服务。

教师：你们需要单独画出一张功能分区的图。

学生：我们想将高端养老布置在场地西侧。主入口两侧是接待和停车区，这里是办公区。考虑到了噪音的影响，办公区和宁芜高速之间保留了绿化带。

教师：对于噪音的影响范围、减少噪音的措施，需要去调研或在网上找资料，林带防护对声音的遮挡到底有多少，可以问问声学的老师。

学生：场地东侧放了一个马场。

教师：马场西侧是树林和绿化，可以让马在树林里跑。功能分区确定之后，要考虑两个问题，一个是公共空间的组织问题，另一个是外部空间的骨架问题。这两个问题具体体现在轴线、节点、街道广场、绿色景观的布置上。比如入口的设计，怎么让入口像一个入口，人们不需要引导，进来之后就知道该怎么走。入口处需要做得更精彩一点。就像青奥中心的入口，入口处有两条路，有一个绿带，有个草坪，这样跟别的

路比起来，入口处的道路就显得更重要。还有一个问题是如何突出林荫道的重要性。如果东南大学的林荫道两边挤满了建筑会怎样？如果林荫道是你们的主要骨架，那么它就需要给人不一样的感觉，这样场地上才会有一个清晰的脉络。别人第一次来东南大学，会看见主轴的尽端是大礼堂，主轴的两侧是绿色空间。这样一走就能明确学校的外部空间结构。要先强化最主要的空间结构，再去考虑下一级的空间处理。☞（节点—主次入口、广场）

学生：建筑层面还没有进行很细致的研究。主要是看案例的建筑如何排布。比如场地南边的接待处，这种形体是想让建筑围合成一个内部空间。教学楼使用连廊式的排布方法。

教师：对于建筑层面的研究来说，建筑布局除了满足内部使用的功能，还要考虑它对于构建外部空间的骨架有什么支持作用。把路、树等元素全部去掉，把建筑涂黑，如果能让别人看出你的路，说明建筑对外部空间的骨架做出了很好的支撑。你们想保留的这条林荫道有3~4 m宽，林荫道两侧的树木也是要保留的。如果要强调林荫道的线性，建筑是否要沿着林荫道的边缘排布？如果建筑要支持林荫道的线性空间，建筑是否也要用线性的？建筑和林荫道要有关系并不意味着建筑的形体会很丰。总的来说，对建筑的形态的要求是要在规划层次上看出来建筑对外部空间骨架的支撑。

徐海闻 吕雅蓓 作品《归园田居》

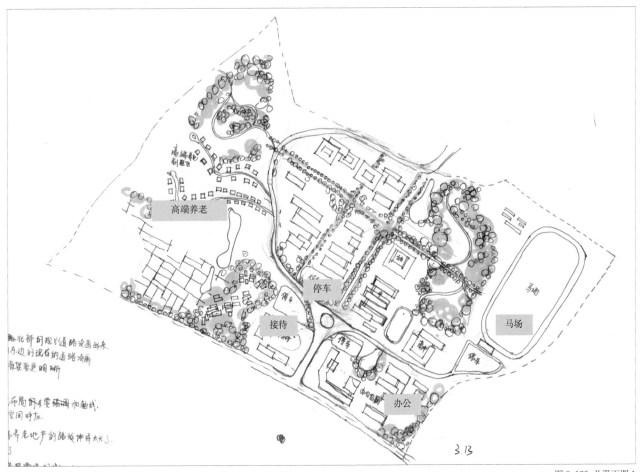

图 2-130 总平面图 1

2. 第四周 3月23日（周五）

中心结构的设计

教师：首先要明确你们的设计目标到底是什么，这个目标要让非专业人士能听懂。其次，实现这个目标的途径有哪些。再次，说清楚格网、绿环、有机分布的菜地农田这些保留要素与目标有什么关系。最后再来解决外部空间骨架这个基本认知问题。中心节点或标志比较明显，更容易建立认知框架。具体怎么突出中心，有两个办法，一是找案例，看别人是怎么做的，二是自己尝试，问问其他组同学，让他们评判你的设计是否突出了要建立的框架。做设计要学习思考方法，多尝试。

学生：嗯，谢谢老师。现在来看这张总平面图。在这张图上主要突出了外环的绿带，也反映了之前的层级概念。最外一圈是农田，向内是环路和绿带，再向内是一系列的功能区布局，最中心是老幼混合功能。

教师：这样的布局好了很多，场地西半边布置得不错。要把外围道路和红线内的地都画上。

学生：这样的话建筑单体都是比较完整的矩形平面，不会有异形的了。这一张图是我们考虑的绿化和建筑之间的关系。

教师：建议先把网格全覆盖，再根据不同功能和要求局部调

整。比如绿环可以自由有机地与网格缠绵，绿环内的绿地单个形状相对规整，总体分布有机。要注意绿环是微观有机形，宏观成环，不一定要真正在形态上成环。（边界—绿地）

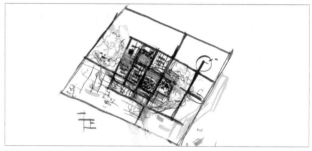

图 2-131 总平面图·2

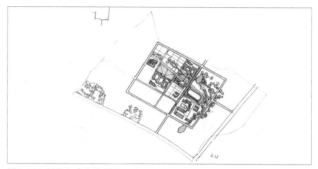

图 2-132 绿化和建筑关系图

3. 第五周 3月27日（周二）

1）设计目标和策略确立

学生：我们重新整理了自己的设计目标和实现目标的途径。我们的第一个目标是田园风光。在场地调研的时候我们被场地的农田肌理所打动，所以我们想创造乡村、田园式的生活氛围。为了实现这个目标，我们保留了场地原有村落、水系、林荫道、部分田地等自然元素，并加以改造利用，同时保留场地记忆。第二个目标是创造乡村尺度。我们想创造小尺度、功能混合的社区聚落，满足老人与儿童的功能需求，并创造街道的活力。为了实现这个目标，我们引入了网格系统，碎化建筑和开放空间，使二者的接触面更大。第三个目标是和谐生活。不同人群可以在一起进行公共活动，形成一种活泼的氛围。为了实现这个目标，我们将不同使用人群混合，将不同建筑功能混合，将不同开放空间混合。借鉴Sasaki事务所的城市规划，我们延续农田肌理，也将网格按照农田大小铺满整个场地，在每一个网格内部布置相应的建筑功能和绿化。从总平面图上来看，整体结构上还是利用场地内原有元素和新补充进去的水系来形成一个有机的绿环，向内是环路

和绿化带，再在场地最内部进行网格划分。

图 2-133 农田航拍图

图 2-134 Sasaki 事务所城市规划图

图 2-135 Sasaki 事务所城市规划图

2）建筑与绿化的关系

教师：你们的方案在总体上可能是一个偏方正的东西，但建筑做异形的形体也是可以的。那你们画这张图底关系图的原则是什么？

学生：这张图主要是从视觉角度去考虑的。首先是一个外部的绿环，然后将网格进一步分细，在中间去挑一些地块成为绿地，另一些地块成为建筑。

教师：基本的程序是对的。我们应该先去分析场地里的一些脉络的线，比如农田分隔线、道路红线等，在这样线的基础上，再去做分隔，分到格子差不多细了就可以按照这个网格去进行建筑和绿化的布局。所以说第一步是确立网格大小，不应该像你们这张图一样是太过主观的东西。第二步才是公共空间，结合场地里的绿化、水体去设计，增添新的开放空间去联系原有开放空间或者减少原有开放空间。绿环是根据现状自然条件，加上一部分自己设计的开放空间而形成的概念上的环状。接着你们希望绿地分布是随机的，在第一步确立的网格里面去营造随机的感觉。路网是在功能分区确定之后再确立的，确立的依据是你需要联系哪几个功能分区，或者人在功能分区内部要怎么走。接下来再去确定网格里面哪些变成高等级路，哪些是二级的路。所以网格是根据场地原有条件确定的，要先把网格确定下来。这些方案确立的过程都要有分析图，这样到中期汇报时候会很清晰，方案生成的每一步都有根据，让别人认为你的方案更合理一点。比如我看航拍照片上农田的肌理很有特征，我想把这种特征利用到我的方案里来，同时也反映了你说的将农田和老人结合，让老人去种田的概念。这样的概念就会有道理和依据。如果按照这样做的话，绿环的形态就不会像现在的一样是方方正正的。如果说网格是一个相对规整的，那绿环应当是一个不那么规整的，这样就营造出一个有机和规整的叠加，互相的特征都会得到强化。☞（区域—绿地，道路—道路宽度，边界—绿地）

学生：意思是绿环的边界需要有机一些么？

教师：不，这只是一个感觉的意象。你们现在道路内部的绿环和道路以及外部绿环的关系很差，而且有了外部自然环境的绿环，道路内部的绿化就没有存在的必要。外部绿环不一定是全部联系起来，可能会被一些元素打断。比如水和绿环的关系，水主要是在绿环里面流动的，但是有的地方要出去，就是要打破。☞（边界—水面、绿地）

学生：我知道了，而且水的打破应该根据场地的现有条件而来，这样才有随机性。

教师：对，像南京的城墙外的水系，也是有的地方大一块做个公园，这样看起来不会那么呆，否则别人一看你这就是主观硬布置上去的。我之所以一开始说你们前期的场地条件图非常重要，是因为那些东西加上你的理想一叠，方案慢慢就出来了。所以刚才说的这些分析图，在你们中期汇报时候要都补起来。

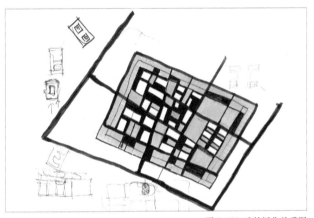

图 2-136 建筑绿化关系图

3）控制性格局探究

教师：现在主要还是一个总的格局形态的问题。你们缺少关键性的控制的东西。比如现在重要的是网格，这里面肯定有一个分层级的东西，就是二次划分的网格。你要先对一级网格的大小有一个控制范围，最大不能大于多少，最小不能小于多少，然后在里面再填二级网格。一级网格的范围控制是因为它和我们看的农田一样，形态是可以有不同的大小变化的。然后在二级网格里面去填充建筑和绿化。这样外围有多少路通到中心区域都是可以的。也就是说，我先决定一个尺度范围的事情，再根据功能或者其他条件的要求，在尺度范围内做大小、方向的变化，这样每个大网格里面就会做得轻松一点。不要用一个整体的网格去控制，因为场地的东西太多了，要用统一的网格控制会很困难。

学生：好的。但这样整体性会不会没有之前好？

教师：对于整体性，控制它的原型其实是一个网格加有机分布。你这样理解就会非常清晰。从西边的主入口进来，有个小的建筑群，也是分散的组团式的。这样的组团式布局不是我一开始硬要去做成这样的，而是经过网格的划分之后，在网格内进行建筑布局而形成的。建筑是有机的，绿化也是有机的，这种有机就正好呼应了网格的规整。

学生：对。我们现在画网格的时候就会觉得有些奇怪。

教师：我不建议你们在电脑上做这个事情，你们还是去打印这样的航拍照片，把照片调得很高亮，要能看得清脉络。先把路画好，高压线画好，然后画第一层级的网格。

学生：第一层级的网格的作用基本上就是把路网分好？

教师：对，基本上就是这个意思了。一级网格里面每一块大概有一种模式，块与块之间略有不同，但在尺度上大致一致。

学生：我们怎么去确定哪块用哪种模式呢？

教师：先去分析场地里每一块的特征。有时候可能这个有特征，那个没有特征，没有特征就做点变化。所以我想让你们去找这种航拍去看，因为从航拍照片上可以看到每一块都不一样，但基本尺度、方向性的东西是一致的，都有点向心性。像你们的方案，不需要向心性，只要每一块均匀就行。

学生：还有就是环路内的绿化带，我们觉得做得不够好。

教师：现在我觉得对你们来说，刻意去强调绿环这个事情已经没有必要了。因为相对而言，对这块地来说，围绕着中心地区的是生态园、防护绿地、你们要保留的现状的绿化。换句话说就是中心区域旁边都是绿的。你去保留原有的可以，再硬去做一个绿环就有点没道理。

学生：所以我们现在想的其实也是，这里有水系，这里没有，可以添加一部分水系将它们串联起来。

教师：可以把它们串起来，形成一个绿色的有延续性的东西。但是不一定是一个整环，只是整体框架上连续就可以。

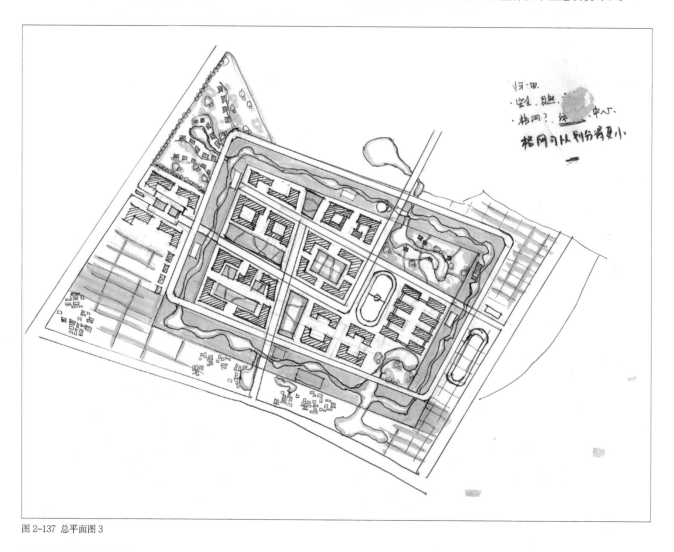

图 2-137 总平面图 3

4. 第七周 4 月 10 日（周二）

设计目标和策略再梳理

学生：因为我们上次有点跑偏了，所以这一次首先重新整理了思路。我们看到农田的航拍图，被它横纵交织的肌理所吸引，而且被这种小尺度的小村庄和自给自足的聚落生活所打动，所以以这个作为我们的概念。首先分出大的路网，以及保留原有的水系、林荫道、部分农田和部分村落。再用 20 m×20 m 的网格来划分整个场地。然后先进行大的分区，西北角是老年公寓等功能，东南角是学校等相关的功能。中间部分是两者都能使用的公共区域，里面布置康复医院等功能。然后根据每个部分功能的面积和适宜的容积率来确定所需要的建筑面积。比如公寓建筑面积是 8 000 m²，按容积率 80% 来算需要 10 000 m²，地块一的面积是 14 000 m²，那么剩下 4 000 m² 的面积就是非建筑用地面积。

教师：这种分区是有什么道理吗，或者是说根据一个什么原则，为什么老人和小孩的区域是完全区分开的呢？

学生：我觉得因为这两个区域都具有一定的私密性，所以首先要把它们分开，然后二者又有共用功能，这些功能应该是方便老人和小孩到达的，所以把它放在中间的部分。

教师：所以是中间是公共的，老人和小孩是分开的这样的原则。是不是只有这一种做法呢？

学生：这是最容易想到的做法，我们没有做其他的尝试。如果要把老人和小孩全部混合，我认为会造成使用上的不便。

教师：你们可以先弄清分开和混合的两个极端是什么。分开的极端就是老人全部在这，小孩全部在这，而混合的极端是什么？

学生：就是在一个地块中既有老人又有小孩。但是那样我认为会造成使用上的不便，而且老人可能会迷路，又或者比如这里有个中学，那边又有个小学，那里又有个幼儿园，操场什么的都没法共用。

教师：现实生活中城市不也是这里有个中学，那有个幼儿园吗？所以这个混合的极端就是可行的。我其实是在质疑你们这个逻辑性，你们的功能分区的依据到底是什么？

学生：因为我们一开始提出的概念就是有自己私密的聚落，也有一起使用的公共的地方。

教师：你们家有老人有小孩，一人一个房间，各自私密性也能保证。所以混合的极端是可行的，这是第一点。第二点是你们提到使用公共设施不便。如果你希望老幼混合，那它就有相应的解决方式。比如我们现在做的是一个 8 万 m² 建筑面积的建筑，那以后做一个 80 万 m² 的，你也会按照做 8 万 m² 建筑面积的方法这样做吗？

学生：肯定不会。

教师：对。我们去的村庄，一个村庄才一两千人，你想想 8 万 m² 是多少个村庄结合在一起。所以不要先天认为一个方案不可行，而是要去想它背后的原因到底是什么。对于你们这个方案来说是从农村的田地里抽象出一个东西来，但是你抽象出的那个东西目前的尺度是不太对的。到底最后是多大合适，你们可以去测量一个小村庄。从村庄的中心到村庄的边界的距离是多大，人们步行的范围是多大。比如老人的步行范围是 200～400 m，那么你们就可以以那样的尺度作为功能分区的依据。

学生：我们原来做过一个城市设计，就是在一栋高层里面垂直分层，底层是商业，上边有办公，也有公寓。

教师：对啊，柯布西耶就干过这个事情。一栋楼里面都行，那放在这块地上有什么不行的。所以你们再往下还是有很多可能性的，抓住你们这个核心概念后就把概念做到极致，一步步做下去就行了，尽管现在可能不太可行，但是我的理念反映必须充分。比如说你现在主要是人和自然结合得很紧密，那人和人的关系呢？方案里面有三种人群，老人、小孩和工作人员，你是不是希望有更多的互动呢？如果你希望有更多的互动的话，就可以把他们拆散。要用你最核心的思想去指导它。今天上午一定要把设计目标和设计途径写出来，作为你们下一步操作的指导。☞（区域—功能分区）

学生：我们想要把步行系统串起来，发现直接用原有的林荫道再加上自己添加的一条折线形道路就能把几乎所有的绿地穿起来了，就是图里橘黄色的这个部分。然后再把之前没有划分的非建筑用地进行了区分，分为农田、硬地、绿地等，尽量保证一个地块中三种性质的地全都有。

教师：就等于说外部空间的地已经进行了区分，但是建筑还是用大的分区方式排布。我个人觉得你们这个方案的形态和功能的同构性还不够，需要加强。

学生：我们以前大四的时候做过一个城市设计，那个方案就是功能在垂直方向上混合起来的。我们的概念是 mixed use（混合使用），底层是商业，中层是办公还有住宿，还有活动的地方。

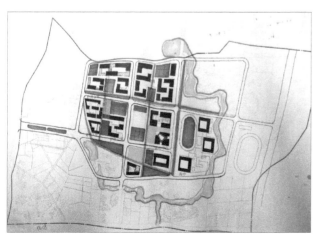

图 2-138 总平面图 4

教师：对，你把垂直功能混合的概念换成水平功能混合的概念，放到这里面，这样你们的总平面图就可以比较出彩，拉开与其他同学的差距。

学生：嗯，好的。

教师：还有一个问题是，你们在开始希望的那种开放空间和建筑实体更随机、更分散布局的概念在总平面上表现得不明显。

学生：是不是要更加细化一些？

教师：对。这个细化意味着你的建筑单体的形态也要分得更细。形态之外，如果是功能上也是混合的，那特点就会更加强烈，更接近我们开始所讲的从乡村村庄浓缩过来的概念，就是说每一个小的单元里面有各种不同的服务设施，它们是随机分布的。这种随机的块块是一种形式，你们要考虑清楚在这个形式背后意味着什么。还有就是每一块里面随机的体块之间的关系问题，你可以排布完之后，把绿化看成建筑，建筑看成绿化，再去看它们的关系是否随机，就是通过这种拓扑关系加以判断。

学生：就是每一块里面可以有农田、绿化、运动场这些功能？

教师：是的，但还是要区分，不可能每一块里面都放一个田径场。可能这块地里有个球场，那块地里有个老人专用球场，另一块地里可能有个篮球场。对于那种不能自理的老人的区域，因为要考虑到效率，所以建筑布局会相对紧凑。你们的图纸，从上节课到现在，已经变得很好了，只要体块再缩小一点再细化一点，应该就更好了，我觉得现在这个体块还是大了。

学生：体块的大小是根据什么来定？

教师：比如说这个公寓，你要考虑它最小可以做到多大，应该放在地块的哪个位置，这样以最小作为依据去布置网格，就会更加细化。还有就是路网也要根据网格来改变。甚至你的路网可以做得再小再密一点。地块里面的网格是 12 m× 12 m，那你的路的网格可以是 7 m×7 m。

学生：主要是车行还是人行？

教师：主要是车行。人行道和建筑发生关系是等你道路确定之后再去布置。总平面中东西向的道路大约多长？

学生：54 m，接近 60 m。

教师：这条道路周围的建筑都是多高的？

学生：层高都是按建筑的面积来算的。

教师：比如我就是算你 4 m 的层高，2～3 层的建筑，总高大约 8～12 m。这条路是 54 m，两侧建筑高度只有 8～12 m，你想象是什么样子。

学生：好扁啊。

教师：所以说你这个尺度就不对了，路的长度缩一半差不多。你设想一个 30 m 的宽度，高度十几米，这样才比较舒服。

徐海闻　吕雅蓓　作品《归园田居》

要在你们现在规划的路网上再细分。这条 12 m 宽的路已经足够大了，包括了道路红线，不能比这个更大了。

学生：这一层级的路干脆直接用林荫道吧。

教师：林荫道是 5 m，在下一个层级是可以用的，可以使人车混行道路，但主要是人行，车很少走这条路。☞（道路—道路宽度）

图 2-139 总平面图 5

徐海闻 吕雅蓓 作品《归园田居》

5. 第九周 4月27日（周五）

教师：这个方案接下去就要做一些调整。第一件事情是你们方案的布局采用散落在田中间的村庄的概念，所以两块地里面建筑之间边界的对齐就不是特别重要，甚至要避免这种守齐。而且要避免两块地的开放空间串在一起。第二件事情是关于绿地系统。方案的概念原型是被树环绕的村庄，周围是农田，那么可以将中间整个建设区域看成一个大的村庄，整个绿带环绕村庄，互相交融。要保证村庄出入口和外部的连接，保证视觉景观和道路的连接。绿化不要太干净，要渗透，这样感觉会自然一点。农业研究基地的体量不够大。停车场不够隐蔽，需要在绿化中多放置一个。容积率要自己测，0.17太少了，核心区域容积率相对高一些，需要你们提供合理的解释。总图要继续深化，绿化区域要具象一点，不是泛泛的绿环，可以设置绿化小品；外部空间和内部空间要有名称，建筑单体命名要紧扣主题，外部开放空间要回应人群特殊需求。☞（边界—建筑立面、绿地）

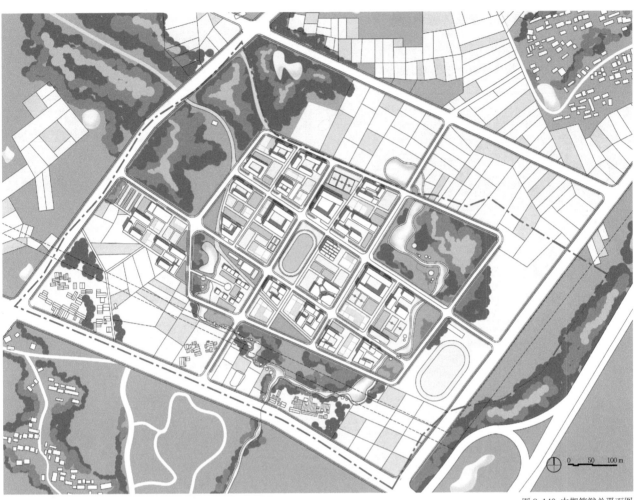

图 2-140 中期答辩总平面图

图 2-141 终期答辩总平面图

徐海闻　吕雅蓓　作品《归园田居》

2.5 曹 艳 宋梦梅 作品《绿色疗愈》

2.5.1 各阶段教学讨论要点

《绿色疗愈》作品的各阶段教学讨论要点如表 2-4 所示。

表 2-4 教学讨论要点表

时间	学生工作		教师工作	
3.20 第四周 周二	总平面图	分析场地要素	总平面图	强化放射形道路
		形成放射形道路和分区		
	道路分析图	形成放射形路网		弱化横向道路
		加入横向道路连接		
3.22 第四周 周四	道路分析图	强调两条竖向道路	总平面图	建筑边界要临近道路，方便交通
		折线道路和竖向道路划分场地		
		确定主次入口位置		
		确定步行系统		保留现状行道树并加以利用
	功能分区图	确定老人区域和学校区域布局		
	绿色开放空间图	绿色中轴		主入口处建筑布局调整
	总平面图	分区尽端设置标志性建筑		
3.23 第四周 周五	总平面图	绿色中轴与场地周围环境结合	总平面图	调整运动场位置
		确定茶场、学校活动场位置		调整建筑界面与绿轴关系
		调整建筑布局方式		调整路网
3.27 第五周 周二	总平面图	路网调整	总平面图	调整运动场位置
		景观细化		补设分区中部道路
		建筑形态调整		
		运动场、马场位置改变		增加放射形分区
3.30 第五周 周五	总平面图 1	路网调整	总平面图	用绿化布置弱化中轴线对称性
		分区调整		
		绿色中轴调整		
		建筑形态调整		调整失智老人区域建筑形态，避免建筑山墙对着湖面
	总平面图 2	提供建筑形态设计的第二种选择		
4.3 第六周 周二	总平面图	建筑形态调整及细化	总平面图	主入口东部停车场硬地面积扩大
				操场位置北移，保留整块绿地
				体育馆入口处硬地面积扩大
				老人组团围合院落扩大
				茶场道路和儿童区域道路结合建筑院落设置
				马场建筑打破对称性
				幼儿园加连廊引入人流
				康复医院北侧加设辅助车道
4.8 第六周 周日	总平面图	运动场位置调整	总平面图	体育馆长宽改为 60 m×60 m
				马场建筑要有标志性
		医院区域景观细化		养老院住宅间距需要满足日照条件
				调整幼儿园多功能厅位置
		最东侧扇形区域景观细化		调整医院区域停车场形状
				场地东侧预留发展用地内加设停车场
4.10 第七周 周二	总平面图	水系调整	总平面图	平面布局路径要简单
		运动场位置调整		空间要舒缓，适度变化
				细化马场绿地
		停车区域增加		调整地下车库入口位置

2.5.2 课堂教学实录

1. 第四周 3 月 20 日（周二）

1）概念来源

学生：我们梳理了场地里的要素，发现了道路的放射形脉络，同时在放射状路网所构成的扇形区域内布置建筑。中心设置一个绿化轴，和场地外的绿化建立联系。

教师：要强化绿色空间的结构，大的绿色节点要联系场地外围绿化，比如场地绿化联系南侧生态园和北侧莲花湖。场地四周可以先作为绿地来保留，建筑就只在这个扇形的区域内去布置，然后在每一个扇形尽端布置一个建筑，可以强化布局结构。每个扇形里面要布置小的景观。接下来要想主要出入口放在哪里。绿轴的界面需要进一步考虑，绿轴不一定一直通到头，里面可能会做一些变化来打破完整的界面。整体来说，放射状的基本构架形态要明确，建筑和景观都要在这

图 2-142 概念图

个构架里面去设计。如果你们想保留场地西南角的村庄，那么靠近村庄的场地内的建筑布局可能像小村庄一样地布置。☞（区域—功能分区）

2）道路和绿化的关系

学生：车行道是不会和绿地系统有重合的对吗？

教师：车行道与建筑使用效率有关，和绿地系统不一定是重合的。

学生：如果有一条道路是车行道，但同时它的位置在绿轴里，那车行道就和绿轴重合了。

教师：可以重合。☞（道路—道路位置）

学生：场地内有一条东西向的道路，穿过了绿轴，这条道路的设置会不会破坏绿轴的景观？

教师：不会的。景观的关键在于意象和概念上的联系，只要你处理得好，路经过景观是不会破坏它的。这张概念图上只表达了建筑的形态和整个绿地系统，下面你们要把路网确定下来，再去整合路网、建筑和绿地，然后把功能考虑进去。最东侧和最西侧放射状道路的界面一定要守住，才能突出放射状的感觉。建筑和建筑之间的空隙要紧凑一点，但建筑朝向绿地的面，可以放松一些。因为放射性比较强，入口可能要留出来一块场地作为入口区，入口区需要通过建筑或者广场的布置来强调。只要你们能感受到这个场地放射状特征，就要把这个特征做得强烈一些。场地内这条东西向的道路破坏了放射状的体系，应当强化放射形道路体系，弱化东西向道路。☞（道路—道路位置）

图2-143 功能分区图

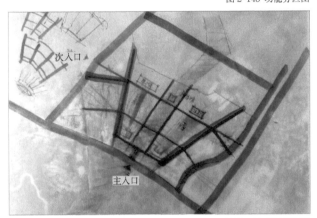

图2-144 道路规划图

2. 第四周 3月22日（周四）
方案试做

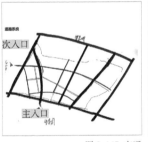

图2-145 交通

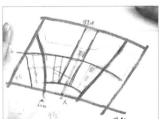

图2-146 功能

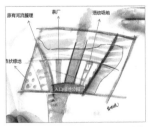

图2-147 绿地系统

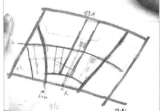

图2-148 步行系统

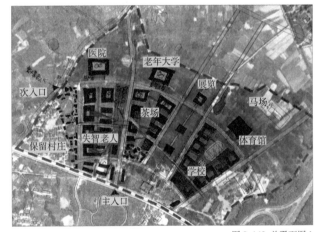

图2-149 总平面图1

教师：最西侧扇形场地内的建筑要贴着东侧的道路，否则进入这些建筑会比较困难。现状行道树尽量保留并利用。入口区建筑布置不够好，需要继续推敲。

3. 第四周 3月23日（周五）
1）生成过程整理

学生：我们整理了生成过程。在分析场地原有道路时，发现放射性脉络。我们沿用原有放射性道路并拓宽，同时添加东西向弧形道路作为交通连接。道路系统将场地分成了六个区域，最西侧的区域内有保留的村庄。

教师：你们要学会一件事：在一张图上表达，这张图就只表达六个区域，然后另外一张图表达绿地系统，然后这两张叠加就会出现你们的方案。除了这六个区域，剩下的场地可以作为预留发展用地，运动场不一定要放在扇形区域，可以放在预留发展用地里。也就是说扇形区域里面可以有一些场地，但不能太大，太大的场地就放到预留发展用地里。

图 2-150 总平面图 2

学生：使用者是不是不方便到达这些大的场地？

教师：运动场两侧建筑是教学楼和宿舍，如果把运动场放在这个位置，由于运动场体量比较大，会影响教学楼和宿舍的连接。教学楼和宿舍的建筑的边界不要这么规整，要有错落和咬合，这样绿化才有可能渗透到建筑中。☞（边界—建筑立面、绿地）

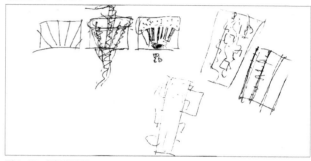

图 2-151 老师手绘图

曹 艳 宋梦梅 作品《绿色疗愈》

82

2）绿化渗透

学生：我们也希望绿化能渗透到建筑中。

教师：运动场放到预留发展用地里还有一个好处就是运动场不只供学校用，场地内的人群都可以使用。扇形区域里面就放一些小一点的像篮球场、羽毛球场等。☞（区域—功能分区）

学生：我们想对建筑形体做一些长短的变化，建筑的长度都大概计算了，如果建筑要伸进绿地的话，建筑的尺度可能大了一些。

教师：不是建筑要伸进绿地，而是建筑的两侧界面的感觉是不一样的，临街的界面要整一点，可以强调放射性结构，内

向的界面要放松一些，进行错落和咬合，绿色就可以渗透进建筑。你们现在的建筑两侧界面看不出什么差别，可以画一张建筑图底关系图，就能明确地看出来两侧界面没有什么差别。

学生：当时是想内向的界面做一些错落，让绿色渗透进来。

教师：现在入口区域和交通组织还是要再考虑考虑。还有，最西侧的扇形区域要利用水系，设计绿色开放空间。从西侧数第二个扇形区域里面的绿色开放空间主要是茶场，最东侧的扇形区域里的绿色开放空间是校园的活动场地。场地内东西向的道路还是保留吧，方便连接各个区域。
☞（区域—水面、道路—道路位置）

3）道路调整

学生：直接和城市道路连接的路要多宽？

教师：直接和城市道路连接的路分为两种类型，一种是园区型的，一种是街区型的。园区型就是有几个入口从城市道路接进园区，园区内有自己组织的交通，就像学校、产业园等。街区型就是所有道路都是城市道路。

学生：我们觉得场地没有内环的感觉，是想把扇形最东侧和最西侧这两条路直接连城市道路，同时用东西向道路将这两条道路相连，形成一个环状。

教师：现在这两条路就是街区型的，属于城市道路。通过路的宽度来区分城市道路还是街区内道路。

学生：如果我想做园区型的道路，是不是就只要这两个入口与外部城市道路相接？

教师：对。如果是园区型，扇形最东侧和最西侧这两条就不需要通过东西向道路联系起来了。☞（道路—道路宽度、道路位置）

学生：我之前以为两个出入口不够。

教师：如东南大学九龙湖校区，面积约 3 500 亩（约 2.3 km²），

有 5 个出入口。现在的基地才多大，两个出入口足够了。

学生：如果不形成内环，不强调扇形最东侧和最西侧的两条道路，场地的放射性会不会减弱？

教师：放射性和道路没多大关系，绿色开放空间强调放射性就可以。这两条路的斜度是怎么确定的？

学生：没有什么依据。

教师：如果没有依据，就可以再调整，我觉得可以再斜一点，

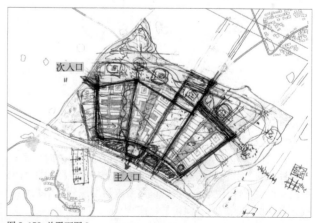

图 2-152 总平面图 3

扩大保留村庄那一块场地的面积。这样的路网设计,主要有两方面的考虑,一方面是希望有个环路,另一方面是放射的感觉。每一个扇形区域尽端有个建筑,这些建筑正好是放射状路的对景,这样每个道路就会有一个节点的景象。保留场地原有林荫道,和东西向路之间形成的中间区域作为广场。 ☞(节点—特殊功能建筑)

4. 第五周 3月27日(周二)
布局调整
学生:康复医院做了不同总平面的尝试。为了打破场地中轴对称的格局,我们将主入口挪至梁三线更西边的道路交接处。

教师:单体的总平面放到规划总平面上,如果舒服就可以,如果不舒服就要改。现在看来,运动场放在这个位置有一些偏远,不管是孩子还是场地内的其他人群都不容易到达和使

学生:扇形区域北侧的道路组织是不是太复杂了?
教师:你想一想,场地内主要使用人群是老人和小孩,路太顺了,车就容易开太快,就可能会对老人和小孩产生危险。要考虑停车的模式,在扇形区域内停车场是散点式的布局,入口区域可能会有大规模的停车区。

用,因为运动场也算是绿色开放空间的一部分,还是把运动场放在中轴线上吧。每个扇形区域地块面积太大,南北向太长,建筑的可达性太差,需要补充两条道路将这两块扇形区域划分开来。场地东侧预留发展用地面积比较大,整体来说发展区域太偏西,将东侧预留发展用地也作为一个放射状分区吧,这样在总平面上来看就比较均衡。 ☞(区域—功能分区)

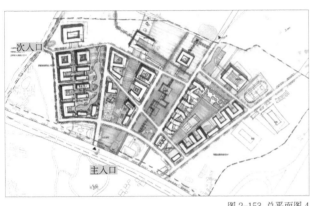

图2-153 总平面图4

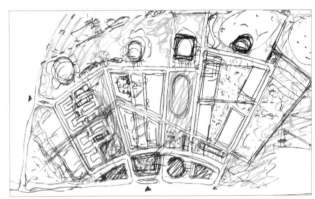

图2-154 老师手绘总平面图

5. 第五周 3月30日(周五)
1)建筑形体调整
教师:要在总平面图上涂实最重要的东西,否则很难看清楚大的结构。现在中轴线有点强了,绿化布置的时候要注意去打破。要通过绿化来弱化东西向道路,强调放射性。现在道路的宽度是多少?

学生:一部分是12 m,一部分是7 m。

教师:加上人行道有多宽?

学生:18 m和12 m。 ☞(道路—道路宽度)

教师:养老区域的建筑间距够吗?

2)对称的打破
教师:对称轴线不要强调得太硬了,你们这个方案应该是很放松的,不要再去强调对称。主入口故意偏开了,其实就是为了不要太强调中间的轴线。

学生:这些尽端的房子可不可以是几个小体量组成的,还是一定要是一个整体?

教师:从规划角度是一个整体,到了单体层面,是可能分开的,是一个建筑组团。

学生:日照间距按照1:1.3算的,建筑间距满足日照要求。

教师:老人区域湖的界面不太好,要确定你想做一个有机的界面还是干净整洁的界面。现在建筑的山墙对着湖面,建筑的景观视角不好。 建筑的边界为什么不平行于道路呢?尽端用来强调的建筑要做得更加细致,现在看来没有突出它们的强调作用。 ☞(边界—建筑立面)

学生:是要把它做小一点、高一点吗?

教师:不一定。老年大学需要这么大的面积吗?可不可以再缩小一点儿?

学生:嗯,可以。

学生:这三个尽端建筑的形态差异是不是有点大了?

教师:对,可能要弱化。这条东西向的路为什么到了场地西侧是这么折过去的?

学生:这是保留的原来的林荫道。

教师:停车场不能贴着路,和路之间要留一个绿化带,人走在路上一般都看不见停车场。总平面图上不同的绿化类型要画得不一样,这样才能表达清楚。 ☞(边界—道路边界、绿地)

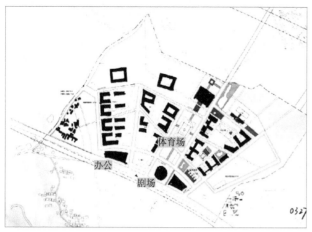

图 2-155 总平面图 5

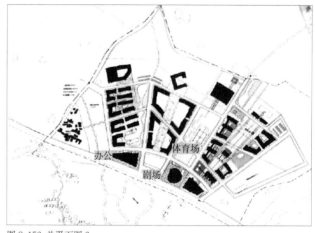

图 2-156 总平面图 6

6. 第六周 4 月 3 日（周二）
总平面修改
教师：场地内除了地下停车位之外还需要有一些地面停车位。失智老人区域的建筑密度有问题。根据康复医院的形体，康复医院的入口应该在长边一侧，如果入口还是在梅村路上，建筑形体就需要扭转。

学生：好的。

教师：医院北侧需要增加一条道路，道路和梅村路的交接处作为医院后勤人员的出入口。☞（道路—道路位置）

学生：我打算从改善社交障碍这个概念入手来进行设计。

教师：你想改善社交障碍，要从几个方面入手？

学生：建立不同年龄人群之间的联系。建筑靠近绿地的功能为活动室，激发不同建筑使用对象的交流互动，同时也反映了绿色的概念。

教师：现在概念不够强，你们也没有把概念讲清楚。总平面图有以下几个问题：入口东部停车场停车位可能不大够，不应该有这么多绿化；操场的位置向北移动，保证绿轴上有大块绿化；体育馆入口处应设计大块硬质铺地；老人区域的建筑组团围合出来的空间较为压迫；茶场内的道路和学校区域的道路都要结合建筑院落设置，并设置隔离带；马场具有接待功能的建筑要打破对称性；幼儿园加连廊引入人流。

7. 第六周 4 月 8 日（周日）
1）建筑形体调整
教师：体育馆的面积大约多少？

学生：长边大约 80 m。

教师：体育馆的面积太大了，由于用地里其他建筑都是方的，所以体育馆的平面设计成正方形的就可以，改成 60 m×60 m。将最西侧扇形区域内老人这边的房子东西错动布置，不然会影响日照。

学生：好的。

教师：马场的附属功能建筑不要对称。马跑的地方在哪里？

学生：在附属建筑北侧。

教师：看起来有点小，马场面积有多大？

学生：20 m×60 m，面积够了。

教师：马场北边的绿化是什么？

学生：暂时是森林，作为预留发展用地。

教师：马厩和接待在哪里？两者连在一起吗？

学生：是，连在一起的

教师：失智老人区域的建筑有多高？

学生：10 m。

教师：就是三层。老人住宅间距都很近啊，怎么可能满足日照？老人住宅要满足 3 h 日照要求，这是硬性要求，必须满足，同时老人的每个房间都要保证朝南。日照间距不满足的话就减少一排住宅楼，如果还是不够的话，建筑层数加一层。绝对不能不满足日照要求。

教师：幼儿园的多功能厅在哪里？没有异形体块吗？全是标准单元吗？

学生：我们还没仔细考虑幼儿园的形体，只是粗略地想布置了。这三个单元每个两层布置幼儿园的六个班，剩下第四个单元是通高的多功能厅，比其他三个单元稍微大一点。

教师：班级单元和多功能厅的形体一样不是很好。建议多功能厅的形体单独设计。

学生：可以把多功能厅移到幼儿园主体建筑西侧，和班级单元区别开来。

教师：西侧人流量较大，所以幼儿园的主入口放在西侧，多功能厅的体块可以底层架空，多功能厅设置在二层，人们从主入口进来直接进入二层进行活动。多功能厅放在幼儿园主体建筑东侧也行，就在东侧加设次入口，幼儿园对外开放的功能区放在东侧。☞（节点—主次入口）

教师：失智老人区域这里的水面是场地原有条件还是你们自己设计的？

学生：自己设计的。

教师：你们觉得美观吗？

学生：有些过于扭曲，不是很美观。

教师：不太好就改啊。这样的水使得用地分得太碎了，走在河边很扭曲，但是给人感觉没有太大的区别，都一样。可能比如这段都是细的小溪，后面放大为宽一点的湖，尽端再想想怎么结束，或者连到对面，或者用方法也行。建筑很规整，河不规整，从规整到不规整要有些过渡，将小路稍稍调整，

再到自由的湖。马场作为扇形终端标志性建筑，这组建筑的形体要稍微特殊一些，建筑的轮廓线要暗示建筑的功能为马场。☞（边界—水面、建筑立面）

学生：我们可以做一些类似瞭望塔的暗示的东西。
☞（地标—特殊功能建筑）

图 2-157 总平面图 7

2）停车场位置调整

教师：马场东侧的停车场不应该只有一个出入口。

学生：我认为车位数量不到 50 个，只需要一个出入口。

教师：车位数量不到 50 个只需要一个出入口，但是两个出入口比较方便。这块地除了停车场之外还布置了什么？

学生：这块地一半是停车场，一半是绿化。

教师：绿化没什么作用，同时还让停车场不够明显，还不如停车场外围围一圈绿地。马场、体育馆、学校这些功能需要很多停车位，所以这块地要尽量布置更多的车位。

学生：医院的停车场该如何调整？我们现在直接沿路布置了一排停车位。

教师：在总平面图上看，医院停车场的位置和整个建筑形体的关系很别扭。停车场也可以做一个扭转的方形，跟周围建筑形体一样。

3）建筑单体设计

教师：接下来看建筑单体设计。先说说你们的设计思想、设计理念和设计目标。

学生：设计理念就是绿色和对话。

教师：绿色指的是环保生态？

学生：绿色指的是亲近自然，用绿色去疗养老人和孤独症儿童。

教师：具体实现手段是什么？通过绿化实现吗？

学生：首先，整个绿地系统是由不同种类的绿地构成。比如老人那边有茶场和园艺疗法区，学校这边有操场。其次，大的绿地系统和城市绿地相结合，小的绿地系统根据场地原有

学生：好的。

教师：马场周围的路是内部步行路吗？

学生：是，这个内部步行路把马场和学校连到一起。

教师：不需要把马场和学校连到一起。

学生：因为马场西侧是公园，我们希望学生能到达公园，所以做了这条路。而且我们认为水边不应该有这么多的硬地广场。

教师：水边肯定是绿地而不是硬地，绿地里面有弯弯绕绕的小路。在辅助入口北侧的预留发展用地内增设停车场，停车场和梁三线之间也要有绿化带隔开。预留发展用地最东侧的道路等级需要降低。☞（区域—功能分区、道路—道路宽度）

学生：这条路应该是园区二级道路，道路宽 7 m。

的自然元素进行设计。最后，用地原有的道路划分功能分区。中间一块是最大的绿地系统，两边布置老人的区域和孩子的区域。

教师：如果你们的概念只是老人和儿童靠近中央绿地的话，直接把老人区域和孩子区域放在中央绿地两侧就可以了，这个概念对于场地内其他地方的设计没有指导作用。如果你的概念是这样的，那么亲近绿色体验要做得更加细腻，绿化要有更多的层次。方案进展到建筑设计层面的时候，你们至少要列出 3~5 种深化概念的途径。比如首先可以创造很多空间，通过这些空间，人们可以在建筑内欣赏景观；其次是提供路径，人们很容易从建筑到达绿色开放区域；再次，在建筑上创造屋顶平台、阳台等可以进行种植的绿色空间。要通过这些途径把绿色景观和建筑充分融合。☞（区域—功能分区）

学生：我们还想让中学和幼儿园有交流和联系。

教师：你需要考虑什么样的空间适合交流。学校内外交流可以通过平台、走廊。而高中和初中、初中和小学通过什么方式交流？孤独症儿童和家长、孤独症儿童和老师、老师和家长又通过什么方式交流？你们需要针对这些交流对象来设计特殊的交流空间，现在你们没有针对性就做成一个大空间，与交流对象毫无关系。你们要通过多种渠道去了解对象的日常生活习惯。比如孤独症儿童上学是需要父母接送的么？上课需要父母陪同么？他们怎么吃饭，怎么住宿？孤独症学校和普通学校在功能和流线上肯定不同。普通学校是家长在外面等待孩子放学，孤独症小孩的家长或许需要在校内的大厅等候。了解了交流对象的生活习惯才能更好地设计他们需要的空间。你们认为建筑的使用对象全是孤独症儿童还是一部分使用对象是正常儿童，另一部分是孤独症儿童呢？如果全部都是孤独症儿童，也要根据孤独症儿童的等级来设计。比如有些孤独症儿童病情不太严重，可以自己生活起居，还有一部分儿童的生活起居需要家长陪同。很多地方要做两类处理，一类要考虑正常孩子的接送方式，另一类要考虑孤独症小孩的送接方式。除了设置标准班级，还要设计针对孤独症小孩的教室单元和附属小房间。小房间的功能一般是用来安慰孩子的心情，比如说有的小孩突然吵闹，别的小朋友就无法上课，需要家长带孩子去小房间进行安慰。

学生：学校区域的建筑布局从南到北是幼儿园、小学、初中和高中。

教师：小学人最多，所以占地面积应该比初中和高中大。初中和小学是义务教育，二者应该连在一起的。高中是技校性质的，不需要做中廊，单廊就可以。使用中廊的平面布局会导致北面的教室采光不好。

学生：有些没有采光要求的房间可以朝北，比如美术教室。

教师：如果是单廊的话，可以南面是廊子，北面开窗，而且没有采光要求的房间比较少。小学和初中一定要有联系，初中高中可以有联系。

学生：教学楼之间的 25 m 间距够不够？

教师：教室部分整体放在地块南侧，活动室、餐厅可以放在北面，距离可以不到 25 m。西侧学校体量挤，舒展不开，中间运动绿地面积有些过大。把中间绿地变小，西侧学校面宽可以加一柱跨。

学生：如果按照 25 m 的间距要求来布置形体的话，只能做成 3 条，所以看上去很挤。

教师：可以将特殊的大空间布置在临近步行道的建筑边界上。东侧宿舍建筑形体过于强调东西向布局。

学生：本来想通过形体的不同来区分学校和宿舍。宿舍要分初中小学吗？

教师：宿舍和年级无关但是与功能需求有关。有的孩子需要家长陪同，他们的宿舍可能是一套套的住宅。

学生：我们为了达到绿化和对话的目的，设计了一些绿色平台，让人们不仅可以通过路径面对面交流对话，也可以通过视线进行交流。

教师：总体场地目标和单体设计目标写出来贴在墙上。目标的确立要从多个角度来看。从孤独症儿童的老师和家长角度看，他们需要什么，希望要什么？比如建筑的颜色，孤独症孩子喜欢冷色，所以建筑色调应该整体偏冷，不是我们喜欢什么颜色就设计成什么颜色。从建筑师角度看，他们要的东西需要什么样的空间去支持？先根据目标要求把大致的建筑组团散布在场地里，接下来根据对象要求设计建筑的具体形态，不管建筑形态是方的还是圆的，它都是在组团里面变化的，这样做设计才有逻辑。从绿色出发，几道途径分别是什么？按照这一思路推导，要看到什么？有人问为什么要看到它呢？是因为从绿色推导下来很重要，这是绿色体系的一部分，就是有逻辑的。只要承认起始点，中间一步一步推过来就能成立。希望你们做完能学到方法。

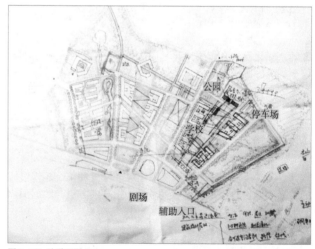

图 2-158 总平面图 8

8. 第七周 4 月 10 日（周二）

1）建筑平面图

学生：我们大致排了学校的平面图。

教师：现在学校的总平面图是 E 字形，也可以是两个 U 形交叉。

学生：如果是"U"字形，建筑形体沿着人行道的界面就不是守齐的，而有凹凸，不是违背了我们最开始沿着道路做形体的想法吗？

教师：所谓守齐，是最开始总体层面建筑组团的守齐，在单体设计的时候会有波动、有凹凸，但整体看过去还是守齐的。总体规划都是以 100 m 或 150 m 为单位，而建筑设计是以柱网 6 m 到 8 m 为单位，这属于两个层级，相对于 150 m 而言，收缩或突出 8 m 是可以忽略的。层级越多越细腻，比如推敲具体空间要根据与人体的尺度，这时候的单位就是 2 m 左右，接下来的层级是室内设计，单位大约是 60 cm。古典建筑可以做到一根手指的层级，因为古建筑的格栅间隔就是一根手指的宽度。格栅到门框到柱子到开间再到建筑，层级逐渐变大。现代的建筑不可能每个层级都很细致，但是中间层级全部去掉只剩两个极端的层级很不人性化。你们对学校的设计目标是增加交流，设计手法是将小学中学串联起来，在实施设计手法的时候不要创造特别复杂的空间。因为复杂的空间会加强对人情感的刺激，对孤独症儿童是不好的。

学生：什么样的空间是复杂空间？

教师：比如不停地转弯，需要一直辨认方向，前面的空间不能预期，这些对孤独症来说都是危险不安的因素。但是简单不代表不能变化，空间可以适当地收放。要把简单的认知和变化的空间协调起来设计。

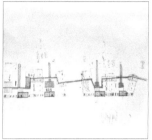

图 2-159 教学楼平面图 1　　图 2-160 教学楼平面图 2

2）建筑体量调整

教师：你们是怎么处理场地原有林荫道的？

学生：场地原来有两条林荫道，我们保留了一条，拓宽了另一条。

教师：你们也要画一张图来表示你保留的东西。马场的绿化没有在图上表达出来，马场用地硬质铺地太多。

学生：马场外围是软地，里面是跑道。

教师：北边的路是什么用途？

学生：想限定公园的边界。

教师：限定边界不一定要用路，也可以用树。现在这条路是尽端路，不是很好。☞（边界—广场）

教师：你们应该多尝试几种建筑体量布局。现在幼儿园的多功能厅放在主体建筑西侧，需要用连廊把主体和多功能厅连接起来。

学生：对于小学这三条形体，中间这一条是活动室，南侧和北侧的功能是教室。小学和高中可以共用一个入口吗？

教师：当然是两个入口。如果中间车流量不多，就可以中间是共用广场作为两个学校的入口。

教师：现在班级数量是多少？

学生：小学 6 个班，初中 3 个班，高中 3 个班。孤独症教室数量占正常教室数量的一半，小学 3 个班，初中 1 个班，高

中 1 个班。孤独症和普通儿童的班级不在一层上。

教师：主入口附近的建筑是什么功能？

学生：主入口西边是办公，东边是剧场，剧场东边是社区服务中心。

教师：地下停车的入口不能这样设计，应该贴着地块的长边，这样方便组织地下的车位。

学生：好。建筑都要退让道路 10 m 吗？

教师：根据建筑功能来决定退让距离。公共建筑要退得多，住宅建筑就退得少。

学生：每个建筑四周都要走车么？

教师：高层或者建筑体量特别长的需要。建筑的长边超过 100 m 时需要在中间设置穿过建筑的消防通道。

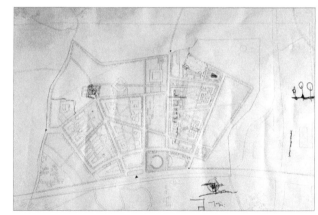

图 2-161 总平面图 9

图 2-162 中期答辩总平面图

图 2-163 终期答辩总平面图

2.6 崔颉颃 洪 玥 庞志宇 作品《共享社区》

2.6.1 课堂教学实录

1. 第三周 3月13日（周二）

梳理了基本的场地设计条件，包括水体、植被、建筑肌理，形成了示意性的开放空间结构概念，对功能分区进行了简单设想。☜（区域—功能分区）

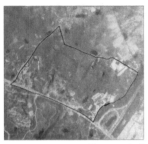

图 2-164 水系　　　　　　　图 2-165 林荫道

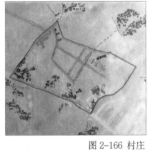

图 2-166 村庄　　　　　　　图 2-167 景观结构图 1

图 2-168 功能分区图 1　　　图 2-169 总平面图 1

2. 第三周 3月16日（周五）

完善了场地的路网系统，初步考虑与城市的衔接关系，对场地原有自然村落的改造有了更切合实际的考虑。☜（道路—道路位置）

图 2-170 功能分区图 2　　　图 2-171 景观结构图 2

图 2-172 道路 1　　　　　　图 2-173 建筑

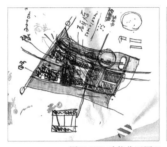

图 2-174 场地现状条件图

3. 第四周 3月20日（周二）

制定有优先级的开发场地的策略，形成了基本的发展轴、绿带和景观带。

图 2-175 功能分区图 3　　　图 2-176 绿地

图 2-177 道路 2　　　　　　图 2-178 建筑图底关系图 1

图 2-179 总平面图 2

4. 第四周 3月23日（周五）

明确了有优先级的开发场地的策略，确定了围合式的街区形态，形成了基本的功能分区。☞（区域—功能分区）

图 2-180 功能分区图 4　　　　图 2-181 老师手绘图

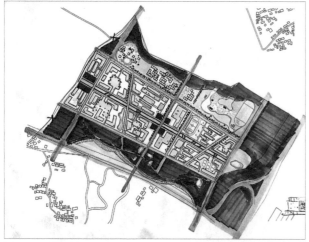

图 2-182 总平面图 3

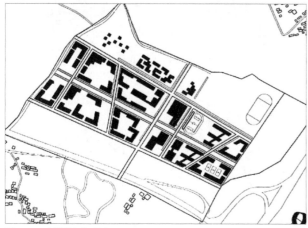

图 2-183 建筑图底关系图 2

5. 第五周 3月27日（周二）

调整道路宽度，细化环境布局，考虑建筑组团关系。☞（道路—道路宽度）

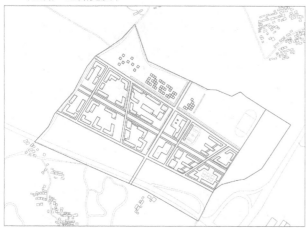

图 2-184 总平面图 4

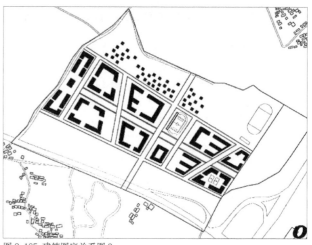

图 2-185 建筑图底关系图 3

6. 第五周 3月30日（周五）

优化了街区的平面布局，尝试了新的景观串联方式，对中心活动轴进行了初步的氛围设想。

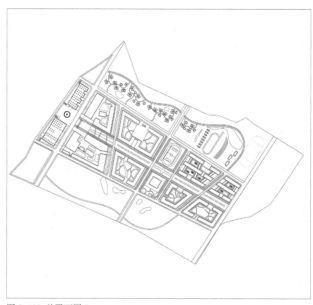

图 2-186 总平面图 5

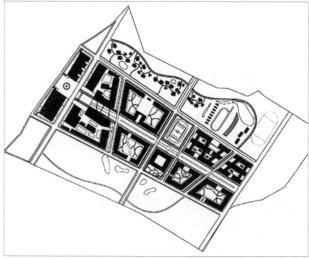

图 2-187 建筑图底关系图 4

7. 第六周 4月3日（周二）

优化了街区的平面布局，确定了中心活动轴的布局方式以及南北向绿带的布局方式。

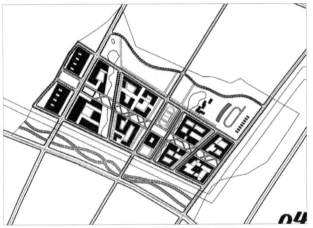

图 2-188 总平面图 6

图 2-189 建筑图底关系图 5

8. 第六周 4月6日（周五）

深化了地块级别的建筑单体设计，反推城市设计的总平布局，对周边的景观布局进行了初步设想。

图 2-190 总平面图 7

图 2-191 学校区域总平面图

9. 第七周 4月10日（周二）

对地块的建筑单体布局方式进行调整，强化了一轴四带的空间布局结构，对景观绿地进行了更精细化的设计，穿插布置了一些功能场地和建筑单体。（边界—绿地）

图 2-192 总平面图 8

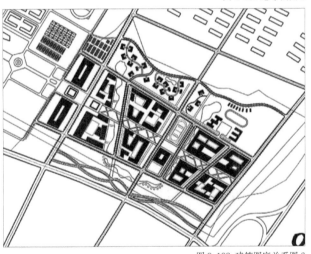

图 2-193 建筑图底关系图 6

10. 第七周 4月13日（周五）

对地块的建筑单体布局方式进行调整，强化了一轴四带的空间布局结构，对景观绿地进行了更精细化的设计，穿插布置了一些功能场地和建筑单体。（边界—绿地）

图 2-194 总平面图 9

图 2-195 中期答辩总平面图

图 2-196 终期答辩总平面图

03

建筑设计

3.1 养老住区规划与设计原理

3.1.1 引言

众所周知，老年人的居住状况不仅直接关系到老人的生活品质，而且与医疗、介护等社会事业息息相关。因此，在老年人数量快速增加但尚不富裕的中国，如何为广大老人提供合适的居住场所来度过人生的最后阶段，不仅取决于老年人及其亲属的选择，同时也是一个严峻的社会问题。本文首先分析老年人的医养需求，并在总结分析目前国际上有代表性的养老设施、养老住宅、退休住区以及地域综合健康系统等模式的基础上，提出了适合我国国情的老年住区设计理念。

3.1.2 老年人及其医养需求

1. 前期老年人与后期老年人

根据世界卫生组织（WHO）的定义，65 岁以上为老年人。其中 65~74 岁属于前期老年人，75 岁以上属于后期老年人。一般来说，前期老年人的身心健康程度与日常生活活动能力（ADL）较高；而后期老年人的身心机能及 ADL 会明显下降，且患各类老年病、生活习惯病及身心障碍的比例也显著增大。因此后期老年人才是医疗、介护及生活支援的重点对象。

2. 老人的自立度

为了提供有针对性的养老服务，国外的通用做法是按照自立度将老年人分为自立型老人、支援型老人与介护型老人三类。其中，自立型老人的身心健康状况较好，生活基本能够自理；对于自立型老人，须重点做好预防保健工作。支援型老人有一定的生活自理能力，但在进食、洗浴、行走等日常生活中需要获得生活支援和轻度介护；对于支援型老人，要重点防止他们卧床不起或产生严重智障。而介护型老人的身心机能衰弱、生活自理程度很低，需要 24 h 的重度介护。

图 3-1~图 3-3 显示了 2012 年日本的高龄化率（65 岁以上老人占总人口的比例），以及前期老年人与后期老年人中自立型老人、支援型老人和介护型老人的比例。不难发现：（1）超过 95% 的前期老年人是自立型老人；（2）后期老年人中，自立型老人仍占相当高的比例，但与前期老年人相比，支援型老人与介护型老人的数量已有较大幅度的增长。

无论国家、民族，多数老人希望在自己家中安享晚年，其好处显而易见。居家养老对于自立型老人来

图 3-1 日本 2012 年的高龄化率

图 3-2 日本前期老年人的构成

图 3-3 日本后期老年人的构成

（数据来源：图 3-1~图 3-3 依据馬場園明、窪田昌行. 地域包括ケアを実現する高齢者健康コミュニティ：いつまでも自分らしく生きる新しい老いのかたち [M]. 福岡：九州大学出版社，2015 中的数据进行绘制）

说当然问题不大，但随着老人年龄的增长及身体机能的衰退，他们所需的生活援助及医疗介护会持续增加，相反家庭规模却趋于缩小，从亲属那里得到的照顾也越来越有限。对于支援型老人及介护型老人来说，由于目前通所与访问介护服务还远未完善，维持一定水准的居家养老生活势必越来越困难。

3. 养老需求的层次与多样

马斯洛（1943）将人的需求由低到高依次列为生理需求（Physiological Needs）、安全需求（Safety Needs）、归属需求（Love and Belonging Needs）、尊重需求（Esteem Needs）及自我实现（Self-Actualization Needs）五类，老年人当然也不例外（图 3-4）。概括地说，老年人的生理需求主要包括饮食、睡眠、排泄和居住等；安全需求包括环境、医疗、介护等；归属需求包括爱与集体归属等；尊重需求包括自立、自尊与受到他人的尊敬等；自我实现需求则包括自我肯定与社会贡献等。

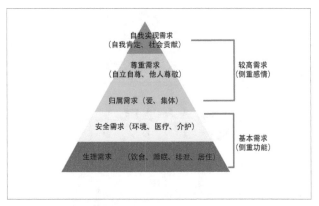

图 3-4 马斯洛的需求层次理论与养老服务

此外，因经济水准、文化背景、地域特性以及价值观念的不同，养老需求也呈现出显著的差异。例如，东方老人较注重家庭的天伦之乐，而欧美老人较注重社区生活的参与；身心健壮的老人热衷户外娱乐活动，而文化程度高的老人喜欢读书求知；等等。

可见，提供养老服务时，除了要着重考虑饮食、医疗、介护等基本需求外，不可忽视老人的归属、尊重、自我实现等较高层次的需求以及养老需求的多样化特性。

3.1.3 养老设施与养老住宅

1. 概要

为了弥补居家养老的不足，欧美日等发达国家相继建设了一定数量的养老设施（Nursing Home，NH）与养老住宅（Senior Housing，SE）（表 3-1）。各国发展历程也大体相近：养老设施的建设现行，经过一段长短不等的时期后养老住宅逐渐登场。两者的共同点是建筑空间均实现了无障碍化，能充分满足老人日常生活及介护服务的需要。具体差别在于：养老设施主要针对介护型老人（含重度智障老人），管理方式类似医院，可提供 24 h 的全面生活照料与介护服务，但存在人均居住面积较小、居住环境欠佳、生活情趣缺乏及介护成本较高的缺点。而养老住宅可大体分为自立型（Independent Living，IL）与支援型（Assisted Living，AL）两类，分别面向自立型老人与支援型老人，居住环境接近一般住宅，但建筑形式多采用集合住宅，空间布局较紧凑，公共空间面积较大，以便高效展开生活支援与介护服务（表 3-2）。除此以外，为增强预防保健的效果并防止意外的发生，许多养老住宅还提供（1）每日定时巡访，以确认老人的健康与生活状况；（2）就医、介护、生活等相关咨询，以消解老

人的不安。养老住宅的缺点是介护密度较养老设施低，因此当入居老人身心状况恶化时，仍需进一步移住养老设施。

（2）提供的服务种类，（3）医疗与养老保险，（4）规模大小，（5）设施或住宅的选址。

下文对几个典型的国外养老设施、养老住宅及其组合的案例进行简要分析。

表 3-1 各国养老设施、养老住宅与一般住宅的入住比例

名称	养老设施	养老住宅	一般住宅（自宅）
服务	以重度介护为主	以生活支援为主	通所与访问服务
获取方式	租赁	租赁为主	购置为主
美国	4.1%	5.5%	90.4%
英国	3.2%	7.2%	89.6%
丹麦	1.3%	7.4%	91.3%
瑞典	6.0%		94.0%
日本	3.5%	1.5%	95.0%

表 3-2 养老设施、养老住宅及其相关服务

类型		服务内容
养老设施（NH）		为介护型老人提供 24 h 的医疗与介护
养老住宅（SE）	自立型（IL）	公共空间丰富，为自立型老人提供多彩的日常活动
	支援型（AL）	为支援型老人提供就餐、入浴、洗衣等生活支援与轻度介护

从表 3-1 可见，发达国家的养老设施的比例约为 3%~4%，养老住宅则约为 2%~7%，均与各国的国情及医疗福祉制度有关。具体而言：（1）从 1980 年代后期开始，丹麦实施了"居住与介护分离"的构想，建设重心由养老设施转向养老住宅与居家养老，导致养老住宅的比例增大而养老设施比例降低。（2）为改善类似医院住院部的传统养老设施的居住环境，瑞典的养老设施向住宅化的方向发展，导致养老设施与养老住宅的差异不明显，两者被统称为特别住居。（3）美国的养老住宅中有相当大的部分以活跃退休社区（Active Adult Retirement Community，AARC）及持续照料退休社区（Continuing Care Retirement Community，CCRC）等退休住区的形式存在，这与美国国土广博以及人民的移住意识分不开（后文将详述）。（4）日本养老住宅建设较为滞后，部分原因在于：日本医院的人均病床数较多、住院期间较长，因而滞留医院的老人数量相对较多；此外，不同于欧美国家，约 1/3 的日本老人与子女生活在一起，因而老人入住养老住宅的意愿不太强烈。然而，近年来由于养老设施供不应求，为节约介护成本，日本不断加大了养老住宅的建设力度。

需要指出，由于国情不同，且经过长期演变，世界各地的养老设施与养老住宅均已经发展出很多类型，难以计数。借鉴其建筑形式时需要综合考虑以下 5 点要素：（1）利用对象，

2. 典型养老设施案例

当前世界上最流行的养老设施类型是单元照顾（Unit Care）与聚居之家（Group Home），两者均源自瑞典。单元照顾的原理如下：将养老设施分为若干个单元（Unit），每个单元仅容纳 10 名左右的介护型老人，共同组成一个生活小组。单元内所有居室均为单人间，此外还设厨房、餐厅以及供日常交流的公共起居空间。实践证明，这样既可确保个人的自由与私密，又容易营造类似家庭的气氛以满足入住成员的归属需求。各单元均配有若干专职介护人员，可以按照每个入住者的个性与生活节奏提供细致的个性化生活支援与介护服务。聚居之家与单元照顾类似，但主要面向智障老人。

图 3-5 为美国某单元照顾型养老设施的标准层平面，包含南北两个单元。每个单元由 10 间单人居室及公共空间组成。居室平均面积为 25 m²，分摊公共面积为 35 m²。图 3-6 为该设施的一层平面，除办公区域外，还设有水疗中心、餐厅、咖啡厅、亲友用房以及小教堂。

必须指出，欧美国家经济发达、人少地多，因而单元照顾与聚居之家的建设标准与运营成本都比较高。例如，单元照顾中工作人员与入住老人的比例约为 1:2，聚居之家甚至接近1:1。这对尚不富裕、资源贫乏的中国来说是难以简单效仿的，我们必须有选择地吸取其设计精髓。

时光胶囊旨在模拟老人年轻时的环境，让失智老人在这个环境中生活 2 周左右的时间，让老人穿越到年轻的时光。研究成果表明老人年轻时的模拟环境有利于老人恢复年轻的心态，延缓痴呆进程，改善身心健康。

具体手法如下：
怀旧情境——营造住民熟悉时代感，以重点老件呈现庄内街景。怀旧情境的建构，有利于促进失智症住民对环境的熟悉性而增加认同感（图 3-7）。

长庚医院桃园区失智症中心，其创设之初，以门诊个案为对象。其提供的服务包括卫教服务、职能治疗、瑞智健诊、轻度失智症训练课程、"健脑保智"训练课程及失智症照顾者

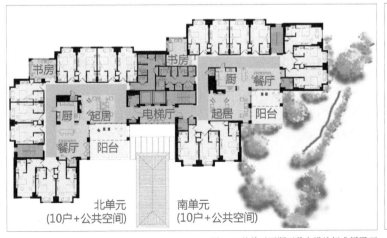

北单元
(10户+公共空间)

南单元
(10户+公共空间)

图 3-5 某单元照顾型养老设施标准层平面

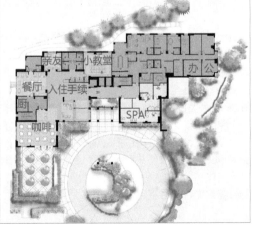

图 3-6 某单元照顾型养老设施一层平面

（图片来源：图 3-5、图 3-6 依据 http://network.aia.org/designforaging/resources/viewdocument/?DocumentKey=aa8d25ab-8ca4-4453-b67c-82cb4bea9321 加工）

图 3-7 怀旧情境   图 3-9 长庚医院桃园失智症中心

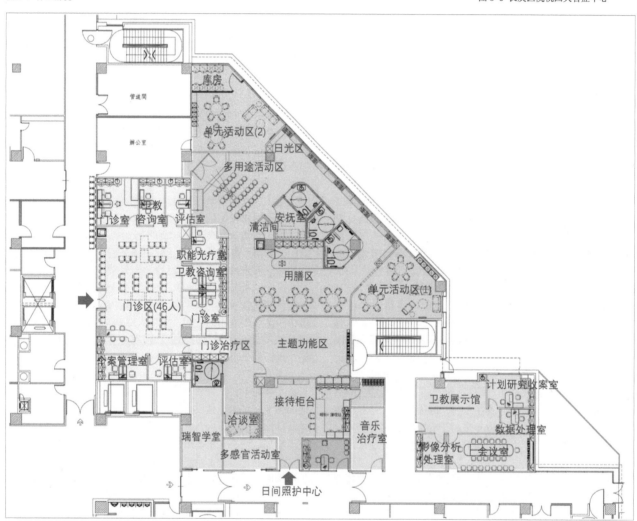

图 3-8 长庚医院桃园失智症中心平面
（图片来源：图 3-7~图 3-9 引自长庚医院桃园失智症中心内部资料）

照护技巧训练班。其所提供之医疗服务除可让失智症患者减缓病情恶化并维持基本生活照护，也让长期照顾病患的家属也能在身心灵方面获得支持与关怀（图 3-8、图 3-9）。

3. 典型养老住宅案例

图 3-10 为美国某自立型养老住宅的标准层平面，每层包括 6 户养老住宅及公共空间。养老住宅的户型以两室两厅或两室一厅为主，公共空间包括起居中心及相谈室。平均每户面积为 142 m^2，分摊公共面积为 37 m^2。图 3-11 为瑞典某支援型养老住宅的标准层平面，与养老设施中以病床为中心的单人居室相比，其居室以老人的日常活动为中心。

4. 养老设施与养老住宅的组合

伴随老年人身心机能的衰退，常常会同时引发多种问题，此时仅凭单一类型的养老住宅或设施往往难以应对。通常的解决方案是在同一基地范围内集中建设多种类型的养老住宅与养老设施。图 3-12 是美国某养老设施·住宅群，基于公共空间共享、养老功能互补以及运营管理合作的考量，将支援型养老住宅、智障老人之家以及养老设施（表 3-3）等三栋独立的建筑物组合在一起。

表 3-3 美国某养老住宅·设施群概要

序号	设施类型	规模
1	支援型养老住宅（Assisted Living Senior Housing）	69 户
2	智障老人之家（Memory Support Home）	36 间
3	养老设施（Nursing Home）	100 床

图 3-10 某自立型养老住宅标准层平面
（图片来源：依据 ANDERZHON J W, HUGHES D, JUDD S. Design for aging: international case studies of building and program[M]. [S.l.]: Wiley, 2012 加工）

图 3-11 某支援型养老住宅标准层平面
（图片来源：依据ヴィクター・レーニエ. シニアリビング 101：入居者が求める建デザインの要点 [M]. 東京：鹿島出版会，2002 重绘并加工）

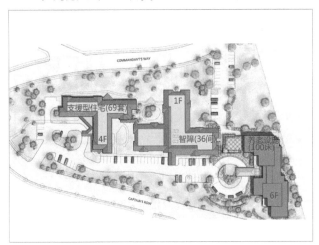

图 3-12 美国某养老设施·住宅群总平面
（图片来源：依据 http://network.aia.org/designforaging/resources/viewdocument/? DocumentKey=aa8d25ab-8ca4-4453-b67c-82cb4bea9321 加工）

3.1.4 退休住区与地域综合健康系统

1. 退休住区

1）移住意识

退休社区（Retirement Community）源自美国，主要分为 AARC 和 CCRC 两大类（图 3-13）。应该说，退休社区的产生及发展与美国老年人中普遍存在的移住意识有很大关系。据统计，约 80% 的美国人希望退休后居住在子女附近；但其余 20% 并不做如此打算，他们梦想从工作中解脱出来后能移住到合适的退休住区中，积极地享受丰富多彩的老年生活。早期美国老年人选择退休住区的标准主要是气候温暖、人际关系良好、生活成本低以及娱乐设施丰富。但近年来，随着文化素质的提高，他们更注重精神生活。因此位于大学附近，能充分满足老年人求知欲的退休住区越来越受欢迎。

入住对象	自立型老人	支援型老人	介护型老人
养老住宅	AARC		79 岁
	CCRC（IL）	CCRC（AL）	
养老设施			CCRC（NH）

图 3-13 美国退休住区的类型与入住对象

2）AARC

AARC 是自立型养老住宅的一类，主要面向 55 岁以上有一定经济能力的自立型老人。除了大量的别墅型一般住宅外，社区用地范围内还建有丰富的高尔夫球场、游泳池等娱乐设施，以便老人充分享受自由、快乐、健康的退休生活。多数 AARC 位于气候温暖的南方、或大城市附近，一般能容纳数千乃至数万人入住。由于入住者的年龄与背景相近，AARC 的犯罪率相当低。但其缺点是社区内普遍缺乏医疗或介护设施，因此当老年人年龄增至 80 岁左右时，一般需要再次移往 CCRC 或其他养老住宅（图 3-14）。

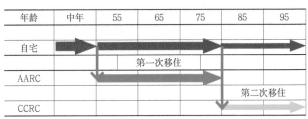

年龄	中年	55	65	75	85	95
自宅						
AARC			第一次移住			
					第二次移住	
CCRC						

图 3-14 美国老年人向 AARC 和 CCRC 的移住

亚利桑那太阳城（Sun City Arizona）是美国所有太阳城（Sun City）中最早建设、规模最大，也是最具代表性的一所 AARC。亚利桑那太阳城总占地面积达 37.8 km²，人口 3.75 万人（2010 年），形成了一个名副其实的养老城（Senior Town）（图 3-15）。

总的来说，AARC 倡导的积极养老的理念值得肯定，但由于占地面积过大，因此到目前为止，除加拿大、澳大利亚等少数地广人稀的国家外，难以得到推广。

3）CCRC

作为美国养老住宅的一种（图 3-16），CCRC 主要面向 80 岁以上的老人。其最显著地特色是将自立型住宅（IL）、支援型住宅（AL）、介护型养老设施（NH）与各类生活设施及小型诊所一道设置在同一块用地范围内，同时与相关医疗设施保持着紧密的协作关系，可以为入住老人提供丰富多彩的生活和全面而可持续的介护服务及医疗保障，因而颇受美国老年人的欢迎。

图 3-15 美国亚利桑那桑城
（图片来源：引自 https://agentinc.com/zh/neighborhood-spotlightsun-city-az）

如表 3-4 所示，CCRC 一般能容纳 300 名以上的老人。刚入住时，老人必须是自立型，因此先住在 IL。IL 一般由若干附设厨房的独立居室组成，其公共空间能提供餐饮、娱乐、读书、康复训练等各类服务。许多 CCRC 位于大学附近，可充分满足老年人求知欲。当老人出现身心障碍时，再视其具体状况

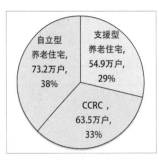

图 3-16 美国养老住宅的类型（2004 年）

而转移到邻近的 AL 或 NH 中继续生活。CCRC 中小型诊所通常拥有高水平的专业医生、心理医生、护士、介护师，通常以医疗小组形式为每个老人提供针对性的医疗与介护服务，有助于疾病早期发现与及时治疗。此外，由于预防保健措施完善，CCRC 中的卧床不起的比例远低于美国平均水平。

表 3-4 CCRC 的利用实态（2003 年）

类型	平均规模		平均入住年龄	平均居住期间
	居室数	比例		
自立型住宅	215 间	63.4%	79 岁	5.3 年
支援型住宅	47 间	13.9%	85 岁	1.9 年
介护型养老社区	77 间	22.7%	84 岁	1.1 年
合计	339 间	100.0%	—	—

可以说，CCRC 充分体现了美国老人积极养老的精神与持续医疗介护的理念。从表 3-4 可以看出，自立型住宅占 CCRC 的 60% 以上，健康状态下的居住期间就超过了 5 年。对八旬以上高龄的入住老人来说，CCRC 的实质是一种健康保险。

但 CCRC 也有以下不足：（1）主要面向富裕阶层，收费过高；（2）占地面积过大；（3）采用封闭的管理方式，其设施与资源不对周围地域开放。

图 3-17~ 图 3-21 为美国埃里克森生活管理公司（Erickson Living Management）开发的名为里德伍德（Riderwood）和格林春天（Greenspring）的 CCRC，它们分别位于华盛顿特区的西南角与东北角，距华盛顿特区的直线距离均约 20 km，周边都是成片的别墅住宅区。始建于 2001 年，并采用分期方式建成的里德伍德是美国规模最大的 CCRC，现有 2 800 户，占地约 40 hm²，以 7 层建筑为主。曾因"采用创新模式的设计来适应当地的老龄化趋势"入选世界最佳养老社区。格林春天的用地约为里德伍德的一半，以 5 层建筑为主。这两所

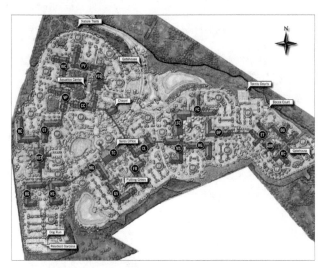

图 3-17 里德伍德 CCRC 的总平面

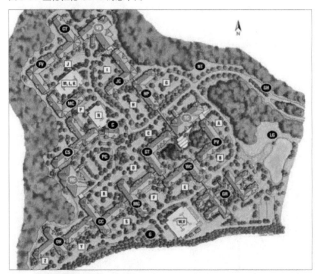

图 3-18 格林春天 CCRC 的总平面

图 3-19 格林春天 CCRC 外观

图 3-20 CCRC 中的典型 IL 户型　图 3-21 AL 户型（设厨房）与 NH 户型
（图片来源：图 3-17~ 图 3-21 引自 http://www.ericksonliving.com）

CCRC 均将所有建筑物用连廊相连，可为入住老人提供高效率的服务。

2. 地域综合健康系统

近年来，日本老龄化问题日益严重。至 2025 年，预计仅 75

岁以上的后期老人的比例就将达到 18.1%，不难想象，社会医疗介护成本会大幅攀升。对此，日本政府的解决方案是推进"地域综合健康系统"（Integrated Community Care Systerm）。

如图 3-22 所示，将一次医疗圈（日常生活圈）划分为若干个规划单元（约为 30 min 左右的徒步范围，大致相当于大都市的中学学区，或中小城市的小学学区）。除一般住宅外，每个单元均依据具体情况建设一定数量的养老住宅、养老设施、生活支援设施、预防保健康复设施、介护设施及医疗设施，并通过各设施间的协作，为该规划单元中生活的老年人提供比较完整的居住、生活支援、预防保健康复、介护及医疗服务，从而在老人熟悉的地域范围内实现"就地养老"（Aging in Place）的目标（图 3-23）。

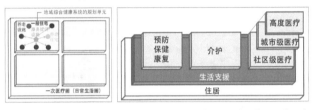

图 3-22 地域综合健康系统的层次　　图 3-23 地域综合健康系统的 5 大要素

在地域综合健康系统中，通常将预防·医疗·介护等设施集约设置在一起，各设施规模虽然不大，但可通过定期巡访、访问医疗与介护等方式，有效推进在宅医疗与介护（图 3-24、图 3-25）。此外，规划单元中设置的各类公共交流、活动中心及各类生活便利设施，可增进居民的归属感与认同感，进而有助于促进老人间的互助。

应该说，地域综合健康系统能否顺利实施，在很大程度上取决于与医疗、介护相关的保障制度。2004 年，日本在国民

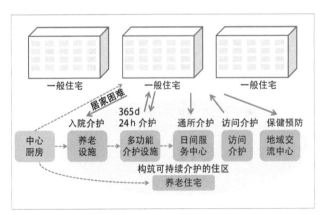

图 3-24 服务当地居民的多样性介护体系

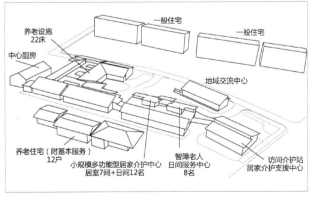

图 3-25 多样性介护体系案例

（图片来源：依据一般财团法人高龄者住宅财团．实践事例从读み解くサービス付き高齢者向け住宅 [M]．東京：中央法规，2013 加工）

健康保险制度之外，还实施了介护保险制度。该制度规定不论服务场所不同，只要介护服务相同，个人负担的介护费用就相同（图 3-26）。因此，自宅、养老住宅与养老设施中的介护服务均能得到有效的保障。

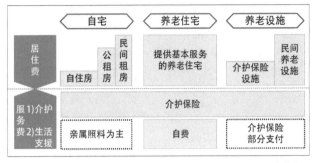

图 3-26 自宅、养老住宅与养老设施的个人支付费用

3.1.5 新型养老住区

1. 中国国情

众所周知，我国不仅老龄化现象严重，而且经济发展不平衡、贫富分化、健康保障制度不完善等问题也很突出，因此面临的任务十分艰巨。民政部颁发的《社会养老服务体系建设"十二五"规划》中虽已提出了"以居家养老为基础，社区养老为补充，机构养老为支撑"的指导思想，但真正实施起来，尚有许多困难。列举如下：

1）居家养老

（1）相当多的住宅因房屋老化、户型陈旧、缺乏无障碍设计等原因，不适合老年人居住，而且改造难度很大。（2）家庭规模不断缩小，居家老人越来越难从子女那里得到有效的照顾。（3）缺乏欧美家庭医生制度，专业访问医疗介护体系尚不成熟。

2）机构养老

（1）尚未从建设和收费等方面确立养老机构的分类标准。
（2）缺乏欧美国家普遍实施的法定养老住宅的制度。

3）社区养老

（1）加强社区医疗设施的建设。我国医疗资源分布不均，优质医疗设施多集中在中心城区。因此，为满足医养结合的需要，有必要在城市周边地区建设一定数量的能满足当地社区医疗需求的医疗设施。（2）拓宽社区养老的内涵。社区（Community）一词不仅指一定的地域范围，也有通过人与人之间的密切关系所形成的共同体的意味。Bayley（1973）指出，社区服务（Community Based Care）应具有在社区内照顾（Care in the Community）和被社区照顾（Care by the Community）这两方面的含义。前者指社区中的各类设施所提供的服务，而后者指通过社区成员间的互助所提供的服务（图3-27）。

图 3-27 社区养老服务的两种方式

目前我国的养老住区，基本停留在在社区内照顾的层面，因此如何通过被社区照顾弥补医疗或介护资源的不足将是今后我国社区养老的努力方向之一。

2. 新型养老住区探索

1）项目概况

养老住区的选址位于主城区边缘，用地面积近 11 万 m²，距市中心不足 11 km，地铁 8 站。用地周边为近年内开发建设的大片成熟住宅小区。交通方便，住区东北出入口距地铁站约 700 m，距高速公路在 1 km 以内（图 3-28）。

图 3-28 养老住区在城市中的位置

用地北侧为一所以老年护理与康复学科为特色的高等学校，投资建设该养老住区的目的是建成后不仅可供 2000 名不同健康程度的老人入住，同时也可用作该校护理、康复等学科的实践教学基地（图 3-29、图 3-30）。

图 3-29 养老住区鸟瞰

图 3-30 新型养老住区布局

2）规划设计理念

（1）以提高老年人的生活品质为目标，在充分尊重每个老年人意愿的基础上尽力满足他们多样化的养老需求。（2）创造条件增进住区老人主动养老的意识。（3）营造生活共同体，强化住区老人的归属意识与的互助精神。（4）为提供完善的住居、生活支援、预防保健复、介护、医疗等服务。（5）部分医养设施向周边居民开放（图 3-31）。

图 3-31 向周边居民开放的新型养老住区理念

3）医疗设施体系

（1）医疗设施。为确保医养结合，在用地东南角与某省级医院合作设置老年康复医院。除养老住区外，该医院也面向

周边居民。最终确定了 300 床、4 万 m² 的建设规模。除老年病及康复医疗外，还提供常见病诊治、慢性病管理、健康教育、用药指导、院前抢救、协助转院等基本医疗服务。该医院中还设有访问护理站，可为住区老人提供访问护理服务。

（2）养老住宅与养老设施。住区中设有针对不同健康状态老人的自立型养老住宅、支援型养老住宅与介护型养老设施。此外，还增设了可持续居住养老住宅，居室环境能同时满足轮椅、偏瘫及卧床不起老人的各种需求，可供老人从自立、健康的状态住到终老。

（3）介护服务功能设施。住区中设有日间服务中心与访问服务中心，既为养老住区中的老人服务，也向周边居民开放。短期入住中心则主要面向周边住区中的老人（图 3-32）。

图 3-32 居民功能的设置

（4）布局、规模及建设标准。为提高经营效率，降低运营风险与管理成本，须合理确定各类设施的规模与建设标准（图 3-33、表 3-5）。由于住区位于主城区，介护型养老需求量较大，因此拟定介护型养老设施的规模为 500 床。其中一部分采用单元照顾的形式，另一部分采用传统的护理单元的形式。

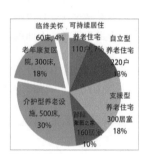

图 3-33 规模

表 3-5 建设标准

设施类型	住居特征	数量	套（室）内面积	卫生间	服务特征
可持续居住养老住宅	成套住宅	110 户	80~90 m²/户	套内厨卫浴	可住到终老
自立型养老住宅	成套住宅	220 户	40~60 m²/户	套内厨卫浴	根据老人身心状况进行移住
支援型养老住宅	单元照顾	300 居室	25 m²/居室	单人居室内设卫浴	
智障聚居之家	单元照顾	160 居室	11 m²/间	单人间（含卫）共用浴室厨房	
介护型养老设施	单元照顾	200 床	11 m²/间		
老年康复医院	护理单元 45 床/单元	300 床	单人间 9 床	共用浴室设机械浴室	医疗服务
		300 床	四人间 9 床		
临终设施	护理单元 20 床/单元	60 床	单人间 20 间	居室内设卫浴	临终关怀

3.1.6 结语

综上所述，由于健康状况、亲属关系、经济能力以及文化背景存在差异，老年人的医养需求具有不同的层次与多样的特性。为满足这些需求，不存在单一的解决方案，需要在实践中进行多方面的尝试。

3.2 孤独症儿童设施设计原理

3.2.1 孤独症简介

孤独症属于发育障碍，一般起病于 3 岁前，病因不明，也难以治愈。患者普遍具有沟通困难、行为刻板、感觉异常等显著特征；但少数患者却在记忆、运算或艺术等方面具有超能力。若按 1% 的国际平均发病率估算，我国目前已有 1 000 多万孤独症患者，其中孤独症儿童的数量就达 300 多万。2006 年，我国正式将孤独症列入精神残疾的一种，同时将孤独症患者纳入残疾人保障体系。可见孤独症不仅严重影响了患者及家人的学习、工作与生活，也会加重社会负担。需要指出的是，尽管迄今尚未找到孤独症的有效疗法，但一般认为良好的建筑环境有助于延缓病情并改善患者的生活质量。

下文从沟通与人际交往、应变与行为特征以及感觉异常三个方面阐述孤独症儿童的具体特征。

1. 沟通困难

孤独症儿童在人际交往方面存在不同程度的障碍，普遍不喜欢社交，也不善于言语交际。由于语言发育迟缓，他们不仅理解能力低下，表达能力也不强，通常语言形式及内容单调，语调、语速异常。他们对别人呼叫自己的名字也不感兴趣，一般不做回应。他们难以共情，难以与父母建立亲密的亲子关系，遇见认识的人也不会打招呼。由于听不懂别人的话，无法从旁人的表情和语气中体会他们的感受，也无法向他人传达自己的意思，缺少正常的交往方式和沟通技巧，因而造成了严重的社交障碍。

2. 行为刻板

孤独症儿童的兴趣通常比较狭窄，他们行为刻板重复，习惯使用僵化或一成不变的方式来应付日常生活。许多孤独症儿童很多天穿同一件衣服，或吃同一种食品。他们喜欢按照既定安排做事，难以适应日程上的变动。他们对某些特定物品有较强的依赖性，当熟悉的环境有所变动时就会表现出焦躁不安的情绪。

孤独症儿童常常做些常人看来毫无意义的重复行为，例如不停地拍手、跳跃。当情绪焦虑不安时，这些行为会更加频繁加剧。而当情绪极度紧张焦虑时，他们很容易情绪失控，此时不仅会大喊大叫、逃跑，甚至会发生自残行为。

3. 感觉异常

部分孤独症儿童会表现出过灵敏或过迟钝等感觉异常现象。例如，某些患儿对某些声音、气味、质地异常敏感，接触后会产生不适甚至剧烈疼痛。相反，某些患儿对疼痛则非常麻木，发生危险或伤害时不懂得躲避和呼救，为此常常受伤。

大部分孤独症患者则存在不同程度的感觉障碍，在生活、学习、工作等各类环境中往往发生异于常人的视觉、听觉、触觉等感受。例如，室内光洁的地板或家具可能会引起一些患者的不快；室外正午的阳光、汽车的闪光灯也会让部分患者感到眼睛灼伤；有些患者对声音过度敏感，难以处在嘈杂的环境中；还有的患者的皮肤则对风、水带来的触觉体验有强烈的排斥感等等。表 3-6 总结了孤独症患者感官障碍。

3.2.2 设计理念

尽管孤独症儿童的症状与表现因人而异，但仍存在一定的共性。如果在相关环境设计时能充分考虑这些特点，就能显著

表 3-6 孤独症患者的感觉障碍

感官	低敏感	超敏感
视觉（视线）	忽视环境中的人或物；只能看到某些物体的轮廓；喜欢明亮的颜色与阳光	受强光干扰（遮住眼睛或眯眼）；容易因运动而分心；盯着某些人或物体
听觉（声音）	呼叫他们姓名时不回应；喜欢奇怪的声音；喜欢制造大音量噪音	对噪音过度敏感；似乎比别人先听到噪音；在背景噪音下无法正常工作
触觉（触摸）	不必要地触摸人和物体；具有异常高的痛觉阈值（摔跤后不感觉疼痛）；难以感觉到极端温度	避免穿某些面料的衣服；不喜欢淋湿或赤脚；对触碰反应消极
嗅觉和味觉	用嘴"感觉"物体；寻找强烈的气味；对某些气味浑然不觉	挑剔客；只吃特定质地、特定气味或特定温度的食物
前庭神经（运动）	喜欢打转；对任何涉及运动的任务都感到兴奋	不平衡；当倒立或双脚离地时感到痛苦
本体感觉（身体位置）	没有意识到身体在空间中的位置和身体的感觉；经常靠在人或物体上	奇怪的身体姿态；在大多数情况下都不舒服；操作小物体有困难

（表格来源：根据金波诗明，圆田真理子.自闭症スペクトラム障害のバリアフリー環境に関する研究：当事者の記述からみた建築環境における困難[J].日本建築学会計画系論文集，2016,77: 1325-1332 整理）

减少孤独症患儿的情绪问题，并提高其学习和做事效率。为此，孤独症儿童设施常采用结构化环境设计与感官友好环境设计这两类设计方法（图 3-34）。

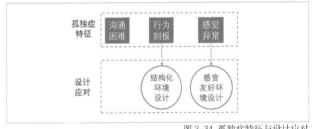

图 3-34 孤独症特征与设计应对

1. 结构化环境设计

结构化环境设计源自始于 1960 年代的结构化教学法（Treatment and Education of Autistic and Related Communication Handicapped Children，TEACCH），旨在通过结构化的方式帮助认知与行动能力低下的孤独症患者按照既定的流程完成学习或工作任务。具体来说，结构化教学包括空间结构化、时间结构化与步骤结构化三类，而结构化环境设计的实质就是把结构化教学的理念落实到空间环境的设计中。

普通人常常在同一场所开展多项活动，例如既在餐厅就餐，也在餐厅写作业。然而孤独症儿童习惯将某个场所与特定目的联系起来，当同一个地方被用于多种目的时就会感到不安，因此非常抵触在就餐场所做作业等行为。为此，空间结构化就是按照具体用途明确划分孤独症儿童的学习生活空间。

具体来说，在孤独症儿童的家中，除了将客厅规定为看电视的房间、餐厅为就餐空间等等之外，还需要将一个房间明确

划分成不同用途的几个部分。例如将儿童室内书桌规定为学习场所，书架附近为玩耍场所，床为睡眠场所等等。这样尽管空间变得狭窄了，但由于每个地方都规定了明确的用途，反而更能保障孤独症儿童的精神稳定（图3-35）。

同理，在学校等公共场所，为了避免孤独症儿童对环境的不适应，需要将教学环境明确划分为学习区、游戏区和生活区等不同区块，各区域用不同颜色或材质的铺地进行明显区分，同时在入口处做标识，并确保各类设施设备规律摆放，从而保证整个环境明确规整，以便使他们理解各区域的功能和用途（图3-36）。

时间结构化是指用直观的图形化时间列表来提醒孤独症儿童在规定的时刻完成从早起到上学等等对于常人来说非常简单的生活或学习任务。而步骤结构化是指将孤独症儿童的各项行为用详尽的步骤清单做清晰完整的说明。例如，为了帮助孤独症儿童在出门前养成仪容整理的习惯，就需要制作这样

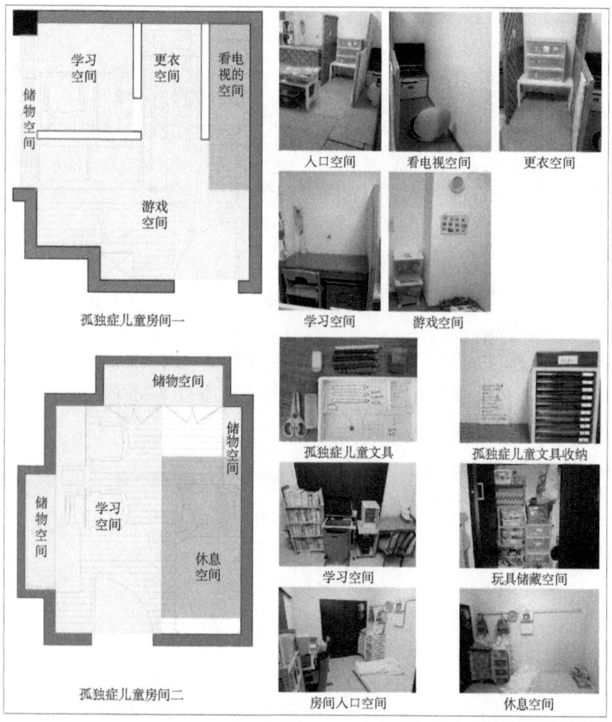

一份仪容整理清单。起初由家长按照清单内容逐条指导或检查，再逐渐过渡到让患儿独自完成整个过程。当然，无论时间列表还是步骤清单，都需要用醒目的方式贴挂在对患儿来说是合适的场所或位置。从这个意义上，时间结构化或步骤结构化也需要落实在空间或环境的设计中（图3-37、图3-38）。

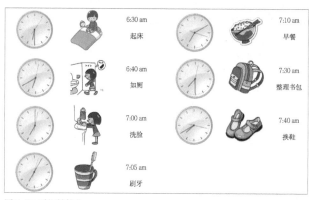

图3-37 时间结构化

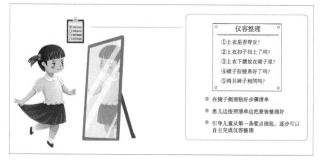

图3-38 步骤结构化

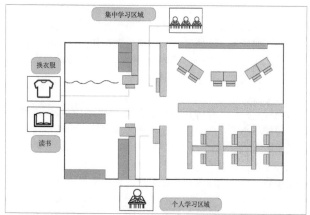

图3-35 孤独症儿童房间结构化环境设计

（图片来源：根据子ども部屋の構造化 [EB/OL].[2011-02-06].https://ameblo.jp/autism-awareness/entry-10790820877.html 和悠平と歩く道：効果てきめん！子ども部屋の構造化 [EB/OL].[2013-05-28].https://yuheipapa.hatenablog.com/entry/20130528/1369709334 整理）

图3-36 教学环境结构化

[图片来源：根据榊原洋一．自閉症スペクトラムの子どもたちをサポートする本（発達障害を考える心をつなぐ）．東京：株式会社ナツメ社，2017 整理]

2. 感官友好环境设计

感官友好环境设计主要针对孤独症儿童的感觉异常现象，旨在为他们提供舒适的感官信息及环境背景，而避免不必要的环境刺激。

人们通过眼睛、耳朵、鼻子、口腔、皮肤等感官和传入神经元，将事物的形状、大小、色彩等属性输入大脑，从而产生感觉。感觉分为外部感觉与内部感觉两大类。外部感觉由体外刺激引起，包括视觉、听觉、嗅觉、味觉和触觉

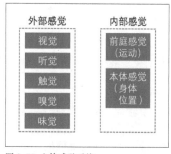

图3-39 人体感觉系统

等，用来感知外部状况；内部感觉由体内刺激引起，包括前庭感觉与本体感觉，用于把握自身状态（图3-39）。下文简述孤独症儿童在各种内外感觉方面的主要特征。

1）视觉

视觉是人类获取外界信息的最主要方式，人脑获得的信息中有80%以上源自视觉系统。由于孤独症儿童获取语言信息的能力较低，因此对他们来说可多次确认的图像、文字等视觉信息就具有特别重要的意义。为此，需要采用相应的环境设计手法来引导和帮助孤独症儿童更轻松、有效地接收、处理乃至记忆所需要的视觉信息（表3-7、图3-40）。

研究表明，孤独症患者缺乏对空间的整体把握能力，他们通

表 3-7 某孤独症患者通过立面来绘制认知地图

照片	手绘地图	实际用途	绘画表现方法	写着的文字	备注
		住宅	立面	—	妻子所在的建筑物是三角形的；绘制了房屋的围栏
		游乐设施	立面	—	滑梯画着栏杆
		树木	立面	—	大芦荟；抓住叶子的形状来绘制

[表格来源：笔者根据高野哲也，柳沢究.自閉症者の手描き地図からみた空間把握と生活領域[J].日本建築学会学術講演梗概集·都市計画，2016(8)：377-378转绘]

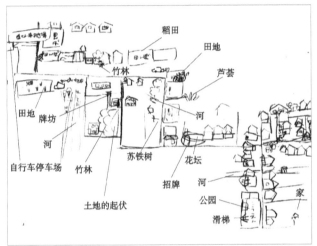

图 3-40 某孤独症患者绘制的认知地图
[图片来源：笔者根据高野哲也，柳沢究.自閉症者の手描き地図からみた空間把握と生活領域[J].日本建築学会学術講演梗概集·都市計画，2016(8)：377-378转绘]

图 3-41 圣科莱塔学校立面形状设计（图片来源：https://www.stcoletta.org）

常只能在视线可达的范围内认识空间，并主要通过立面来识别和记忆空间。另外，由于他们常常需要借助符号来把握空间场所，因此设计中需要多用视觉提示（图 3-41、图 3-42）。

需要注意，由于孤独症儿童与普通儿童在色彩与光环境方面有不同的偏好，设计中应尽量避免照搬普通设施的做法，以免对孤独症儿童造成不当视觉刺激。通常蓝、绿、紫等冷色调有助于患儿保持情绪稳定，而闪烁的光则会让他们产生强烈的不安。

图 3-42 里德学院教室门的立面设计差异
（图片来源：https://www.facebook.com/reedacademy）

2）听觉
声环境是建筑环境中导致孤独症患者异常行为的重要因素。当患者听到引起他们不适的声音时，往往会通过捂耳朵、发脾气等方式发泄不安情绪。这些声音包括：（1）叫喊声、粉笔声、铃声、喇叭、雷声、报警声等突然发出的尖锐噪声；（2）风扇、电钻、冲马桶、体育馆回声等大音量高频噪声；（3）大厅、社交场合等处的嘈杂背景噪声（图 3-43）。

从听觉友好的角度，应避免孤独症儿童接触上述声音。研究表明，通过降低噪音水平，患儿的注意力持续时间有所提升、自我刺激行为有所减少。此外，宜选用吸声、隔声性能好的材质，而避免使用噪声大的家具设备（图 3-44）。

图 3-43 引起孤独症听觉不适的声音

图 3-44 庞德·米多斯学校地毯降低噪音水平和回声
（图片来源：https://www.pond-meadow.surrey.sch.uk）

图 3-46 特拉维夫第一全纳学校舒适的触觉体验
（图片来源：https://www.gooood.cn/inclusive-school-in-tel-aviv-israel-by-sarit-shani-hay.htm）

3）触觉

触觉是体表皮肤受到压力时所产生的感觉，通过向大脑传递触感、温度、疼痛等信息来帮助人体感受外部环境的变化，也是儿童认识世界的主要途径。

多数孤独症儿童有触觉敏感的特征，常表现为避免他人靠近、拒绝他人抚摸等现象。部分孤独症儿童只偏好某种质地的衣物，而拒绝接受其他质地。部分孤独症儿童常常处于触觉防御状态，喜欢躲在衣柜、房间角落等狭小空间内。这种状态无疑会对个人心理乃至人际关系产生严重的不良影响（图3-45）。

为满足孤独症儿童的触觉偏好，宜选用软木等具有自然纹理且柔软材质的材料。此外宜采用缓和台阶与曲线设计，以保护他们的身体安全并改善触觉体验（图3-46）。

图 3-45 孤独症的触觉敏感

4）嗅觉

嗅觉是人体对气味的感觉。孤独症患者普遍存在一定程度的嗅觉敏感，表现为刻意回避某些气味，或在某些气味中容易情绪失控。例如，某些孤独症儿童可能因为不喜欢某种消毒水或清洁剂气味而抗拒使用卫生间或餐厅。为此，室内外环境应避免有明显异味的物品出现，并保持良好通风。

5）前庭感觉

前庭感觉又称平衡觉，是协调维持人体跑、跳、碰、追等动作所不可或缺的内部感觉。前庭感官位于内耳，左右各一，由椭圆囊、球囊和三个半规管组成，与小脑关系密切，负责掌控身体平衡，帮助人体

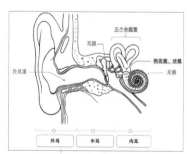

图 3-47 前庭感觉位置

感受重力、旋转等作用。刺激发生时，前庭神经系统可及时获取相关信息并使身体做出相应反应（图3-47）。

许多孤独症儿童前庭感觉失调，平衡感、空间知觉和协调性较差，因而易摔倒、易绊倒，空间认知能力低下、分不清左右、方向感不强，四肢与身体严重不协调，难以准确高效地完成肢体动作，一旦双脚离地就会焦虑等等（图3-48）。

从前庭感觉友好的角度，环境设计一方面应增设吊床、摇椅、滑梯、爬行等设施以维持和改善孤独症儿童的运动技能、协调性和平衡能力；另一方面也应做好防跌防撞设计，避免对

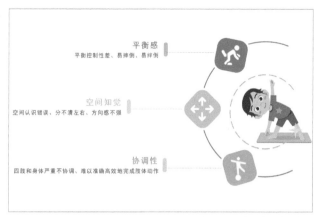

图 3-48 孤独症前庭感觉障碍

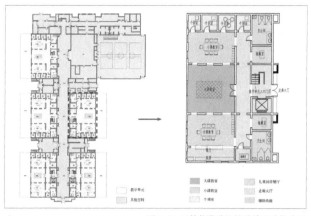

图 3-51 圣科莱塔学校教学单元功能分区

儿童身体造成伤害（图 3-49）。

6）本体感觉

本体感觉又称深感觉，包括位置感觉和运动感觉。人体通过本体感觉来感受自身位置、方向以及身体各部位的动作与力量。许多孤独症儿童由于本体感觉失调，仅仅通过单一方式来把握周边环境，因而难以判明所处位置，只能按照日常习惯的路线外出活动（图 3-50）。

从本体感觉友好的角度，环境设计应合理安排功能分区，划分清晰明确的空间界限，防止孤独症儿童感到迷茫。流线组织宜采用简单线性路径来拓展生活领域，引导要素应清晰且存在差异感；同时增加平复情绪的空间，以帮助他们受到环境刺激后能快速恢复平静（图 3-51、图 3-52）。

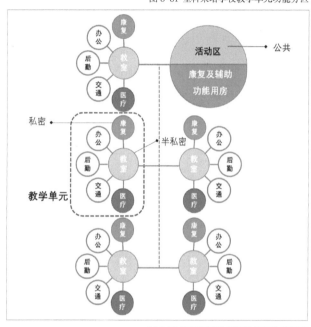

图 3-52 圣科莱塔学校教学单元空间组织

3.2.3 案例分析

为了探讨孤独症儿童设施的设计策略，下文对国内外若干所特殊教育学校、孤独症学校、全纳学校、居住社区以及康复机构进行案例分析（表 3-8）。

表 3-8 案例一览

序号	案例分析对象	地点	设施类型	学生种类	覆盖学段	资料来源
1	圣科莱塔学校 St. Coletta School	美国华盛顿州圣科莱塔市	特殊教育学校	智力障碍、孤独症或多种残疾的儿童成人	3~22岁	学校官网
2	里德学院 Reed Academy	美国新泽西州奥克兰市	孤独症学校	孤独症儿童	3~21岁	学校官网
3	庞德·米多斯学校 Pond Meadow School	英国吉尔福德市	孤独症学校	孤独症谱系障碍（孤独症）、严重学习困难（SLD）儿童	2~19岁	学校官网
4	特拉维夫第一全纳学校 The First Inclusive School in Tel Aviv	以色列特拉维夫	全纳学校	肢体残缺、情绪障碍、孤独症	—	谷德设计网
5	甘泉全功能住区 Sweetwater Spectrum Residential Community	美国加利福尼亚州索诺玛县	居住社区	孤独症	>18岁	谷德设计网
6	大米和小米北京双桥中心	中国北京	孤独症康复机构	孤独症	2~18岁	谷德设计网

（a）结合树做一圈木桩

（b）攀爬滑梯

（c）轮胎秋千

（d）爬行树木与沙坑

图 3-49 前庭感觉环境支持设计

（a）孤独症患者

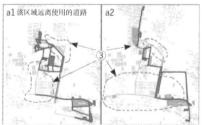

（b）孤独症患者妹妹　　（c）孤独症患者姐姐

图 3-50 孤独症与普通人认知地图对比

[图片来源：笔者根据高野哲也，柳沢究. 自闭症者的手描き地图からみた空间把握と生活领域その 2：自闭症者と定型発达者の比較 [J]. 日本建筑学会学术讲梗概集·都市计画，2017(7)：545-546 改绘制]

1. 圣科莱塔学校

圣科莱塔学校（St. Coletta School）位于美国华盛顿州圣科莱塔市，收容 3~22 岁患有孤独症、智力障碍等多种残疾的学生。该校占地 9 200 m²，共分 5 个教学单元，教学空间灵活多样。除教学区外，该校还配有高档餐厅、健身房、护理室、理疗中心以及水疗室等各类生活与康复设施。

2. 里德学院

里德学院（Reed Academy）位于新泽西州奥克兰市，是一所面向孤独症儿童的私立学校。学院位于新泽西郊外的 48 英亩（约 0.19 km²）土地上，建筑面积为 2 500 m²。为提供高度个性化的"一对一"教学服务，学院为 30 名 3~21 岁的儿童专门配置了 10 名管理员及 30 名教师。学院的硬件设施也相当齐全，包括洗衣房、厨房、理发站、多功能室、健身中心等。

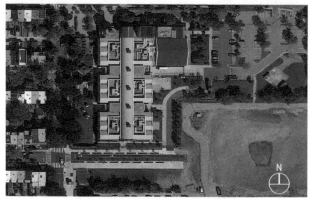

图 3-53 圣科莱塔学校总平面卫星图

图 3-57 里德学院总平面卫星图

图 3-54 圣科莱塔学校平面图

图 3-58 里德学院平面图

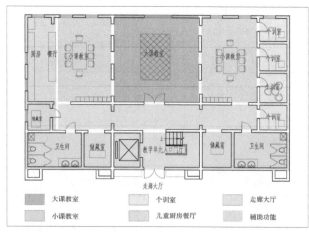

图 3-55 圣科莱塔学校教学单元平面图

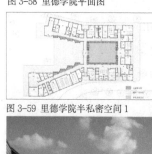

图 3-59 里德学院半私密空间 1

图 3-60 里德学院半私密空间 2

图 3-61 里德学院庭院空间

图 3-62 里德学院室外

图 3-56 圣科莱塔学校外立面设计

（图片来源：图 3-53~图 3-56 依据 https://www.stcoletta.org 整理）

图 3-63 里德学院室内

图 3-64 里德学院外立面

（图片来源：图 3-57~图 3-64 依据 https://www.alecreedacademy.co.uk 整理）

3. 庞德·米多斯学校

庞德·米多斯学校（Pond Meadow School）位于英国吉尔福德市，主要为 2~11 岁以及 11~19 岁的孤独症儿童提供中小学教育。该校设施齐全，包括感官室、水疗室、图书室、计算机室、音乐与戏剧教室等。

图 3-65 庞德·米多斯学校总平面卫星图

图 3-66 庞德·米多斯学校一层平面图

图 3-67 庞德·米多斯学校外立面设计

图 3-68 活动庭院　　　图 3-69 庞德·米多斯学校鸟瞰图

（图片来源：图 3-65~图 3-69 依据 https://www.pond-meadow.surrey.sch.uk 整理）

4. 特拉维夫第一全纳学校

特拉维夫第一全纳学校（The First Inclusive School in Tel Aviv）旨在为全纳教育提供平等、便利、灵活和多样化的学习环境。该校 25% 的学生患有肢体残疾、情绪障碍或孤独症等身心障碍。为此，该校设置了多种多样的教室和治疗室，环境设计方面的特色包括柔软的墙角、可拆卸的家具等，并大量运用冷色调与天然木材来缓解紧张的情绪。

图 3-70 特拉维夫第一全纳学校教室　图 3-71 平绪空间设计

图 3-72 特拉维夫第一全纳学校教具设计

图 3-73 特拉维夫第一全纳学校活动空间

图 3-74 特拉维夫第一全纳学校冥想室　图 3-75 冥想室墙面设计

图 3-76 特拉维夫第一全纳学校楼梯设计

（图片来源：图 3-70~ 图 3-76 依据 https://www.gooood.cn/inclusive-school-in-tel-aviv-israel-by-sarit-shani-hay.htm 整理）

5. 甘泉全功能住区

作为一种新型居住方式，甘泉全功能住区（Sweetwater Spectrum Residential Community）旨在满足成年孤独症人群对环境的特殊需求。其创新之处在于提出了一种能最大限度减少光线、声音以及气味等周围环境影响的设计构想。

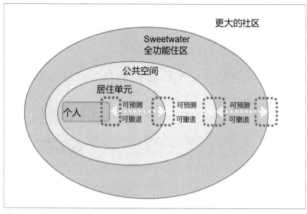

图 3-77 甘泉全功能住区空间层次

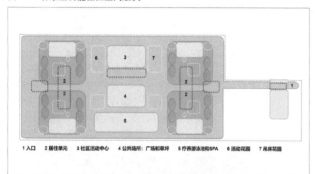

图 3-78 甘泉全功能住区功能分区

图 3-79 甘泉全功能住区室内　　图 3-80 甘泉全功能住区室内

图 3-81 甘泉全功能住区室外　　图 3-82 室外吊床

图 3-83 甘泉全功能住区室内入口空间

（图片来源：图 3-77～图 3-83 依据 https://www.gooood.cn/sweetwater-spectrum-residentialcommunity-for-adults-with-autism-spectrum-disorders.htm 整理）

6. 大米和小米北京双桥中心

大米和小米北京双桥中心旨在为孤独症儿童提供康复教育服务。除了各类不同功能的教室与辅导室外，该中心还包括接待区、家长等待区、员工办公区等。除了明快的色彩外，该中心很注重设计细节，例如在家具等各类设施的边角大量使用曲线和圆角，以免碰伤患儿。

图 3-84 大米和小米北京双桥中心　图 3-85 大米和小米北京双桥中心
一层平面图　　　　　　　　　　二层平面图

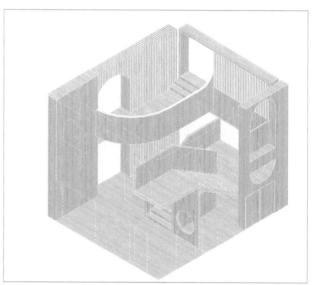

图 3-86 大米和小米北京双桥中心轴测图

图 3-87 大米和小米北京双桥中心个训室

图 3-88 大米和小米北京双桥中心室内环境

（图片来源：图 3-84～图 3-88 依据 https://www.gooood.cn/interior-design-for-dami-xiaomieducation-center-china-by-makadam.htm 整理）

3.2.4 设计策略

下文从平面布局、建筑形式、室内设计、光环境、家具、声环境、色彩以及材质等8个方面总结孤独症设施的设计策略（表3-9）。

表3-9 环境设计因素与感官友好效果之间关系的总结

项目	平面布局	建筑形式	室内设计	光环境	家具	声环境	色彩	材质
视觉友好	**	**		***	*		***	*
听觉友好	***	*		*	**	***		**
触觉友好	*	**			**	*	**	***
嗅觉友好	**							
前庭感觉友好	*	*			**			
本体感觉友好	***	*	*		**			**

1. 平面布局

孤独症设施宜根据明确的功能来清晰划分平面区域，设置过渡区并尽量按照逻辑顺序组织空间，同时增设平绪空间和卫生空间。例如，圣科莱塔学校以不同年龄阶段划分5个教学单元，并在单元内清晰划分各功能区域；里德学院按年龄划分班级，各班级临近卫生间和办公室布置，以方便患儿使用或管理；庞德·米多斯学校围绕庭院组织平面，并在高低年级间通过社交空间来充当过渡区域（表3-10、表3-11）。

表3-10 案例比较分析－平面布局1

圣科莱塔学校	里德学院	庞德·米多斯学校

中央大厅 教学空间 功能用房 儿童活动空间	中央大厅/活动空间 教学空间 生活技能功能用房 行政	低年级教室 高年级教室 共享区域用房 功能用房 庭院空间 户外活动用地
·活动与学习空间界限清晰 ·教学单元与康复用房相互联系 ·教学单元标准化设计	·教学空间按年龄分组，并配套卫生间与办公 ·儿童活动空间作为整个教学空间的核心 ·为家长提供咨询与培训功能	·共享活动区域作为整个教学空间的核心 ·避免了由于学校服务群体年龄跨度较大造成的不同年龄组之间的干扰
·鱼骨形流线 ·主要交通空间呈线状并限定性	·回字形流线围绕核心活动空间 ·两翼限定入口与室外活动空间	·线性方式扩展活动区域 ·回字形走廊组织教学单元

表3-11 案例比较分析－平面布局2

	设计做法	案例对比分析		现存问题
空间规划	教室内清晰划分空间区域，通过家具如矮柜、地面材质、光线等方式提供分隔	图片对比 ×某普通学校 √里德学院 图纸对比 平面图 平面图		教室内区域划分模糊，仅在大空间内布置家具

2. 建筑形式

为了增进孤独症儿童对空间的认知、理解及记忆，宜通过丰富的建筑形式来对他们进行视觉引导（图3-89、图3-90、表3-12）。例如，圣科莱塔学校使用三角形、方形、半圆形、"M"字形等不同形式的立面来区分各功能空间；里德学院的中心活动厅采用了层叠的弯曲穹顶，而其他功能空间则为平屋顶，可以帮助患儿更好地把握空间；庞德·米多斯学校将变化的屋顶线条与高侧窗相结合，以便患儿在主走廊行走时获取变化的视觉刺激。

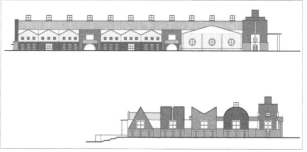

图3-89 圣科莱塔学校立面

图3-90 里德学院屋面和立面的开窗形式

表3-12 案例比较分析－建筑形式

圣科莱塔学校	里德学院	庞德·米多斯学校
·几何符号对应不同功能空间	·屋顶形式对应不同功能空间	·变化的屋顶线条与高侧窗提供变化的立面形式
·颜色氛围对应不同功能空间	·为孤独症儿童创造半私密半开放的凹室空间	·有组织的多维度空间形式

3. 室内设计

孤独症设施中宜多设患儿受到环境刺激后可以退避的平绪空间或私密空间。例如里德学院在走廊空间处设置了一系列凹室，可以在一定程度上减少走廊与凹室内部的视线干扰，提供了一种既开放又私密的空间（表3-13）。

表3-13 案例比较分析 - 室内设计1

设计做法		案例对比分析		现存问题
形式形状	提供半开放半私密的空间设计	图片对比	×某普通学校 √里德学院	缺少满足孤独症患儿在受到环境刺激后可以退避的平绪空间设计
		图纸对比	平面图 平面图	

此外，由于孤独症患儿前庭感觉发育不良，身体平衡控制能力差，且情绪激动易产生自伤行为，因此环境中的墙角、柱子、台阶等有尖锐直角的地方应做圆角处理、曲线设计和消除台阶处理，以免儿童受到意外伤害（表3-14）。

表3-14 案例比较分析 - 室内设计2

设计做法		案例对比分析	现存问题
形式形状	做圆角处理、曲线设计和消除台阶处理	图片对比 ×某儿童中心 √大米和小米北京双桥中心	墙角、柱子、台阶等都会产生碰撞的安全隐患

4. 光环境

孤独症设施宜多利用自然光，使用人造光时，则应避免使用有频闪和噪音的荧光灯，而宜采用LED灯并做漫射处理。地面则宜采用深色且反射率低的材质，避免眩光，并增加灯光可变与可控性。例如，圣科莱塔学校的教室不仅光线非常充足，而且采用了多个散点灯，以避免光线不均匀或眩光。为了通过不同光线的颜色来定义不同功能，特意在教学单元入口引入暖黄色光线，从而与冷色走廊大厅形成了对比。里德学院则通过斜顶和高天窗既获得了更多阳光，又丰富了室内空间；另外，其教室地板选用了不反光材料。至于庞德·米多斯学校，地板选用了深色地毯，减少了反射光线，照明则采用了上照光形式，可以形成漫射光线（表3-15、表3-16）。

表3-15 案例比较分析 - 光环境1

	圣科莱塔学校	里德学院	庞德·米多斯学校
开窗方式	大小、数量均匀	建筑开窗较大且均匀	高低不同且均匀的开窗
	●●●●●	●●●●●	●●●●●
照明方式	多个面状灯光散点布置	条状灯带，可能带来干扰	向上的灯光避免炫光
	●●●●●	●●●●●	●●●●●
地面材质	出现反射炫光点	教室与活动空间材质不同，教室地面深色吸光材质	颜色较深的吸光地面
	●●●●●	●●●●●	●●●●●
房间布局	采光较好的房间做教学空间	教室均能自然采光	教室位于周边
	●●●●●	●●●●●	●●●●●
户外活动	开拓室外活动场地但无遮蔽	有遮蔽的庭院	悬挑屋顶覆盖下的活动场地
	●●●●●	●●●●●	●●●●●

表3-16 案例比较分析 - 光环境2

设计做法		案例对比分析		现存问题
光环境	利用天窗引入自然光线，可通过光线的颜色定义不同功能	图片对比	×某儿童中心 √圣科莱塔学校	内走廊采光不足，人造光源多为荧光灯，频闪造成患儿视觉刺激
		图纸对比	平面图 平面图	
光环境	地面可采用深色且反射率低的材质，避免眩光	图片对比	×某儿童中学 √大米和小米北京双桥中心	地面与墙面材质反射率较高，产生眩光斑

5. 声环境

为了降低噪声刺激，孤独症儿童设施的空间、墙体以及地面都要做好隔声设计。例如圣科莱塔学校在教学单元内增加了过渡空间，以降低走廊大厅的噪声对教学空间的影响。另外，在声环境要求较高的空间应选用具有较好吸声性能的材质。例如里德学院在教室及个训室铺设了具有吸收噪音的深色地毯，而在社交大厅等公共空间则采用了地砖、塑胶等地面材质（表3-17、表3-18）。

表3-17 案例比较分析 - 声环境1

设计做法		案例对比分析		现存问题
声环境	空间隔声在教学单元前增加过渡空间，减小教室与走廊的接触面积，隔绝走廊大厅的噪声对教学空间的影响	图片对比	×某普通学校 √圣科莱塔学校	声音传播面大，教室的前后门、窗户等位置隔声性能较差
		图纸对比		
		图片对比	×某康复训练设施 √圣科莱塔学校	训练教室门直接连接走廊，易听到走廊家长、医生的声音后分心，进而影响康复效果
		图纸对比		

表3-18 案例比较分析 - 声环境2

设计做法		案例对比分析	现存问题
声环境	家具、材质做好吸声处理，根据不同教室功能设置不同的声学控制水平	图片对比 ×某益智园 √里德学院	环境吸声性能待提升

6. 家具

为保护患儿安全并缓解患儿焦虑，宜选用天然材质、柔软舒适、具有一定可控性与灵活性的家具。另外，可考虑适当增设球池、毛毡屋、凹龛形座位等有助于稳定情绪的家具。例如，特拉维夫第一全纳学校教室的座椅为环形长凳，可自由组合来进行各类小组活动。为减少拖动桌椅所产生的噪音影响孤独症儿童，宜通过增加桌椅脚垫或滑轮的方式来减小与地面的摩擦，从而降低噪音。此外，为方便患儿使用，个人物品如个人储物柜、桌椅等应多使用图片、标签、色彩等形式进行明确区分（表3-19）。

表3-19 案例比较分析-家具

	设计做法		案例对比分析		现存问题
家具设施	增加桌椅脚垫或滑轮	图片对比	× 某普通学校	√ 圣科莱塔学校	桌椅拖动产生的噪音对孤独症患儿的听觉十分不友好
家具设施	个人物品应多使用图片、标签、色彩等形式加以区分	图片对比	× 某儿童中心	√ 圣科莱塔学校	个人物品简单标记，患儿容易产生混乱
家具设施	增加平绪家具，如毛毡屋、凹龛形座位、球池等	图片对比	√ 某益智园	√ 特拉维夫的第一所全纳学校	缺乏平绪空间、平绪教室、平绪家具等设计
家具设施	每个教室的门进行不同的装饰，生动的元素贴合儿童心理与兴趣	图片对比	× 某儿童中心	√ 里德学院	简单的文字标识

7. 色彩

孤独症设施宜多选用中性、冷色和低饱和度、低明度的颜色，尽量减少对患儿的视觉刺激。例如，上文案例多以绿色、蓝色、木色为主色调，给人冷静、舒适的视觉体验，这有利于患儿的情绪稳定（表3-20）。

表3-20 案例比较分析-色彩

图片			
色卡			
设施	圣科莱塔学校	里德学院	庞德·米多斯学校
图片			
色卡			
设施	特拉维夫第一全纳学校	甘泉全功能住区	大米和小米北京双桥中心

8. 材质

宜选用天然、耐用、平整、吸声、不反光的材质，同时应注意走廊、卫生间等空间的防撞、防摔倒的材质设计；尽量避免使用反射率较高、较光滑的材质，以免让患儿感到迷惑或吸引其注意力（表3-21）。

表3-21 案例比较分析-材质

	设计做法		案例对比分析		现存问题
材质	采用不反光、平整、自然、耐用的材质	图片对比	× 某儿童中心	√ 圣科莱塔学校	使用反射率较高、较为光滑的材质，产生的反射光源会使患儿疑惑并吸引其注意力

3.3 老幼复合与共享——从纵向福祉到横向福祉

3.3.1 日本福祉设施的演进

1. 纵向福祉设施的形成

日本现代福祉设施起源于救贫设施，后逐步扩展至老人、儿童、残障人士等不同的领域。随着时间的推移，逐渐发展分化出养老设施、儿童福祉设施以及残障设施许多类型的设施。由于不同类型的设施之间一般互不相关，因此称作纵向福祉。以养老设施为例，通常还会依据老人的身心健康状况与经济能力进一步细分成各种具有不同房型或提供不同服务的养老设施。这些设施往往针对某类特定的入住者，因而容易造成当入住者健康状况发生改变时不得不移住的缺失，这在学术界称作"一对一主义"。此外，为提高服务效率，早期的福祉设施通常规模较大，环境类似医院的住院部，入住者不仅缺乏生活感，且还与家庭、社会相隔离，因此不利于社区营造。

2. 福祉设施的住宅化

为了改善居住环境、提升生活品质，自1990年代初以来，以养老设施为代表的福祉设施中逐渐引入单人室、阶段性空间构成（私密、半私密、半公共、公共）以及生活单元等理念，设施规模也不断缩小，逐渐向住宅化方向演变。与此同时，服务型住宅与居家照护也在不断发展。设施中的单人室可以确保个人生活空间，阶段性空间则有助于改善入住者之间的关系，但仍需要解决入住者与社会生活相脱节的问题。因此从社区营造的视点，必须扩大设施对周边地域社会的开放程度。

3. 横向福祉的推进

随着老龄化率的上升，从家庭到政府都越发难以承受日益高昂的照护成本，社区居民间的互助显得越来越重要。在此背景下，设施照护与居家照护有逐步统合在社区中的趋势。为了减少设施建设与运营的成本，将不同类型的福祉设施，甚至将福祉设施与一般公共设施并设在一起常常是经济的。为此，建筑设计不仅要消除不同福祉设施间的壁垒，也有必要重新探索福祉设施与一般公共设施间的关系，这可称作横向福祉的推进（图3-91）。

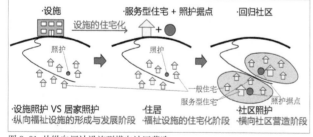

图3-91 从纵向福祉设施到横向社区营造
[图片来源：依据井上由起子.福祉经营的理念をかたちにする[J].医疗福祉建筑，2017（4）：2-3重绘并加工而成]

3.3.2 案例分析

1. 案例概要

下文对日本社会福祉法人佛子园下属的1所混合型社区福祉设施及1所共享型活力住区进行案例分析。表3-22列出了它们的总建筑面积、典型特征、服务性质、利用者的角色以及社区营造特色等主要内容。"复合"既包括老人、儿童、残障等不同福祉领域的混合，也包括福祉设施与一般公共设施乃至商业设施的混合。混合不仅可以带来设施经营上的活力，也可以促进各类利用者之间的交流与合作。"共享"是指不刻意区分居民年龄与健康程度的差异，尽可能通过设施与空间的共享，促进所有居民的积极参与以及与外界人士的交流互动。"复合"与"共享"的手法多用于横向福祉的推进。

表 3-22 案例概要

	混合型社区福祉设施	共享型活力住区
法人	日本社会福祉法人佛子园	
设施	B's 行善寺	共享金泽
总建筑面积	4 704 m²	8 000 m²
用地面积	5 506 m²	35 700 m²
地点	日本石川县白山市（7.55 万 hm²，11 万人口）市区	日本石川县金泽市（4.69 万 hm²，46 万人口）郊区
典型特征	不刻意区分老人与年轻人、残障者与健康人，主张生活正常化	
服务性质	相对灵活	
重点关注	发挥老人、残障者的潜能	
利用者的角色	多重角色（接受者、志愿者、组织者）	
社区营造的特色	强化主体意识，促进彼此和谐共处，营建共同家园	

2. 混合型社区福祉设施 B's 行善寺

位于日本白山市的 B's 行善寺是一所混合了商业功能的社区福祉设施，分二期建成。一期位于东侧，以行善寺为中心，比较安静，从室内可以看到近处的寺庙或眺望远山。一层自北向南依次为老人日间照护中心、温泉、咖啡店、面店、烹饪教室、老年餐外送厨房以及饼屋等；二层设有残障者短期居住中心、多功能室、休息厅、室内运动场兼讲堂、残疾人就业支援中心以及更衣室等。二期位于西侧，以室外游乐园为中心，相对热闹，通过双层木质连廊与一期设施相连。一层自北向南依次为诊室、保育室、综合健康促进馆的泳池、花店以及生活介护中心；二层设有管理办公室、居民自治室，以及综合健康促进馆的健身房和体操房等。

1）混合种种

残障儿童与健康儿童均可在室外游乐园中自由快乐地玩耍，有助于从小培育他们无差别的互助意识。室外游乐场的东侧是颇有人气的咖啡店和烹饪教室，北侧是诊所，西侧则是保育设施。面向室外游乐园一侧的开窗面积都很大，例如父母可以透过咖啡店的大开窗很容易看到自己的孩子，获得更多的安心感。温泉浴室、咖啡店、面店的公共空间连在一起，便于利用者们休息、相遇、交流。居民自治室可供住区居民自由利用，隔壁就是工作人员的办公室，居民与工作人员之间的交流也很方便。综合健康促进馆虽然主要为老人与残障者提供康复训练，但也对远近的普通居民开放，从0岁婴儿到80岁老人均可使用。例如，泳池等设施的设计兼顾了残障儿童与健康儿童两方面的需求，并且在使用时间上避免了设施的闲置。此外，综合健康促进馆还配有多名健康运动指导师、理学疗法师、心理咨询师、护士、营养师等专业人员，为每位居民建立了完整的健康档案，并与各种医疗机构密切合作，提供终身的健康及咨询服务。总之，在 B's 行善寺，借助各种混合的手法，将老年人、残障者的日常生活与健康居民融合在一起，产生了充满朝气与活力的街道风景。

（2）营造效果

B's 行善寺不仅为残障者提供着广泛的就业机会，而且人气也一直很旺。据统计，自2016年10月二期工程投入使用以来，每月的使用人次超过了23 000人次。其中，约有半数来自老人及残障人士之外的普通居民，设施利用率远远超过了日本平均水平。尤其是综合健康促进馆和温泉的利用率最为可观，已逐步成为当地社区营造的核心设施。B's 行善寺的建设成就表明，以开放包容的心态，把福祉设施与各种商业设施混合设置，让各种各样的人没有隔阂地聚在一起，是福祉设施乃至所在社区充满活力的关键因素（图3-92~图3-98）。

图 3-92 B's 行善寺中心庭院的活动场景

图 3-93 B's 行善寺二层连廊的活动场景

图 3-94 B's 行善寺室内活动场景

图 3-95 B's 行善寺健身房室内场景

图 3-96 B's 行善寺鸟瞰照片

（图片来源：图 3-92~ 图 3-96 引自 https://www.goi.co.jp/building/bs_gyozenji）

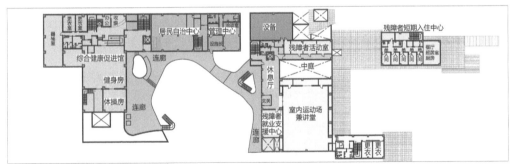
图 3-97 B's 行善寺二层平面

图 3-98 B's 行善寺一层平面

[图片来源：图 3-97、图 3-98 依据五井建築研究所 . B's 行善寺 [J]. 医疗福祉建筑，2017（4）：12-13 重绘并加工而成]

3. 共享型活力社区共享金泽

共享金泽（Share Kanazawa）的宗旨是成为不同年龄和不同健康程度的社区成员同舟共济、福祉设施与商业设施和谐共存、社区居民与外界人士充分交流的共享型活力社区。该社区占地 3.5 万 m²，总建筑面积为 8 000 m²，由 25 栋低层建筑物组成。除老年人、残障儿童外，该社区还吸引了多名在读大学生入住，他们在课余时间承担了保洁、绘画教育等志愿者工作，增添了社区的活力。作为酬劳，社区则减免了他们的部分房租。

1）居住空间

该社区具有丰富的居住空间。除分散在各处的 6 栋服务型租赁养老住宅外，还有 3 栋儿童入住设施及 6 栋大学生住宅。服务型养老住宅共有 32 户，除供单身老人或夫妇入住外，也允许饲养宠物。每户的使用面积为 43 m²，包括卧室、餐厅、起居室、厨房、卫浴、阳台以及能存放大量物品的步入式储存间。平面较方正，不仅便于轮椅通行，也方便展开介护作业。另外，每四户组成一个单元，设厨房、餐厅、起居室以及室外晒台等公共空间，便于展开公共交流。儿童入住设施包括自立支援设施、孤独症设施及重度失能设施各 1 栋，可容纳 36 名残障儿童。

2）公共设施

除面向老人及残障儿童提供服务的多所福祉设施外，社区内还成功引入多所商业设施，显著提升了社区的人气与活力。这不仅方便了社区居民，也吸引了大量外界人员来访。

首先，生活介护中心、老人日间照料中心、老年餐外送中心等福祉设施，餐厅、温泉浴室等商业设施以及社区管理中心一道并设在会所中。福祉设施的流线与商业设施的流线既相对独立，在适当的场所又有汇集，因此既不会干扰福祉设施的正常运营，也提供了面向所有人的公共休闲与交流空间。这有助于消除障碍者与健康人之间的隔阂，因而成为社区营造重要据点。

社区的东、北、西等侧依次开设了医护工作站、洗衣店、儿童养育支援中心、课后日托中心、学童保育中心、商店、按摩、烹饪教室、琴房等各类福祉或商业设施，当地不少名店也在社区中开设了分店。所有设施面向社区内外居民开放。另外，社区还设有全天候的运动场、羊驼牧场及遛狗场等设施，节假日能吸引大量周边县市的孩子前来游玩，活跃了社区的气氛。值得一提的是，社区内所有商店和福祉设施都接受老人及残障者就业，而作为社区标志性设施之一的若松共同商店，其运营更是由社区老人居民全权负责，因而老人及残障者的自立与尊严得到了提升，同时也极大地鼓舞了所有居民以主人翁的姿态积极参与各类社区营造活动。

3）魅力空间

社区建筑以一层为主，二层建筑则随机散落在用地范围内，空间尺度比较亲切宜人。由于东北角的全天候运动场体量较大，特将其隐藏在树林中。低层坡屋顶的建筑形态，配以多种形式的屋顶天窗，再加上无垢木材、镀铝锌钢板等有质感的外墙材料，取得了丰富的外立面效果。为避免同类建筑的单调排列，没有采取功能分区的规划布局方式。屋檐面和山墙面交错临街，取得了灵活多变的街道景观。

社区建筑采取了从细部到整体的设计方法。先结合各类日常生活场景设计局部空间，再通过场景叠加与空间组合，最终获得了富有亲和力和魅力的整体空间，为构筑和谐的人际关系提供了保障。

4）交通组织与绿色景观

社区门口设有公交车站，人员进出非常方便。用地范围内设有连接每栋建筑的 6 m 宽"U"字形车行道路，以方便救护车的停靠；车行道路内则设有便于居民相遇的步行专用道路。所有道路、商店街、花园等均采用了通用化设计，以方便老人或残障人士通行。场地内的丰富植被得到了精心保护。西北角有一棵 250 年树龄的古树，围绕树干设置了咖啡屋与烹饪教室间的木结构共享空间。步行专用道路一侧还利用井水设置了流水景观，并配以新植绿化，形成了丰富的绿化和流水系统。总之，营造了绿色自然与人造设施高度协调统一的独特风景。

5）营造效果

共享金泽自 2014 年建成后就引起了日本政府及社会各界的广泛关注，每年都要接待大量来自日本各地的参观考察。2015 年日本安倍首相访问了该社区，并给予了高度评价，这在日本福祉设施与社区营造领域是里程碑式的事件。该社区的建设成就表明，只要组织得当，不仅不同年龄与不同健康程度的人可以实现住区共享，福祉设施与商业设施也可以很好地融合在一起，这是提升社区活力的关键（图 3-99~图 3-106）。

3.3.3 结语——对我国的启示

当前，我国不仅老龄化现象比较严重，同时还存在着经济发展不平衡、社会保障制度不完善、社会分化日益突出等问题。一方面，在经济相对发达的大城市，随着老龄化率不断上升，需要支援或照护的人越来越多；另一方面，在欠发达地区的乡村或中小城镇，则普遍面临着年轻劳动力大量流失的困境，长此以往，老人等弱势群体的生活处境也将越来越困难。经验表明，养老设施的建设既不能全由政府包办，也不能任由资本左右，当务之急是要充分发挥民间的力量来构筑彼此间具有信任关系的社区共同体，从而尽可能把社区中各种类型的居民都有效组织起来，以便展开相互间的扶助或完成公共的事业。因此学习借鉴日本的经验，通过改善福祉设施的建设来有效促进社区营造具有重要的现实意义。

具体来说，除老人外，我们在社区福祉设施中还应充分考虑到身心残障者、儿童等不同方面的实际需求，尽量实现无差别福祉。为了提升其服务品质并降低运营成本，对于规模不大的社区养老设施，宜采用功能单元复合的手法来提供各类专业化的服务，但须设置相应的公共空间来促进不同利用者之间的交流。对于综合性的社区福祉设施或具有一定规模的住区，将不同类型的福祉设施与商业设施融合在一起的方法有助于加强居民交流、提升社区活力；而让不同年龄与不同健康程度的人实现设施使用与就业机会的共享，则可以有效提升社区居民的主体意识，进而以主人翁的姿态参与各类社区公共活动。

但我们还应看到，中日两国不仅在经济发展水平与社会福祉制度方面存在差异，民族性格也有诸多不同。相对来说，中国人之间比较容易进行交流，但交际方式常常显得比较粗犷，再加上设施的公共空间的处理不够细腻、功能单元不够专业等原因，公共场所多显得凌乱。这也许是今后社区营造中必须着力加以克服的。

老幼复合与共享——从纵向福祉到横向福祉

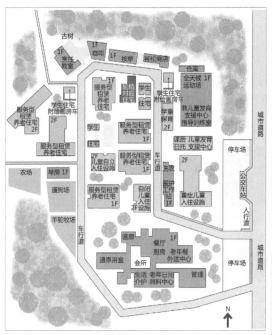

图 3-101 服务型养老住宅平面

图 3-99 共享金泽总平面

图 3-102 共享金泽的会所　图 3-103 宅间步行道路

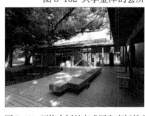

图 3-100 共享金泽鸟瞰　图 3-104 环绕古树的咖啡屋和烹饪教室　图 3-105 全天候运动场

（图片来源：图 3-99~ 图 3-105 引自 https://www.goi.co.jp/building/share_kanazawa）

图 3-106 共享金泽社区南侧一层平面

[图片来源：依据五井建筑研究所 . Share 金沢 [J]. 医疗福祉建筑，2016（7）：20-23 重绘并加工而成]

3.4 康复设施设计原理

3.4.1 引言

康复医疗泛指对各类身心障碍者（含先天、疾病、高龄、事故、灾害等各种原因）进行的综合治疗或训练，以最大限度地恢复或维持其身心功能，提高其生活自理能力，并帮助其顺利回归家庭或社会为目标。康复设施则指提供康复医疗服务的各类机构，其设置标准因各国国情而异。当前我国的康复设施主要包括各级康复中心、综合医院的康复科、康复专科医院、康复诊所以及社区卫生服务机构等。

近年来，康复设施日益受到国内外医疗建筑界的关注。究其原因，人类的疾病谱逐渐向慢性化、高龄化、障碍化的方向演变；与之相应，医疗方针则从较单一的治病救人向减轻伤病影响、恢复功能、提升生活品质、降低社会负担的方式转变。尤其在发达国家，康复医疗的重要性不仅在持续增加，其内涵也在发生着深刻的变化。具体来说，有以下主要特征：

1. 康复医疗的范围不断扩大

随着康复医学的进步，康复医疗所介入的疾病种类已从传统的运动器官康复，逐步扩展到心脑血管、呼吸器官、癌症等多种疾病的康复。预计今后康复医疗的范围还会进一步扩大（图 3-107）。

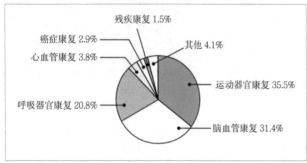

图 3-107 2011 年日本京都府居民开展的康复类型

2. 康复医疗与临床医疗日益相互渗透

实践证明，在临床治疗的过程中，一方面，康复医疗的早期或适时介入能有效提高治疗效果并显著减少后遗症；另一方面，各类接受康复医疗的患者也离不开相应临床医疗的有力支持。因此，近年来临床医疗与康复医疗相互渗透的趋势越来越明显。

3.4.2 康复治疗阶段的划分

在上述背景下，为了对不同病情的患者提供更有针对性的康复医疗服务，从而达到既有利于改善康复效果、也有利于控制治疗成本的目的，当前美国、日本和欧洲等发达国家和地区已普遍将康复治疗划分为急性期、恢复期及维持期等三个阶段。

急性期康复主要面向急性病患者、手术后患者以及灾害或事故受伤人员。实践证明，在临床治疗的初期即适时介入急性期康复，不仅能提高康复效果及安全度、改善患者的生活品质、减少后遗症及医疗事故，而且能显著缩短住院期间从而削减医疗费用。对于运动器官、脑血管、心血管等疾病，若在急性期治疗过程中或手术后及时开展急性期康复训练，还可以有效预防肌肉萎缩、关节僵硬等废用综合症。

恢复期康复主要面向病情稳定的恢复期患者，旨在通过恢复患者的日常生活活动能力（ADL）来促进他们早日回归家庭与社会。

维持期康复也称生活期康复，主要面向居家或居住在各类养老及疗养设施中的老人及慢性病患者。通过各类访问康复设施或通院康复设施（通常在社区内设置）来提供各种形式的在宅或通院康复医疗服务，旨在维持他们的身心机能与生活能力。

值得一提的是，我国的康复医疗界虽然在这方面的进展有些滞后，但近几年也认识到了明确划分康复治疗阶段的重要性。例如，在脑卒中的康复医疗中已率先成功实施了"三级康复"的模式，大致分别对应于急性期、恢复期及维持期等三个阶段，取得了良好的效果。可以预计，该模式今后将会在我国的康复医疗中得到进一步推广。

康复医疗领域的上述新特点无疑对各类康复设施的建设提出了更高的要求。从建筑设计的视点，康复设施不仅具有医院建筑的基本特征，更因其治疗对象、目标、方式方法的特殊性（表 3-23），使得它的建筑设计难以套用一般医院的做法。再考虑到不同疾病、不同治疗阶段的康复治疗所需的空间与环境相差极大，建筑师必须对病区与康复治疗室进行有针对性的处理。而我国现有的康复设施还普遍存在着建设标准过低、专科特色不明显、平面布局方式单一等问题，难以满足上述要求。为此，下文拟通过对国外康复设施的案例分析来探讨基于治疗阶段的康复设施的设计理念与方法。

表 3-23 一般医院与康复设施的比较

项目	一般医院	康复设施
治疗对象	疾病	功能障碍
治疗目标	解除病症	恢复身体功能，减轻后遗症，重返社会
诊断 / 评定	依据检查结构	功能评定
治疗方法	药物、手术等	物理疗法、作业疗法等
患者受疗方式	被动、消极	主动、积极
治疗人员	临床医护人员	康复师，家庭与社会参与

3.4.3 案例分析

现代康复医学起源于西欧和北美，在 1980 年代后取得了巨大的进步。相对而言，当前美国在急性期康复领域处于领先的地位，而日本则在恢复期及维持期康复领域颇具特色。因此，下面重点介绍和分析美国的急性期康复设施以及日本的恢复期与维持期康复设施。

1. 急性期康复设施

通常急性期康复训练宜在综合医院的骨科、神经科、心血管科等病区展开。急性期康复训练的要点：初期要保持患者手足的正确位置，并借助于设备或人力使之被动运动；等待患者病情稳定后，宜在病室内进行座姿训练与吞咽训练；如果患者已可离床，则可在病室内或病区走廊等适当的场所展开行走及 ADL 训练。这就要求病室空间足够大。

为满足患者从重症监护至急性期康复的各层次医护需求，美国在 1998 年提出了急性期适应病室（Acuity Adaptable Room, AAR）。如图 3-108~ 图 3-110 所示，AAR 的设计要点如下：

采用单人病室，面积通常在 30 m² 以上，病室内划分为临床区、患者区、家属区、卫生间等区域。其中临床区内设置各

病室: 26.0 m²
卫生间: 4.6 m²
总面积: 30.6 m²
分散式护士站
临床区
患者区
卫生间
家属区

图 3-108 美国 AAR 病室平面

图 3-109 美国 AAR 病室病床区

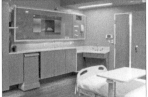

图 3-110 美国 AAR 病室入口

[图片来源: 图 3-108~ 图 3-110 引自 ATKINSON J, HOHENSTEIN J. Using evidence-based strategies to design safe, efficient, and adaptable patient rooms[J]. Healthcare Design 2011, 11(5): 47-54]

种急性期治疗设备,患者区内设置病床,家属区内设置沙发。病床的位置便于医护人员及家属观察,其周边预留足够的空间以便使用急性期康复设备;对患者进行抢救时,可将病床推至房间中央,使其四周临空以获得足够的作业空间。卫生间便于患者、家属及医护人员抵达,且有足够的面积展开 ADL 训练;为方便使用,洗面池与坐便器分设在卫生间入口两侧。病室外的走廊内设置分散式护理站及物品供应站,以便医护人员展开医护作业;走廊有足够的宽度来展开行走训练。

目前我国医院的病室以多床室为主,平均每床建筑面积一般不足 10 m²,因此难以套用美国 AAR 的标准。为此,笔者提出了符合当前我国国情的可展开急性期康复训练的病室,该病室的基本要求如下:

多床病室的床均使用面积(不含卫生间)不宜小于 8 m²,病床的一侧宜留出 1.5 m 以上的距离,以便患者在护理人员协助下转乘轮椅;为方便轮椅患者,病室内还应设置带扶手的薄型洗面池(图 3-111、图 3-112)。

除病区外,急性期康复训练室也必须满足相应的要求。以位于美国得克萨斯州的美国国家军队康复中心为例,该中心的康复训练室集成了假肢、机器人以及虚拟现实等领域的先进技术,可为截肢和烧伤士兵提供各类急性期康复训练。除作业疗法、运动疗法、假肢矫形等常规康复训练设备外,该康复中心还拥有 300° 进入式虚拟现实

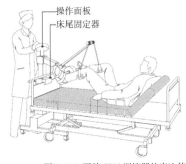

操作面板
床尾固定器

图 3-111 下肢 CPM 训练器的床边使用

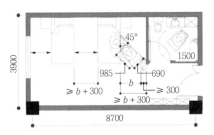

$b = ($ 轮椅长 985+ 宽 $) \times \sin 45° = 1\,185$ mm
护理人员侧身通过时,所需最小净宽为 300 mm
因此病床边缘到墙边的距离不宜小于 1 485 mm

图 3-112 符合国情急性期康复病室构想

与步态分析仪等先进设备以及室内冲浪、室内高架田径跑道、攀岩墙与障碍模拟等训练场地(图 3-113~ 图 3-115)。

图 3-113 美国国家军队康复中心

图 3-114 室内田径跑道与攀岩　　图 3-115 虚拟环境

(图片来源: 图 3-113~ 图 3-115 引自 https://www.smithgroup.com/projects/center-for-the-intrepid)

2. 恢复期康复设施

急性期患者的病情稳定后将进入恢复期康复阶段。恢复期康复设施的设计要点:(1)提供能够模拟家庭生活的治疗环境,以促使患者早日回归社会;(2)提高患者参与康复训练的主动性与积极性;(3)由于患者日常生活活动能力(ADL)不断改善且活动范围不断扩大,须确保患者安全。

下面介绍位于日本东京都涩谷区的初台康复医院,该医院主要为结束了急性期治疗的脑梗塞及脑溢血患者提供恢复期康复训练。该医院为一幢地上 8 层、地下 2 层的建筑物,总建筑面积为 1.3 万 m²,病床数为 173 床。医技部设在医院 1 层,2 层为门诊部及康复部,3 层以上为住院部(图 3-116~ 图 3-118)。2012 年,该医院的住院患者约 600 人次,平均住院期间为 98 d(患者入住该医院前,在急性期医院的平均住院期间为 36 d),回归家庭率达 79%;此外,在该医院接受通院康复训练的患者超过了 1 100 人次,该医院还为 600 人次左右的居家患者提供了上门康复训练服务。

通常恢复期康复医院的门诊量较少,医技部中也仅设用于康复诊断的设备,但康复部占据了核心地位。以初台康复医院为例,门诊部和医技部的面积分别只占总建筑面积的 3.40% 与 2.69%;而康复部的建筑面积占总建筑面积的 12.58%,由物理疗法区、作业疗法区、木工间、水疗间、ADL 训练室以及言语疗法室构成。住院部由若干康复病区组成,占总建筑面积的 66.18%,既是康复患者的生活场所,也是展开洗漱、如厕等日常生活训练的场所,因而床均病区面积大于一般医院(图 3-119)。

为提高患者的日常生活活动能力,减少卧床不起,并帮助患者顺利回归家庭,初台康复医院的病区设计还具有下列特色:(1)护士站采用了开放式设计,可方便轮椅患者与护士交流;(2)病室内设置书桌,供患者在住院期间进行自己的

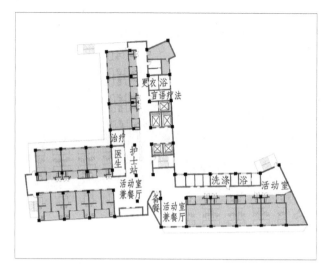

图 3-116 日本初台康复医院住院部标准层平面

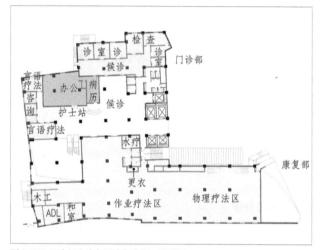

图 3-117 日本初台康复医院住院部二层平面

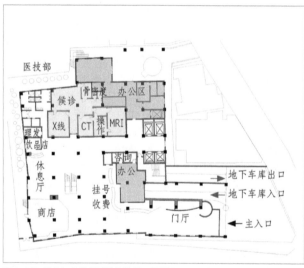

图 3-118 日本初台康复医院住院部一层平面

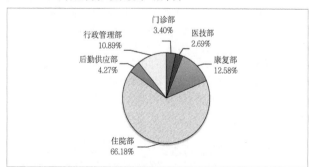

图 3-119 日本初台康复医院各部门的面积

[图片来源：图 3-116~ 图 3-119 依据冈田新一设计事务所.初台リハビリテーション病院 [J].近代建筑，2002（11）：164 ~ 167 重绘并加工而成]

兴趣活动；（3）各病区设 3 个活动室及 2 个浴室，确保患者可充分展开各项康复训练；（4）每个病区均设备餐间，可模拟赴餐厅就餐。为帮助患者尽快融入正常的社会生活，医院一层的休息厅中还设有咖啡屋和小商店等公共空间（图 3-120~ 图 3-127）。

（1）二级康复医院的康复训练大厅要达到 800 m^2，如图 3-128 所示；（2）三级康复医院的康复训练大厅需要达到 3 000 m^2 以上；（3）水疗对于身体虚弱的老人和孤独症儿童来说是非常好的方式。

水疗指在一定温度、压力及溶质含量的水中洗浴来获得温热效果，同时辅以气泡及涡流以分别获得气泡按摩效果及涡流按摩效果。水疗浴缸是最常见的水疗设备，部分大型水疗中心设置水疗池（图 3-129）。除了温热与按摩效果外，水疗池与水中步行训练浴缸还可利用水的浮力开展水中运动训练（图 3-130）。

水疗中心的设计要点：（1）合理布置与水处理相关的设备用房；（2）合理设置搬运卧位及坐位患者进出水疗设备的装置；（3）做好地面防滑措施；（4）水疗池底宜设灯带（图 3-131~ 图 3-134）。

图 3-120 护士站 　　　　　图 3-121 四床室

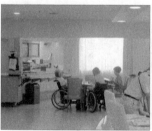

图 3-122 活动室兼餐厅 　　　图 3-123 活动室

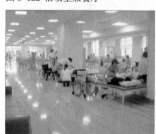

图 3-124 物理疗法区 　　　　图 3-125 作业疗法区

图 3-126 门诊区内部候诊区 　图 3-127 一层休息区

（图片来源：图 3-120~ 图 3-127 引自 https://www.hatsudai-reha.or.jp）

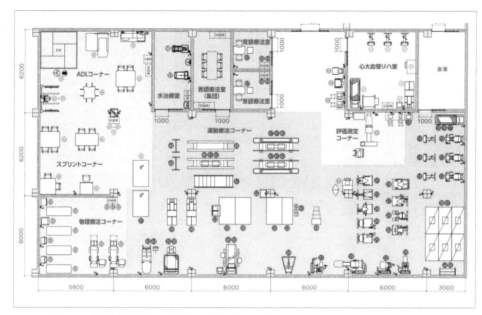

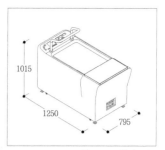

图 3-129 涡流浴缸

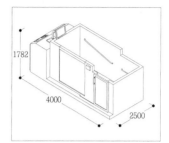

图 3-130 水中步行训练浴缸

图 3-128 成人康复训练大厅平面布置（图片来源：引自 https://www.sakaimed.co.jp/catalogue/2023/#page=356）

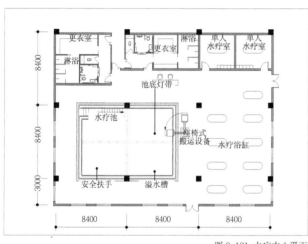

图 3-131 水疗中心平面

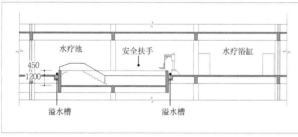

图 3-132 水疗中心剖面

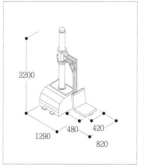

图 3-133 坐位患者搬运设备

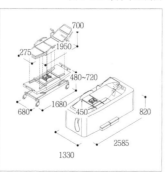

图 3-134 卧位患者搬运设备

3. 维持期康复设施

维持期康复设施的设计要点：
（1）借助通院及访问康复训练的方式，维持患者残存的身体机能；（2）与社区周边的医疗、保健及福祉设施或组织展开有效的协作，维持并促进患者正常的社会生活。

通院康复设施主要为向居家患者提供康复训练及专业的康复指导（图 3-135）。通院康复主要职能包括：进行患者的身体机能评定；为患者制定有针对性康复训练方案；提供以运动疗法和日常生活训练为主的康复训练。

访问康复训练主要面向一时难以适应居家生活的退院患者。通过专业人员的上门指导，可以帮助患者进行有效的居家康复训练，从而增进他们的居家生活能力。

为充分利用当地的社会资源，日本的维持期康复设施多与康复医院或老年设施结合设置（图 3-136~ 图 3-142）。以位于日本福冈县北九州市的南小仓社区康复中心为例，该中心与当地的小仓康复医院和伸寿苑老年护理院共同组成了一个彼此相对独立又相互协作的社区康复设施群，通过通院、访问等各类康复训练方式来维持患者的身体机能与社会生活（图 3-143、图 3-144）。此外，该设施群还与社区内的诊所、介护保险事业所、当地社团保持着密切的联系与充分的协作。

3.4.4　结语

（1）基于治疗阶段的设计是当今康复设施空间与环境设计中的核心理念，应在我国进一步推广。（2）在急性期康复设施方面，可以借鉴美国的经验，但考虑到中国和美国两国经济发展水平的差异，今后的研究重点应放在探讨各类典型疾病所需康复空间与环境的优化方法，进而总结出适合我国国情的建设标准。（3）在恢复期及维持期康复设施方面，宜参考日本的做法，重点探讨设施的体系化建设方案及空间与环境的设计模式与细部处理手法。（4）在此基础上应完善我国的康复设施体系，为社区居民提供更加完整高效的康复服务。

图 3-135 通院康复中心

图 3-138 日本 B's 行善寺水疗与泳池共用

图 3-139 日本 B's 行善寺水疗与泳池共用

图 3-140 日本 B's 行善寺健身设施 1

图 3-141 日本 B's 行善寺健身设施 2

图 3-142 日本 B's 行善寺红绳训练

（图片来源：图 3-135~ 图 3-142 引自 http://bussien.com/bs/index.html）

图 3-136 日本 B's 行善寺水疗与泳池共用

图 3-137 日本 B's 行善寺健身用房

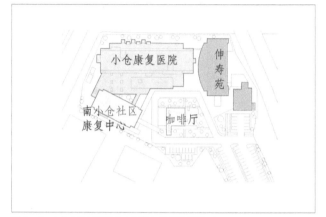

图 3-143 南小仓社区康复中心及其相关设施总平面

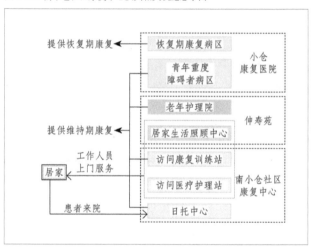

图 3-144 维持期康复的设施体系

（图片来源：图 3-143、图 3-144 根据 https://kyouwakai.net/ 整理）

04

学生作品

4.1 东南大学

4.1.1 归园田居——人与自然的和谐生活愿景

徐海闻 吕雅蓓

01 接待中心
02 老年大学
03 孤独症幼儿园
04 孤独症小学
05 孤独症中学
06 孤独症高中
07 混合公寓
08 护理公寓
09 高级养老公寓
10 活动中心
11 员工办公管理
12 孙村

A 创意集市
B 迪失俱乐部
C 希望田野
D 岸芷汀兰
E 漫游马场
F 濯足浅地
G 宗客棋亭
H 健身公园
I 荷香藕塘
J 花鸟观园

总平面图

项目思考

①自然资源：场地周边有大片水系、种茶用阶梯状的土地等，主要道路两旁还有行道树，可结合坡地制造景观，还可以发展售卖农作物的商业模式。

②场地条件：场地高差复杂，池塘众多。原有建筑分布较广，村落形状不规则。

③原有模式：场地原有农业基础较好，有种茶和养殖的条件，为老幼结合设计的商业模式提供可能。

④功能分布：课题中主要功能服务于老年人（包括一部分失智老人）及孤独症儿童，如何为两类人群创造适宜的生活环境并且处理好其代际关系及公共与私密的关系是该课题的难点。

农田

水系

林荫道

基础研究

基地位于南京市雨花台区西南部板桥社区，西临长江，北与主城相接，东近东山副城，南望江宁滨江新城，距市区较远，直线距离约 20 km，但毗邻高速，交通便利，可达性较高。基地所处区域属城乡结合部，周边区域保留大量农村村落特征，且周边养老、幼托等服务设施匮乏。

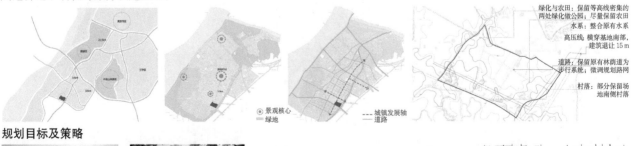

景观核心
绿地
城镇发展轴
道路

绿化与农田：保留等高线密集的两处绿化做公园；尽量保留农田
水系：整合原有水系
高压线：横穿基地南部，建筑退让 15 m
道路：保留原有林荫道为步行系统；微调规划路网
村落：部分保留场地南侧村落

规划目标及策略

鸟瞰图

方案生成

①自然串联
将场地原有散落的水系串联，并连到南侧的生态园，等高线密集处做绿地公园。

②确定路网
规划道路部分调整，退让高压线影响范围，顺应场地自然要素设置路网，并保留场地原有林荫道。

③网格划分
地块内划分网格，方向根据路网方向而定，尺度根据周边农田尺寸而定，并部分保留了原有农田的肌理。

④区分虚实
区分场地中的虚（开放空间）与实（建筑区域）。

⑤功能细化
将开放空间的类型进行细分（活动场地、农田、绿化），确定各建筑区域的功能、量、层高等，细化建筑形式。

总图规划分析

规划结构　　　　　　功能组织

开放空间　　　　　　道路交通

自然景观　　　　　　网格尺度

图底分析　　　　　　建筑高度

环状景观带分析

场景透视

归园田居——人与自然的和谐生活愿景

123

人群分析

①儿童：孤独症儿童需要家长与护工陪护。

②老人：国外倾向于单人间，中国老人更倾向于双人间。

③老幼混合。

对应策略

①儿童：两种户型，家长陪护与双人间。

②老人：单人间、双人间、夫妻间。

③老幼混合：餐厅合并、独立设置半私密单元，设置室外活动空间。

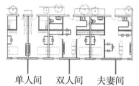

单人间　双人间　夫妻间　　半私密空间

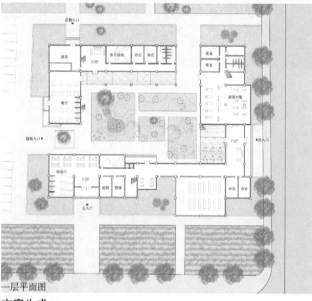

一层平面图

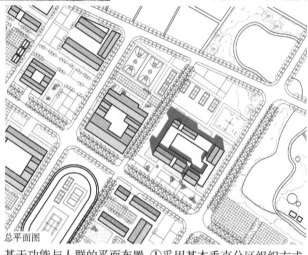

总平面图

基于功能与人群的平面布置：①采用基本垂直分区组织方式，底层为公共区域，二、三层为住宿区域，以免受打扰。

②基于人群分析，设置活动区，促进老人、儿童的自发式交流。

方案生成

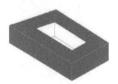

围合：建筑采用围合的形式形成庭院，创造良好的自然条件。

连通：在局部设置开口，连接内院与开放空间。

碎化：通过将大体量碎化的手法使尺度更加宜人，使环境更加宜居。

融合：在造型设计上，研究周围村落建筑形态，提炼坡屋顶体块错动等元素进行设计，形成新的建筑风格。

根据总图规划及任务书要求确定大致体量关系。

创造出适合老幼交流活动的空间，并汲取周边村落建筑元素融入环境。

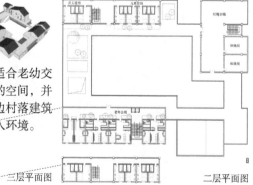

三层平面图　　二层平面图

南立面图

东立面图

教师评语

规划以田园生活为出发点，在设计中展现了三个亮点：①最大程度地保留场地中的景观；②在建筑、道路尺度上尽可能地贴近乡村，还原乡村生活；③在每一个小的地块中都做到了功能和人群的混合。在孤独症学校和养老公寓的设计中，底层有大量的公共服务空间，并且在二、三层充分考虑到了特殊人群使用的细节。

人群分析

①孤独症特征：在语言、交流互动方面有缺陷。易受刺激，行为刻板，不能建立正常人际交往关系，个体的差异大。

②孤独症心理状态及行为表现：缺乏安全感，喜欢躲在角落；容易受到刺激，噪声和强光都是不利因素；行为模式刻板重复。

应对策略

①多层级、有秩序的空间。

②多使用柔和光纤、吸音材料，避免高反射材料。

③相似的教室格局，容易辨认的空间，防止儿童迷惑。

一层平面图

总平面图

方案生成

遵循总体规划及学校要求生成体块　对周边村落形态进行研究　提取坡屋顶体块错动元素

剖面图　　二层平面图　　三层平面图

西立面图

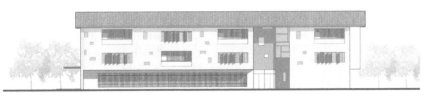

南立面图

归园田居——人与自然的和谐生活愿景

4.1.2 共享社区

崔颢颀　洪　玥　庞志宇

区位分析

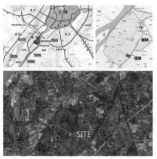
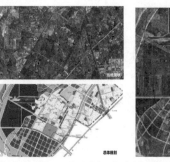

场地位于板桥新城东南部，邻梁三线和宁芜高速，场地中大部分为田地、树林和池塘。由于以前是茶厂，所以场地中有大量种茶的梯田。场地南侧沿梁三线有大片民居，以村落形式分布。

设计出发点：基地属于规划中的中部生活片区，规划中的绿洲东路发展轴穿过基地。本方案以板桥新城规划为出发点，针对未来的城市环境而进行设计。

场地分析——交通

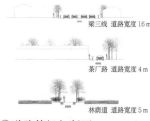

梁三线　道路宽度 16 m

茶厂路　道路宽度 4 m

林荫道　道路宽度 5 m

①道路等级与断面

一级道路：宁芜高速、梁三线；
二级道路：梅村路、茶场路；
三级道路：林荫道。

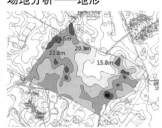

②公交系统

场地南侧有冯家庄站和马塘站两个站点，二者都是板桥社区的公交站点。公交是从新区到场地的重要交通工具。

场地分析——地形

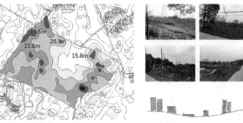

③高差形式

场地的地形为北部中间低，逐渐向四周升起，场地内高差大多以梯田方式升起。设计策略拟以建筑强调场地中间低、两边高的趋势。

场地分析——场地与周边

高压线位于场地西北角，设计中应避开高压线区域，或将其作为预留、停车场地等。

场地的南部为生态园，作为重要的场地周边条件。

场地的西部未来为软件大学，应考虑大学入口和场地的关系。

场地噪音主要来源为宁芜高速和梁三线，规划布局时应考虑噪音规范。

场地的南部有三块村落，设计中应予以保留。

茶场路连接梁三线与南侧村落，是主要出行道路，应保留或就近设置路线。

①路网
规划道路。
②景观绿化
场地内具有代表性的景观，包括树阵、绿地和森林。
③水系
场地内的重要水景。
④原有建筑
场地南侧为小体量的民居。

设计条件图

⑤高压线
规划路网中的高压电线。
⑥场地高差
中间低、四周高。
⑦周边情况
以规划功能为前提，与实际情况相结合，场地西侧为大学用地，北侧为住宅用地，南侧为生态园。
⑧建筑红线
⑨用地红线

设计说明

设计的宗旨是打造不同年龄、不同健康程度社区成员同舟共济，社区居民与外界人士充分交流的共享型活力社区。通过共享增强社区联系，使得老年人和孤独症儿童不再被排挤到城市生活的边缘，而是和其他社会成员一样生活。

关键策略

①交通组织：以上位规划为标准，加强与周边公共设施的联系。　②绿色景观：保留重要景观，预留绿地，共享花园。　③特色功能：引入马场、羊驼养殖、花木培育等疗愈功能。　④开放空间：主要步行街穿过场地，提供交流空间促进交往。　⑤空间节点：置入重要公共空间节点，共享场地。　⑥混合居住：围合式体量，提供绿地活动空间。

方案生成

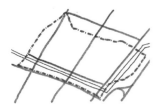  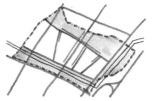 

①上位规划：按上位规划道路和高压线范围确定道路。　②树阵：按树阵位置确定其他道路（树阵作为步行空间）。　③保留南北两侧为绿色景观带，中间场地形成高密度街区。　④水系：在场地原有水体的基础上打造水景体系。

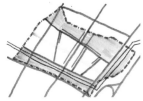 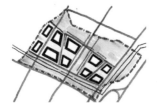  

⑤步行轴线：以贯穿场地的活动轴线串连建设用地。　⑥街区：以围合型建筑强化场地边界，打造共享庭院。　⑦建筑：形态自由的小体量建筑与北侧景观相结合。　⑧功能：街区部分按地块条件布置不同功能。

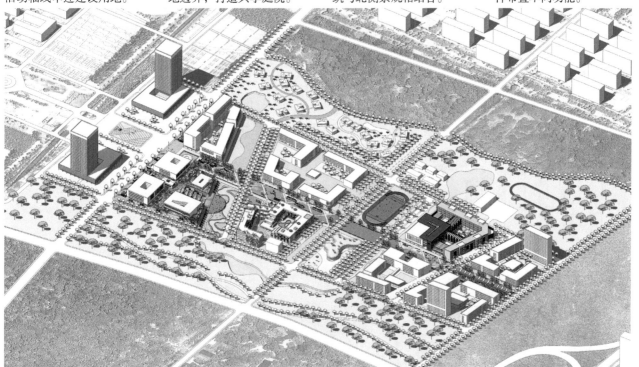

东南大学

128

规划结构

开放空间
■ 开放绿地 ■ 水系 ■ 步行空间

车行交通
···· 城市道路 — 地块内主要车行道 — 地块内次要车行道
■ 地下停车 ■ 地上停车

步行交通
←→ 主要步行轴线 — 步行道路 ■ 广场

功能分区
■ 创业中心 ■ 办公 ■ 老年居住 ■ 混合居住
■ 公共活动 ■ 康复医院 ■ 学校

高度分析

图底关系

教师评语

设计结合业主的实际需求，从总体规划的总图设计层面一直到单体的康养医院设计层面，都进行了老幼复合的设计探讨。设计创造了老幼和其他社会成员充分共享的公共空间，保留了生活的多样性和选择的多元性，使他们不再被排挤到社会生活的边缘。设计从不同层级尺度，探讨了老幼复合在空间和行为上关联的可能性，一定程度上填补了国内相关研究领域的空白状况。

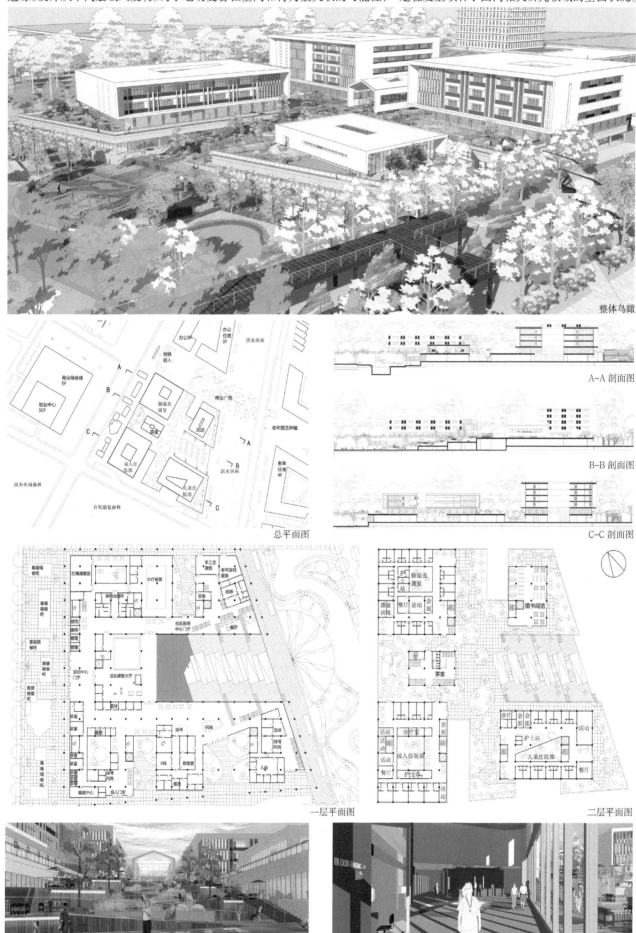

整体鸟瞰

总平面图

A-A 剖面图

B-B 剖面图

C-C 剖面图

一层平面图

二层平面图

4.1.3 黄发垂髫

黄一凡 王 晨

A办公及员工住宿　1东大门(园区主入口)
B康复医院　2主入口广场
C长期护理中心　3南大门
D时空胶囊　4西大门
E高中　5北大门
F学生宿舍　6共享绿轴
G老年住宅　7室外剧场
H特色餐厅　8200 m 跑道田径场
I幼儿园　9综合器械场地
J马场接待中心　10羽毛球场
K马场　11篮球场
L老年大学　12门球场
M老年公寓　13保留树林
N超市　14马场
O小学　15农场
P看台　16停车场
17预留发展用地

场地分析

绿化分析　　　　　　　水体分析　　　　　　　高压线分析

规划分析

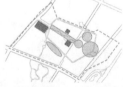

保留场地中的现有要　空间结构简单清晰,利　整体布局顺应原始地　老少建筑相邻布局,加　公共设施和活动场地散
素,延续场所记忆。　用单节点强化记忆。　形,并创造微地形。　强视线的直接联系。　点布置,创造交流机会。

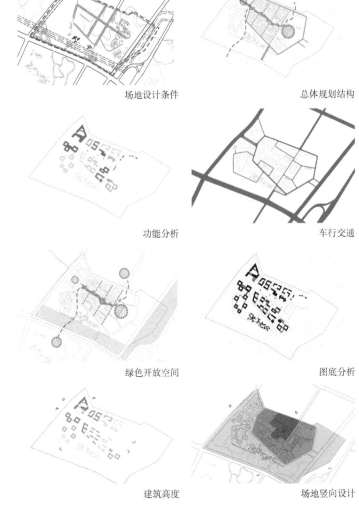

场地设计条件 　　　　总体规划结构

功能分析 　　　　车行交通

绿色开放空间 　　　　图底分析

建筑高度 　　　　场地竖向设计

黄发垂髫

空间需求 　　　　体量生成

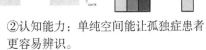

①空间层次：开放空间到私密空间的过渡让患者更有安全感。

②认知能力：单纯空间能让孤独症患者更容易辨识。

③分区考虑：敏感分区能让孤独症患者进入空间时有心理准备。

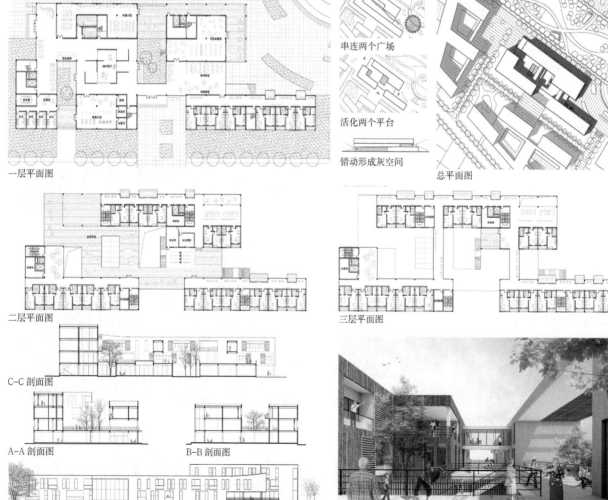

一层平面图

串连两个广场

活化两个平台

错动形成灰空间

总平面图

二层平面图

三层平面图

C-C 剖面图

A-A 剖面图

B-B 剖面图

北立面图

设计从老人与孤独症儿童两类特殊人群的生活模式出发，创造老少同乐的和谐社区。①保留场地中的树林、池塘、村落等要素，延续场地记忆；②采用简明的空间结构和路网以便于认知；③利用原地形创造丰富的活动空间；④老少建筑混合布置，强化联系；⑤康复医院、餐厅、超市、马场和运动场地散点布置，创造更多的互动机会。

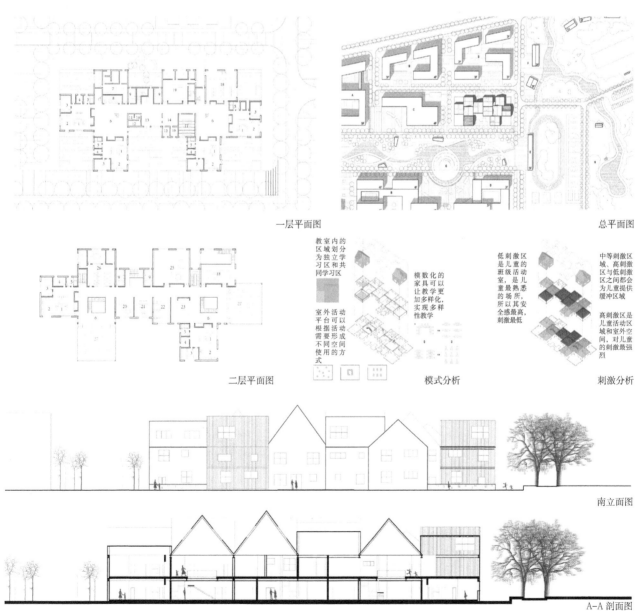

一层平面图

总平面图

二层平面图

教室内的区域划分为独立学习区和共同学习区

模数化的家具可以让教学更加多样化，实现多样性教学

室外活动平台可以根据活动需要形成不同空间使用的方式

模式分析

低刺激区是儿童的班级活动教室，是儿童最熟悉的场所，所以其安全感最高，刺激最低

中等刺激区域、高刺激区与低刺激区之间都会为儿童提供缓冲区域

高刺激区是儿童活动区域和室外空间，对儿童的刺激最强烈

刺激分析

南立面图

A—A 剖面图

黄发垂髫

133

4.1.4 板桥印象
华正晨　徐子攸

总平面图

板桥水文化

城市与乡村

场地要素

设计说明

总体设计围绕核心景观湖控制建筑高度，强化地形疏密有致的组团布局等策略，探索在快速城市化背景下兼有乡村和城市优点的规划模式。幼儿园通过刺激程度的空间分区、尺度适宜的院落和平台，创造适合孤独症儿童的安全、绿色、宁静的生活空间。时光胶囊利用原民居进行建筑性能化改造和景观优化提升，创造适合失智老人的怀旧空间。

场地的层次

乡村景观　　　　生态园　　　　城市远景　　　　城市近景

鸟瞰图

透视图

设计概念意象图

城市　　　　乡村

生成过程

透视图

根据地形向心性保留村庄　　　　交通分析　　　　高度分析

根据需要进行功能分区　　　　功能分区——人群分区　　　　格网分析

透视图

生成不同层级的路网　　　　功能分区——公共性　　　　绿色空间分析

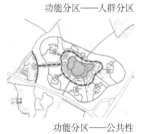

透视图

生成建筑形态　　　　格网分析　　　　景观轴线分析

屋顶改造过程

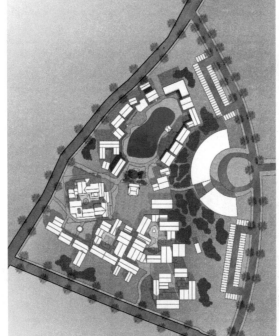

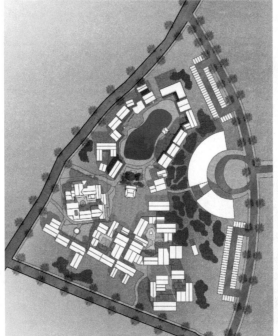

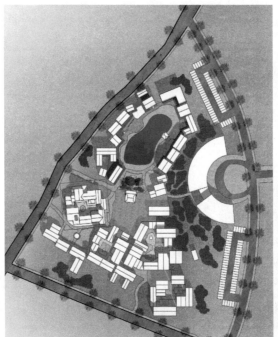

小镇总平面图

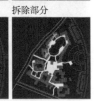

原有肌理　　　　　　拆除部分

新增建筑　　　　　　布置路网

轴测图

一层平面图

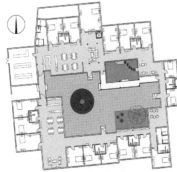

二层平面图

入口立面图　　　　　　　　　　　　剖面图

剖透视

外部透视

教师评语

设计研究了创新的针对失智症老人的养老模式，即小镇养老模式。设计利用场地原有的村庄建筑，对其加以一定的规划和改造，将其改造成封闭的失智症老人小镇，让失智症老人可以在小镇中自由活动，而不是传统地将他们关在某个封闭的小空间里面，这样能让失智症老人过上与正常人相似的生活，也便于医护人员管理。设计研究了失智症老人的行为模式，并利用了现代的手法对农村建筑进行了改造，将其改造成适合失智症老人居住的宅院。

总平面

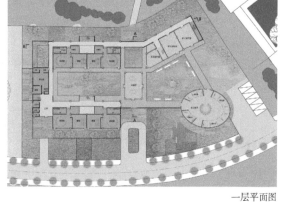

一层平面图

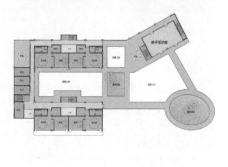

二层平面图

秩序　活跃　室外
单元　活动　场地
低刺激　高刺激　释放

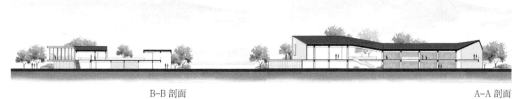

B-B 剖面　　　　　　　　　　A-A 剖面

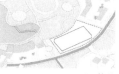

置入体量

西立面图　　　　　　　　　　北立面图

呼应边界

刺激分区

屋顶平台呼应湖面

小透视图

沿湖透视图

4.1.5 绿色疗愈
曹 艳 宋梦梅

设计说明

总体规划通过农田、水园、茶园和运动场地等的指状布局为老人和孤独症儿童创造绿色疗愈花园。小学采取中心组织空间、根据刺激程度进行功能分区、强化绿色空间联系等策略，创造适宜孤独症儿童的校园空间。康复中心通过康复知识宣教、志愿者音乐会等丰富的共享活动空间和景观优美的室外花园，创造适合帕金森老人的生活空间。

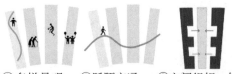

①多样景观：利用场地要素，分散绿地。　②阡陌交通：结合绿道，连接不同绿地。　③空间组织：绿地相间布置，渗透到建筑内。　④技术策略：通过遮阳等手段，创造适宜的微气候环境。

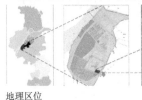

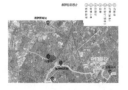

地理区位　　　　　　　　　　　高压线

上位规划解读　　交通分析　　　周边村落　　　景观分析

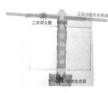

①沿用原有道路，形成放射路网。　②塑造中心绿地，联系南北绿地。　③利用场地要素，形成刺激绿地。　④依据道路绿地，完成功能分区。　⑤建筑对外守齐，对内凹凸变化。　⑥公共设施分散，便于人群共享。

总体布局

规划分析

场地现状条件

一级道路
二级道路
地下停车
地上停车

规划结构

活动草地
茶园
农田
森林绿地
防护带
河流水系

交通组织

绿地系统

图底关系

养老院
老人住宅
儿童学校
公共设施
保留村落

功能分区

7层及以上
5~6层
3~4层
1~2层

建筑高度

人行道
入口广场
活动硬地

步行系统

透视图

透视图

透视图

透视图

绿色疗愈

139

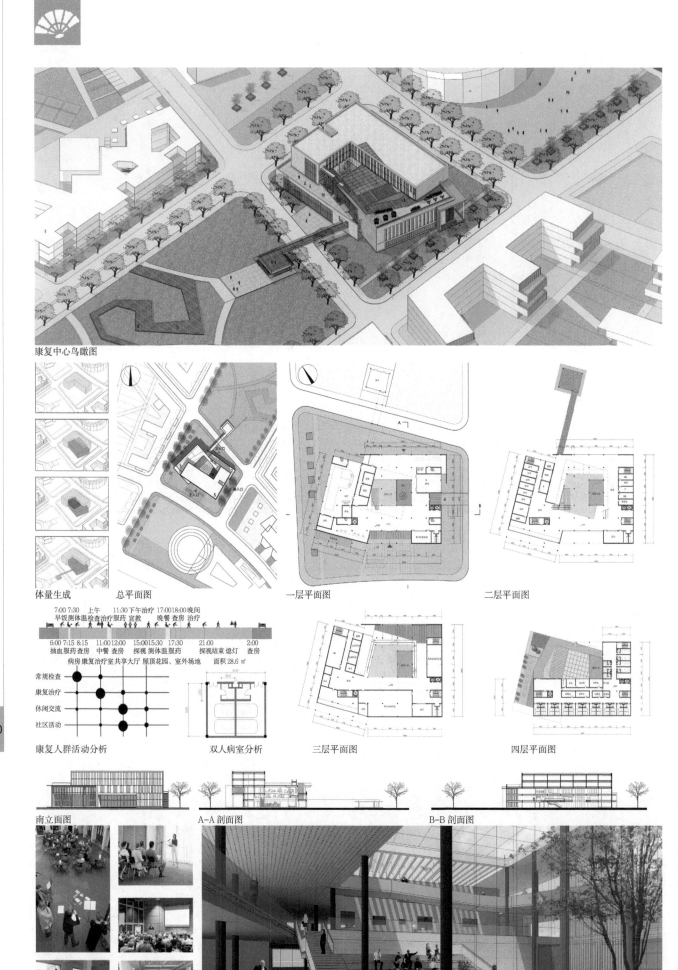

康复中心鸟瞰图

体量生成　　　总平面图

一层平面图

二层平面图

康复人群活动分析

双人病室分析

三层平面图

四层平面图

南立面图

A-A 剖面图

B-B 剖面图

教师评语

毕业设计"老人与孤独症儿童的共享福祉·康复设施设计"关照老年化社会和弱势群体,选题具有很好的现实意义和研究价值。该设计涵盖了前期调研、总体规划和单体设计等过程和阶段,并以孤独症儿童小学为单体设计内容,进行了一定深度的设计研究,达到了建筑学专业毕业设计的要求。

生成过程

本案位于运动绿带西南部的孤独症儿童小学,规模为200人
建筑高度:15 m
建筑面积:8 000 m²
容积率:0.6
绿地率:0.5

对内绿色空间　刺激程度分级　核心中庭　大小绿化带　成果轴测

总平面图　平面功能分区　刺激功能分级　中心组织空间　与绿色空间的关系

孤独症儿童教室单元
两种类型围绕院子南北布置,南边程度较轻,北边程度较轻,四周均有平台和绿化呼应。
1 入口小空间过渡
2 家长陪护空间 生活训练 微说空间
3 教师专属开放办公空间
4 学生发病后单独的禁闭空间
5 放大的走廊承担交流周渡等功能
6 辅助:低年级设置室内卫生间

空间排序有利于孤独症疗愈的体系结构指南

结论:
低刺激教室单元 - 绿色
中刺激活动区 - 灰色
高刺激治疗室 - 蓝色

20 单元平面图

12 单元平面图　　孤独症儿童分析　　　　一层平面图　　　二层平面图　　　三层平面图

西立面图　　　　　　　　　剖面图　　　　　　　　东立面图

绿色疗愈

4.2　同济大学

4.2.1　朝暮与西东

陈非凡　房　玥

①基地现状分析　　⑤建筑置于高处两地

②提取有利条件　　⑥功能分析

③确定主车行路　　⑦道路等级分析

④形成景观轴　　　⑧景观分布分析

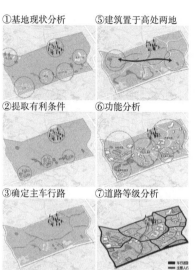

孤独症儿童康复设施调研

设施概况
设施名称：青浦区辅读学校
地理位置：上海市青浦区朱家角古镇旅游区内
用地面积：约 8 600 m²
学生数量：120 人（其中孤独症儿童及有孤独症倾向的儿童约 30 人）
教师数量：53 人
年级：1～9 年级
班级数量：14 个

室外庭院

篮球场

感觉统合训练室　　　语训室　　　作业治疗室　　　作业治疗室　　　庭院

养老设施调研：
上海虹口区银龄知
音养老院，
300 床

医务室

介护型老人的五人间　　介护型老人的五人间　　自理型老人的五人间

案例抄绘分析

白石市福祉の里えんじゅ　　　かごぼうの里　　　裕和园

整体结构分析　　　　　　　　　　　　　　　开放

沿等高线布置
南向房间景观好
从北到南越来越
私密

平面功能分区

入口门厅
康复训练
后勤
Care house 居住区
Care house 后勤
特别养护居住区
特别养护后勤
厕所、洗浴

室外活动场地
室外停车
康复、训练、交流
Care house
特别养护老人

中庭、交流广场
门厅
康复、诊疗
后勤
特别养护公共区域（食堂）
特别养护居住区
特别养护后勤

整体功能分析
·进入基地先经管理楼，再到办公、后勤和养老居室（大厅是连接核心）
·后勤储藏服务楼的空间感知性较弱，养老居所较独立，景观环境好

凉风苑

整体功能分析
·管理区、大厅靠入口
·十字交叉处为核心服务空间，垂直交通围绕此处布置，并由此进入其他区域
·共用大中庭与独立小院落

办公区域
来访区域
后勤区域
老年人居住区域
老年人服务区域
老年人公共活动区域

远郊设施调研

良渚文化村　　良渚文化村中北部　　随园嘉树养老公寓　　君澜度假酒店

良渚文化村位于杭州市西北部良渚组团核心，靠近著名的良渚文化遗址，拥有距离杭州市区中心最近的丘陵绿地和水网平原相结合的生态环境。

万科随园嘉树位于良渚文化村内，是结合医院、养老于一身的养老公寓。

酒店占地 7.3 万 m²，是临湖而建的庭院式建筑为主体建筑。

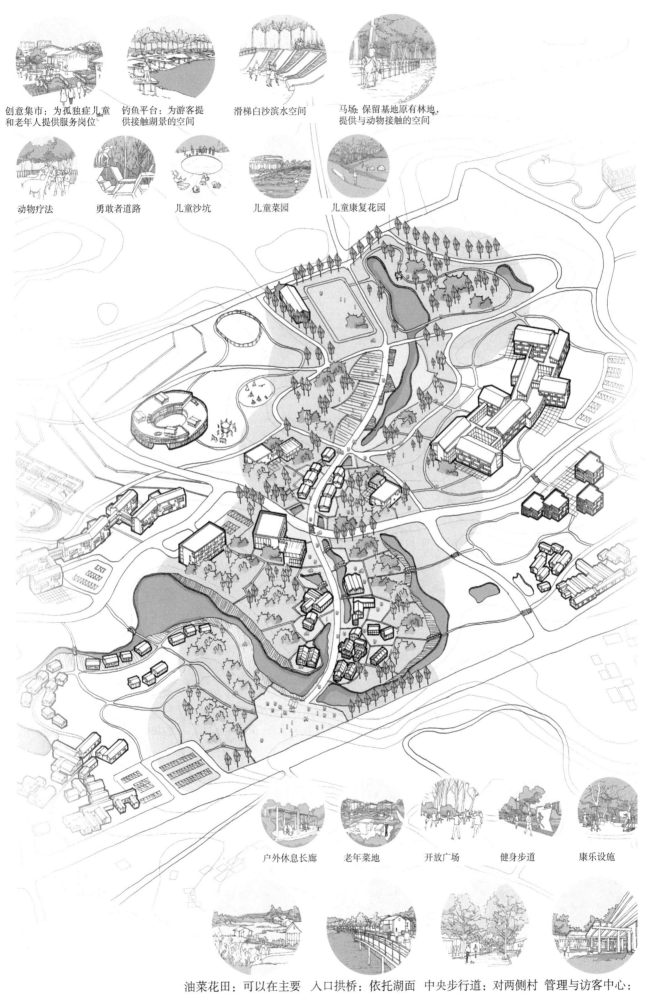

创意集市：为孤独症儿童
和老年人提供服务岗位

钓鱼平台：为游客提
供接触湖景的空间

滑梯白沙滨水空间

马场：保留基地原有林地，
提供与动物接触的空间

动物疗法

勇敢者道路

儿童沙坑

儿童菜园

儿童康复花园

户外休息长廊

老年菜地

开放广场

健身步道

康乐设施

油菜花田：可以在主要
人行入口远观花田，也
可以在花海之中漫步。

入口拱桥：依托湖面
在主要步行入口设置
拱桥，营造诗意氛围。

中央步行道：对两侧村
庄进行拆改建与业态置
换，形成宜人尺度。

管理与访客中心：
设置在道路节点
处，以提供服务。

Design of Aged Nursing Home
老年护理院设计

室外透视图

西
东

老年护理院设计
Design of Aged Nursing Home

主要组团分区为一轴两翼式，中间为核心的办公接待空间，东西分别为失能老人组团与失智老人组团，他们分别拥有独自的功能配置和活动空间，设想在办公效率较高的情况下，两类老人可以邻而不扰地相处生活。

□ 失能老人组团
□ 门厅
□ 失智老人组团

中间核心门厅连接办公和接待空间，两边的居住组团分别拥有独立的后勤入口和功能组织，功能分区较为独立与清晰。

□ 办公空间
□ 居室空间
□ 后勤空间

一共四个室外庭院，每一个居住组团都有独立的院子，每一个院子都和不同的公共空间连接，在观赏和使用上均呈现出同而不同的方式。

□ 庭院空间
□ 院旁公共空间

组团分区分析　　　　功能分区分析　　　　庭院使用分析

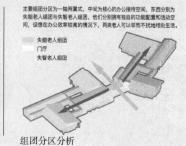
总平面图 1:800

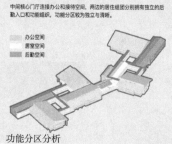

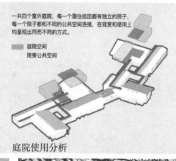
案例二：凉风院

裕和院位于千叶县东南，周围有农田绿化，交通便捷，较高的可达性为基地带来一定"都市性"。

凉风院与池田病院相邻，一起进行规划设计，整个设计无轴线，模块化的平面使生活更加方便。

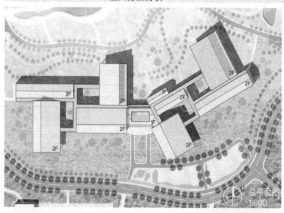
庭院透视图

整体功能分析
·进入基地先经管理楼，再到办公、后勤和养老居室（大厅是连接核心）
·后勤储藏服务楼的空间感知性较弱
·养老居所较独立，景观环境好

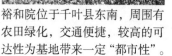

□ 管理楼
□ 服务楼
□ 居住楼
□ 庭院

整体功能分析
·管理区、大厅靠近入口
·建筑十字交叉处为核心服务空间，垂直交通围绕此处布置，并由此空间分别进入老年居住区、公共活动区、后勤区、来访区等
·共用大中庭与独立小院落

□ 办公区域
□ 来访区域
□ 后勤区域
□ 老年人居住区域
□ 老年人服务区域
□ 老年人公共活动区域

老年组团活动示意图

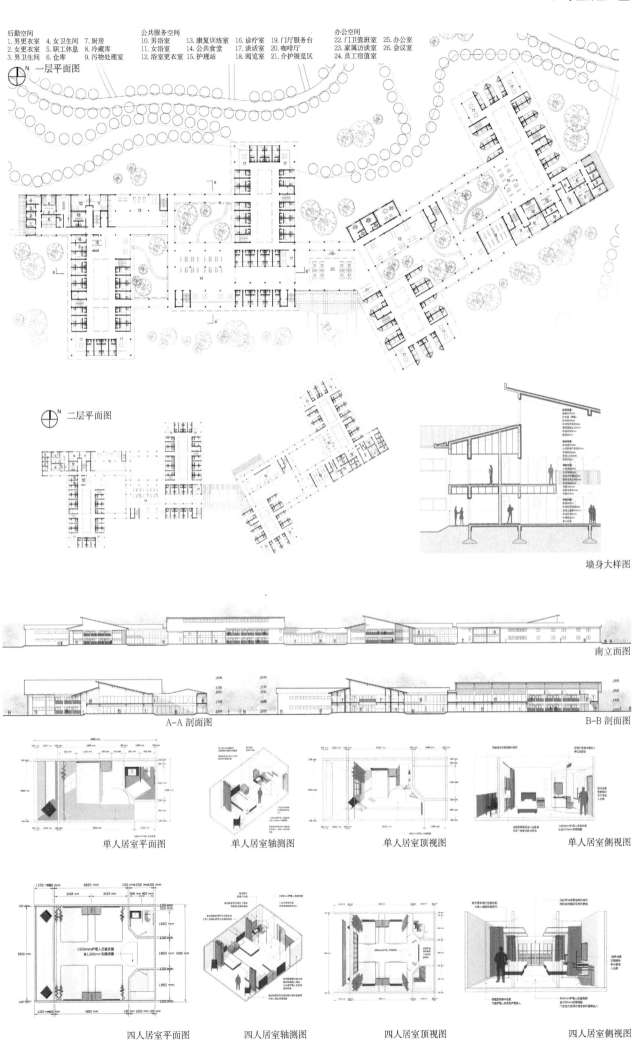

后勤空间
1. 男更衣室　4. 女卫生间　7. 厨房
2. 女更衣室　5. 职工休息　8. 冷藏库
3. 男卫生间　6. 仓库　9. 污物处理室

公共服务空间
10. 男浴室　13. 康复训练室　16. 诊疗室
11. 女浴室　14. 公共食堂　17. 谈话室
12. 浴室更衣室　15. 护理站　18. 阅览室

办公空间
19. 门厅服务台　22. 门卫值班室　25. 办公室
20. 咖啡厅　23. 家属边谈室　26. 会议室
21. 介护展览区　24. 员工宿值室

一层平面图

二层平面图

墙身大样图

南立面图

A-A 剖面图

B-B 剖面图

单人居室平面图

单人居室轴测图

单人居室顶视图

单人居室侧视图

四人居室平面图

四人居室轴测图

四人居室顶视图

四人居室侧视图

朝暮与西东

145

Design of School for Autism Children

孤独症儿童学校设计

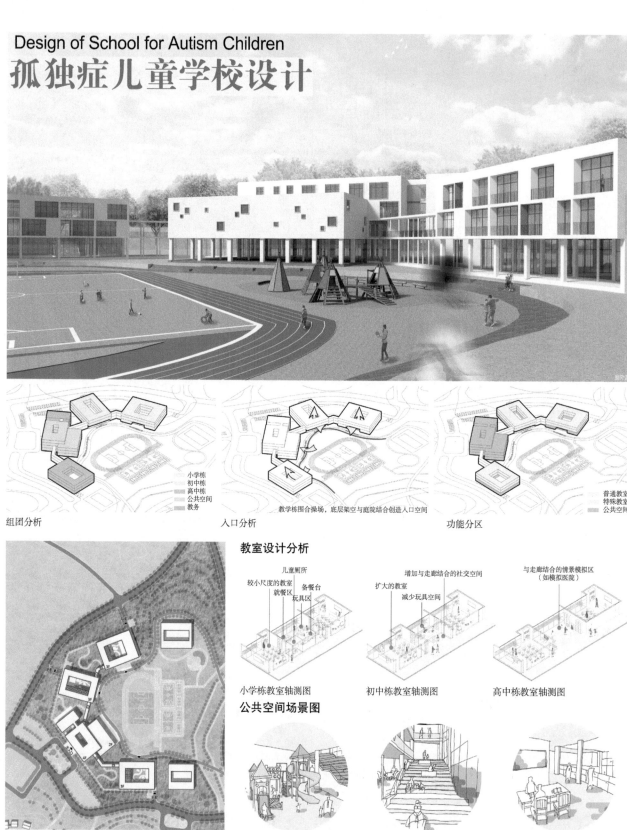

组团分析

入口分析

教学栋围合操场，底层架空与庭院结合创造入口空间

功能分区

小学栋
初中栋
高中栋
公共空间
教务

普通教室
特殊教室
公共空间

教室设计分析

儿童厕所

较小尺度的教室
就餐区 备餐台
玩具区

增加与走廊结合的社交空间
扩大的教室
减少玩具空间

与走廊结合的情景模拟区
（如模拟医院）

小学栋教室轴测图

初中栋教室轴测图

高中栋教室轴测图

公共空间场景图

总平面图

小学栋的亲子游戏区

初中栋的亲子涂鸦区

高中栋的毕业生就业信息咨询区

操场立面展开图

小学栋一层平面图 　　　　　小学栋二层平面图 　　　　　小学栋三层平面图

初中栋一层平面图 　　　　　初中栋二层平面图 　　　　　初中栋三层平面图

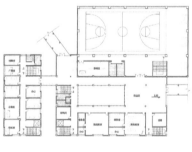

综合栋一层平面图 　　　　　综合栋二层平面图 　　　　　综合栋三层平面图

高中栋一层平面图 　　　　　高中栋二层平面图 　　　　　高中栋三层平面图

初中栋剖面图 　　　　　　　　　　　　　　　初中栋剖面图

4.2.2 三十三院
冯雅蓉　叶子桐

方案生成图

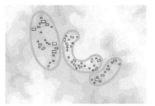

村落形态：
基地外围和基地内部的村庄顺应地形散布，呈现聚落状态并自然形成广场院落空间。

聚落概念：
自然广袤；类型多及功能复合；周边自然村落最大限度地融入自然景观。

组团分区：
从地形出发，组织形成5个功能组团分区。

图底关系：
梳理组团关系，提取三大院子类型。

总平面图

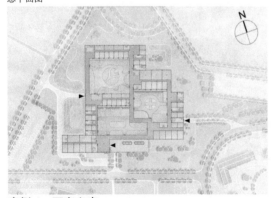

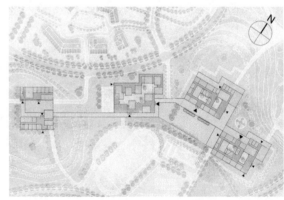

组团位置分析

学生主流线　学生次流线
内部流线分析　----外访流线

院子——走廊　房间——主流线
建筑平面分析 以院子为出发点

案例1：万寿之森

总平面　　　　　A栋水树栋　　　　　　　B栋樱花栋　　　　　　C栋牡丹栋

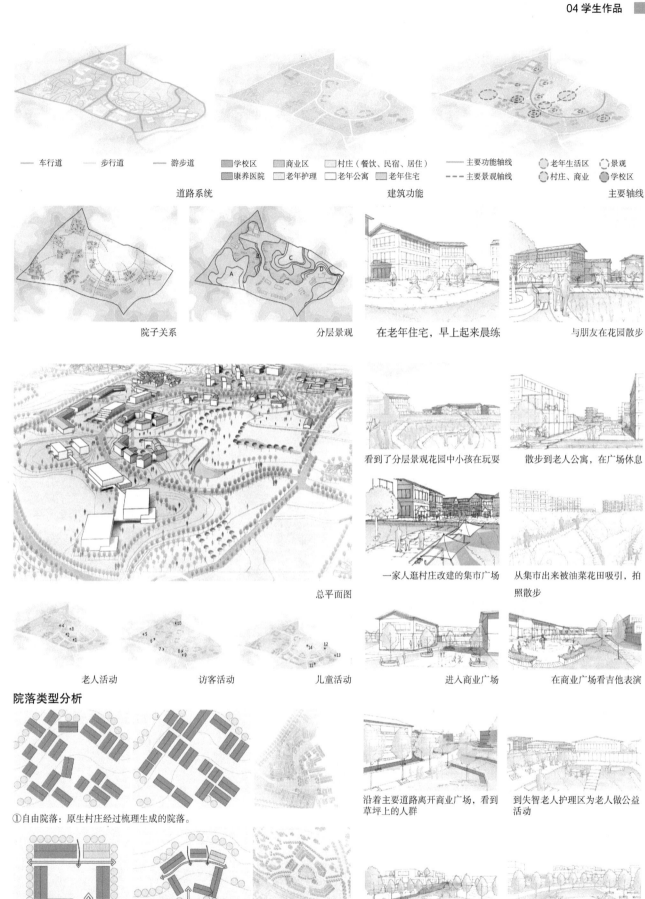

—— 车行道　　—— 步行道　　—— 游步道

■学校区　■商业区　□村庄（餐饮、民宿、居住）
■康养医院　■老年护理　□老年公寓　■老年住宅

—— 主要功能轴线
--- 主要景观轴线

◉老年生活区　◉景观
◉村庄、商业　◉学校区

道路系统　　　　　　　　建筑功能　　　　　　　　主要轴线

院子关系　　　　　　　　分层景观　　　在老年住宅，早上起来晨练　　　与朋友在花园散步

总平面图

看到了分层景观花园中小孩在玩耍　　　散步到老人公寓，在广场休息

一家人逛村庄改建的集市广场　　　从集市出来被油菜花田吸引，拍照散步

老人活动　　　访客活动　　　儿童活动　　　进入商业广场　　　在商业广场看吉他表演

院落类型分析

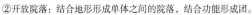

①自由院落：原生村庄经过梳理生成的院落。

沿着主要道路离开商业广场，看到草坪上的人群　　　到失智老人护理区为老人做公益活动

②开放院落：结合地形形成单体之间的院落，结合功能形成团。

早上从寝室出来去上课　　　课间与同学一起玩耍

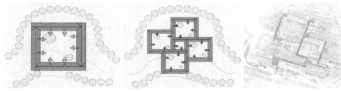

③内向院落：围合式院落外部融合地形，内部防止失智老人迷失。

放学后在康复花园玩耍　　　与同学一起照看羊驼

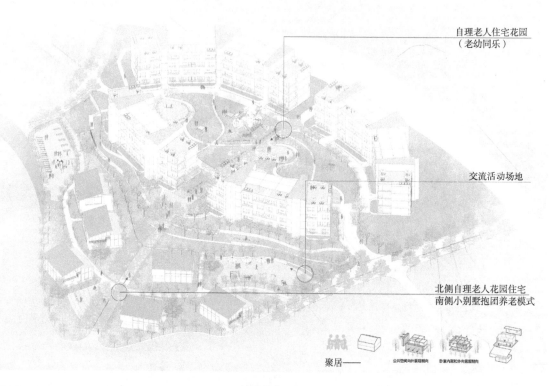

自理老人住宅花园
（老幼同乐）

交流活动场地

北侧自理老人花园住宅
南侧小别墅抱团养老模式

聚居——

场景轴测图

老年花园住宅场景图

组团主轴场景图

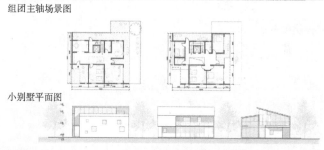

住宅立面图

小别墅平面图

小别墅立面图

剖面图

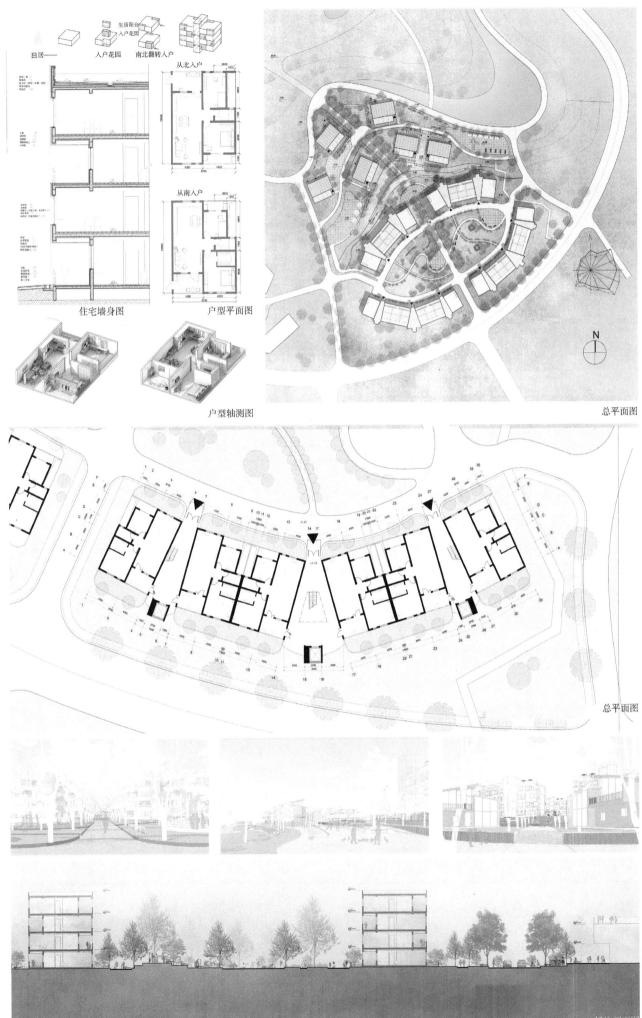

独居

入户花园

生活阳台
入户花园

南北翻转入户

从北入户

从南入户

住宅墙身图

户型平面图

户型轴测图

总平面图

总平面图

场地剖面图

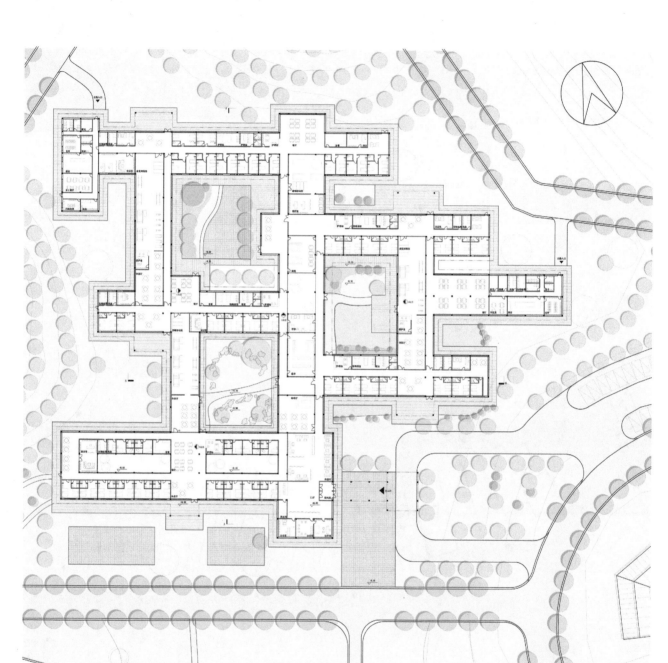

首层平面图

南立面图

A-A 剖面图

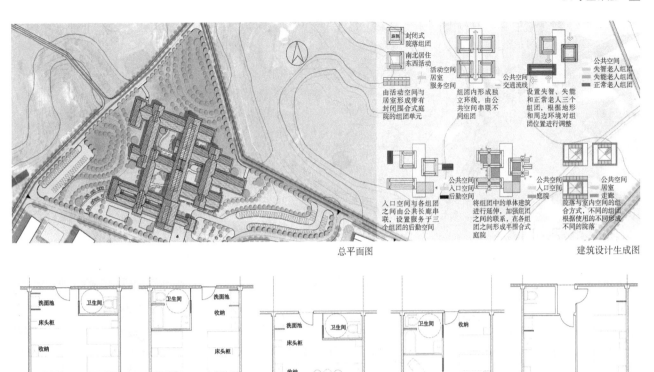

总平面图

建筑设计生成图

居室
（4人用）

居室
（4人用）

居室
（2人用）

居室
（2人用）

居室
（4人用）

居室图

A 场景图

B 场景图

C 场景图

D 场景图

E 场景图

B-B 剖面图

C-C 剖面图

4.2.3 公园汇——三代汇聚
梅桑娜 居子玥 朱元元

基地分析

TOPOGRAPHY 地形
- Higher Levels 高
- Lower Levels 低

ENVIRONMENT 环境
- Highway & Main Road 高速公路 & 主干道
- Pond 水系
- Dense Forest 树木
- Prevailing Wind 主要风向
- Traffic Noise 噪音

EXISTING BUILDINGS 原有建筑
- Village Dwellings 居民村庄
- Abandoned Mansion 废弃建筑
- New Roads 新建道路

设计生成

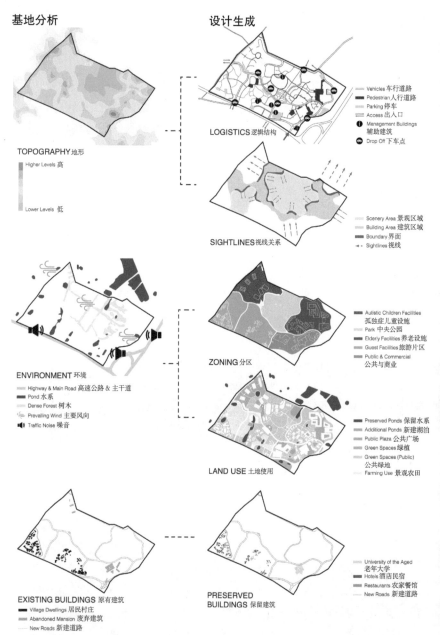

LOGISTICS 逻辑结构
- Vehicles 车行道路
- Pedestrian 人行道路
- Parking 停车
- Access 出入口
- Management Buildings 辅助建筑
- Drop Off 下车点

SIGHTLINES 视线关系
- Scenery Area 景观区域
- Building Area 建筑区域
- Boundary 界面
- Sightlines 视线

ZONING 分区
- Autistic Children Facilities 孤独症儿童设施
- Park 中央公园
- Elderly Facilities 养老设施
- Guest Facilities 旅游片区
- Public & Commercial 公共与商业

LAND USE 土地使用
- Preserved Ponds 保留水系
- Additional Ponds 新建湖泊
- Public Plaza 公共广场
- Green Spaces 绿植
- Green Spaces (Public) 公共绿地
- Farming Use 景观农田

PRESERVED BUILDINGS 保留建筑
- University of the Aged 老年大学
- Hotels 酒店民宿
- Restaurants 农家餐馆
- New Roads 新建道路

PERSPECTIVE SECTION — Elderly — Offices & Retails — Cross-generational Park

剖透视 　　　 老年社区 　　　 办公 & 零售 　　　 跨代际公园

设计说明

设计旨在为园区内老、中、青、幼每一年龄段的使用者，包括拜访此地的市民提供一个活动的焦点，让大家在一个宜人的小环境里找到共同的爱好，促进代际以及不同群体间的交流。设计非常重视环境，对气候地形进行谨慎的分析，对原有的村庄做了保留并改善的处理，使它们能适应并服务于这片公园。

总平面图

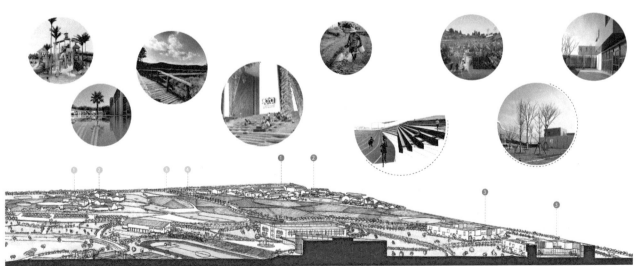

保留村庄　　　　　　　　　　特殊学校区

北广场入口人视图 三楼天台眺望二层展厅人视图

①切割体块加强园区主 ②二层商业展厅连接建 ③主要交通空间。 ④置入坡屋顶建筑单 ⑤单体交错形成孤独症
入口与公园间的可达性。 筑体，南面形成灰空间。 体，屋顶顺应地势起伏。 支持性空间。

WHEN THEY ARE GROWN-UP 当他们成年后？
An Autism-Friendly Commercial Center 孤独症就业实践商业综合体

设计说明

此建筑单体设计旨在为成年孤独症患者提供参与社会工作的可能性，通过嵌入可以为孤独症工作者提供视觉保护、安抚情绪的冷静空间，从而支持患者更加积极地参与到社会活动之中。建筑临近园区的主入口，在园区中公共性最强，主要以商业活动吸引人流，为各类人群，包括来自城市的探访者、居住在园区内的老人们和关心孤独症人群的市民及专家学者们，提供聚集的场所。

二层平面图

孤独症支持性休闲空间人视图

三层平面图

经济技术指标			
总建筑面积	18 174 m²	商铺面积	9 980 m²
用地面积	17 673 m²	公共空间面积	4 600 m²
容积率	1.03	后勤辅助面积	2 884 m²
建筑密度	34%		

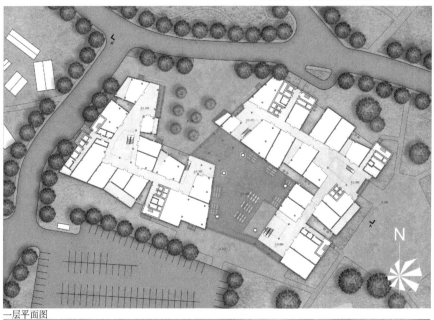

一层平面图

孤独症支持性空间

员工在休息空间的滞留与流动

员工空间与商业空间的包围关系

员工空间的视线保护

员工休息空间的景观视线

休息空间的室外环境与类室内墙面

A-A' 剖面图

南立面图

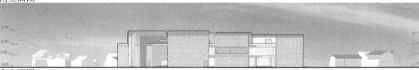

东立面图

一层平面图

基地位于梅村南公园汇东部片区的广场，毗邻老年住宅社区（西）和康养护理中心（东），西北角有一片茂密的原始树林，林间小道的尽端是中部片区的主题公园。失智老人之家就坐落在这片广场的北侧，处在西低东高的坡地上。与广场接壤的是公共区域组团，整个社区的老人在闲散时都可以来这边的大客厅坐谈聊天，使用走廊一侧的公共空间，欣赏庭院景观。同时这里也是失智老人的社交场所，希望让他们在一个屋檐下体验生活百态，又不至于被限制在狭小的空间内。

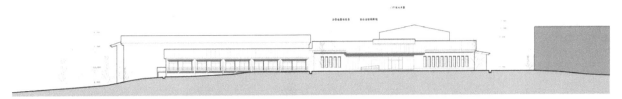

南立面图

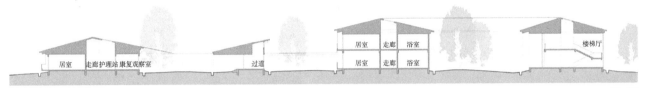

居室　走廊护理站康复观察室　　　过道　　　居室　走廊　浴室　　　　　　　　　楼梯厅
　　　　　　　　　　　　　　　　　　　　　　　居室　走廊　浴室

剖面图

周边区域组团

建筑形体设计

失智老人之家坐落在北侧，保持北侧界面完整性。

总平面图

与广场接壤的是公共区域组团，为老人聊天的区域。

技术指标：
北侧居住组团：
建筑面积 3 300 m² 62 床位
南侧居住组团：
建筑面积 1 400 m² 22 床位
居住部分单人使用面积：56 m²
公共组团建筑面积 3 000 m²
室外围合庭院面积 3 300 m²

阶段方案图

PUBLIC ACTIVITIES 公共活动
CIRCULATION 楼梯过道
OFFICES 办公后勤
SANITARIES 卫生清洁

功能分区示意图

4.3 华南理工大学

4.3.1 城市共生

姜林成 肖家琪 陈子恩 杨小凡

基地位置

气温：

南京市年平均温度15.4℃，年极端气温最高39.7℃，最低达 -13.1℃。4—10月温度较为温暖，平均温度可达20℃以上。

场地高差

太阳辐射：

南京市逐月直接太阳辐射量为3～5.9 kWh/m²，可依据设计应用太阳能技术（广州地区直接太阳辐射量约为2～5 kWh/m²）。

过渡带概念

风环境：

从整体来看，南京市风向覆盖自东北经东至南的大部分方向。逐月观察风向风频，1—2月，以东北风为主；3—6月，以东南风为主；7月，以南风为主；8月，以东南风为主；9—11月，以东北风为主；12月，则以西北风为主。全年风向变化呈摇摆模式。

南京平均气温

南京最高气温

南京最低气温

2017 年南京降雨量

2016 年南京降雨量

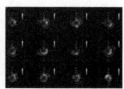

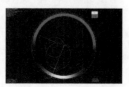

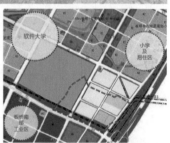

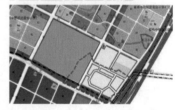

设计策略

多级共享

目标：创造代际共享场所，节约成本，形成规模效应。
策略：公共设施、儿童与老人设施居中。

环形向心

依据：加强内部景观的利用，形成内聚性、增强园林感。
策略：环状规划结构，内圈独立，外圈与周边互动。

分期分绿

依据：城市发展规划及现有上级规划。
策略：由于西南两路等级高且分割场地，红圈范围一期开发，其余留待二期。

规划方案分析

■景观区域 ■员工部分 ■孤独症儿童部分 ■景观轴
■医疗部分 ■养老部分 ■后期开发部分 ■主要景观界面 ■组团核心

功能结构： 围绕中心景观布置各个区域功能，使得各区域能够共享景观。

空间结构： 场地内两条主要景观轴线在场地核心处交会，各区域围绕核心形成组团。

车行交通系统： 由城市道路、园区道路和区域内道路组成。

园区总平面图

■一慢行道 ■步行化区域
■滨水慢行道 ■服务性步行化区域 ■消防车道 ■一期建设用地 ■中心景观
　　　　　　　　　　　　　　　　　　　　■二期建设用地 ■马场

慢行交通系统： 主要包含道路两旁的人行道、区域内穿越道路以及滨水步道。

消防交通系统： 城市道路、园区道路及场地内的慢行道形成消防交通系统，能在区域间形成消防环路。

分期开发： 对场地分期规划，能紧凑地利用空间。马场在近城市主干道的位置。

康复医院鸟瞰

背靠有墙

青老公寓鸟瞰　　　　　孤独症学校鸟瞰　　　　　时空胶囊鸟瞰

天际线

世代连结 Generation-X
青老公寓设计
姜林成

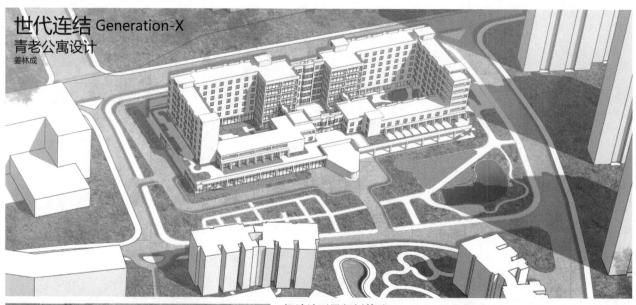

总平面图

场地地形及规划策略

场地内高差达 7 m，能够增加人群活动层次的机会。

该场地可以成为沟通园区与外部社区的桥梁，活化园区氛围。

设计说明

设计借助周边新城未来规划优势，将青年公寓融入养老公寓中，以连结与互动为主题，拉近年青人与老人间的距离，促进时代交流，使养老环境不再单一，更富有社会性。

青年公寓面向社会开放，主要目标人群为周边上班青年。当养老床位不足时，青年公寓可转化为养老单元。

场地地形处置与建筑气候策略

最佳朝向：根据全年中过热期和欠热期内太阳辐射的热量计算本地相对最佳朝向。

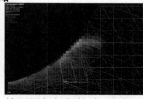

焓湿图与气候策略：在低温环境下，通过接受太阳辐射，可提高人体舒适度范围。

1—2月，东北风；3—6月、8月，东南风；7月，南风；9—11月，东北风；12月，西北风。

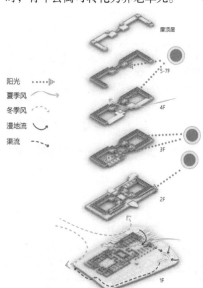

阳光 ......>
夏季风
冬季风
漫体流
渠流

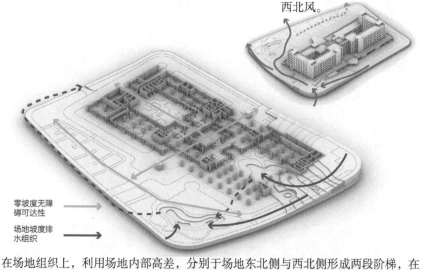

零坡度无障碍可达性
场地坡度排水组织

在场地组织上，利用场地内部高差，分别于场地东北侧与西北侧形成两段阶梯，在获取内部最大程度地形平坦的同时，沿场地边缘组织排水及对上游来水的拦截。

教师评语

作品完成老年与青年复合型公寓的建筑设计工作，设计概念具有新意，功能区的面积比例适当，适用性好，建筑单体与园区的规划设计目标协调。

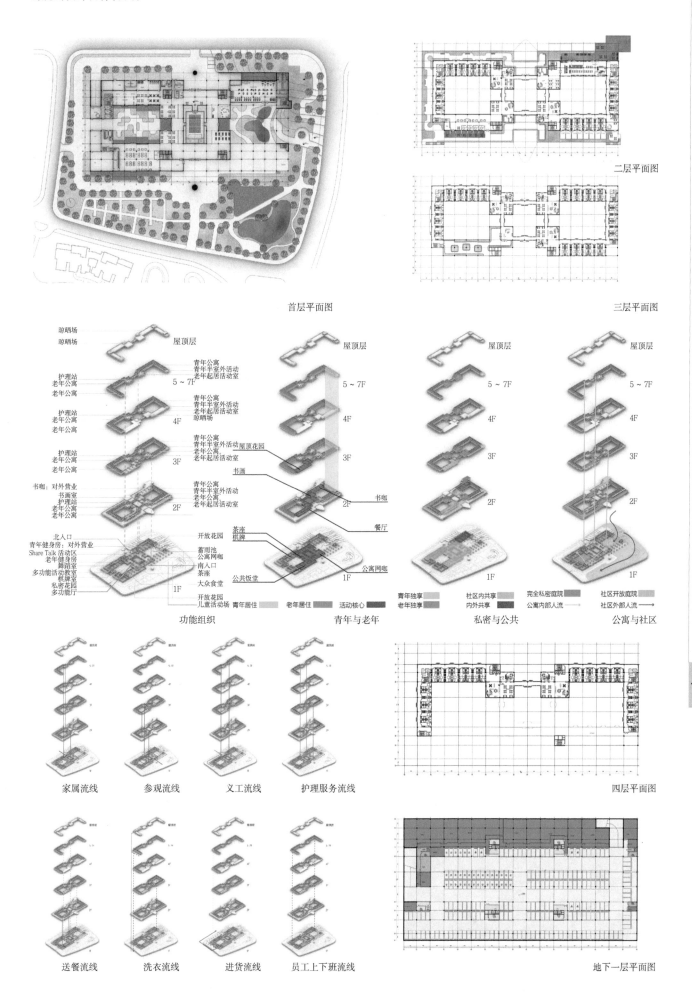

首层平面图

二层平面图

三层平面图

功能组织　　　青年与老年　　　私密与公共　　　公寓与社区

家属流线　　　参观流线　　　义工流线　　　护理服务流线

四层平面图

送餐流线　　　洗衣流线　　　进货流线　　　员工上下班流线

地下一层平面图

城市共生

163

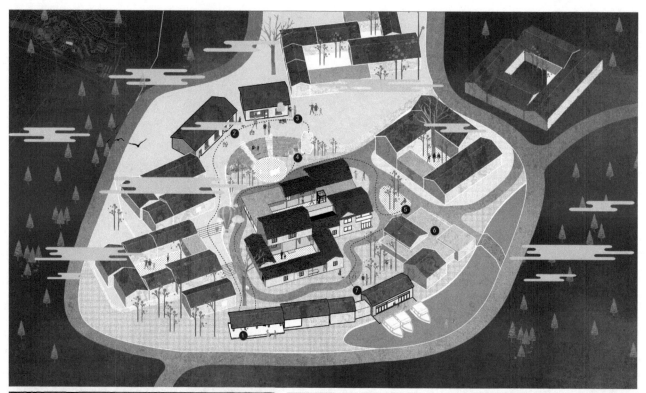

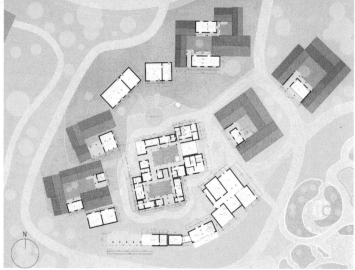

老年人居住区平面图

组团首层平面图　　　　　　　　　组团层平面图

拆除建筑　　　　　加建建筑　　　　　公共建筑

独立完成的工作是将一个地块更新改造为时空胶囊老年住宅、对外开放的民宿、愈疗花园等开放性创新功能，设计具有新意，较好地诠释和深化了规划设计目标。

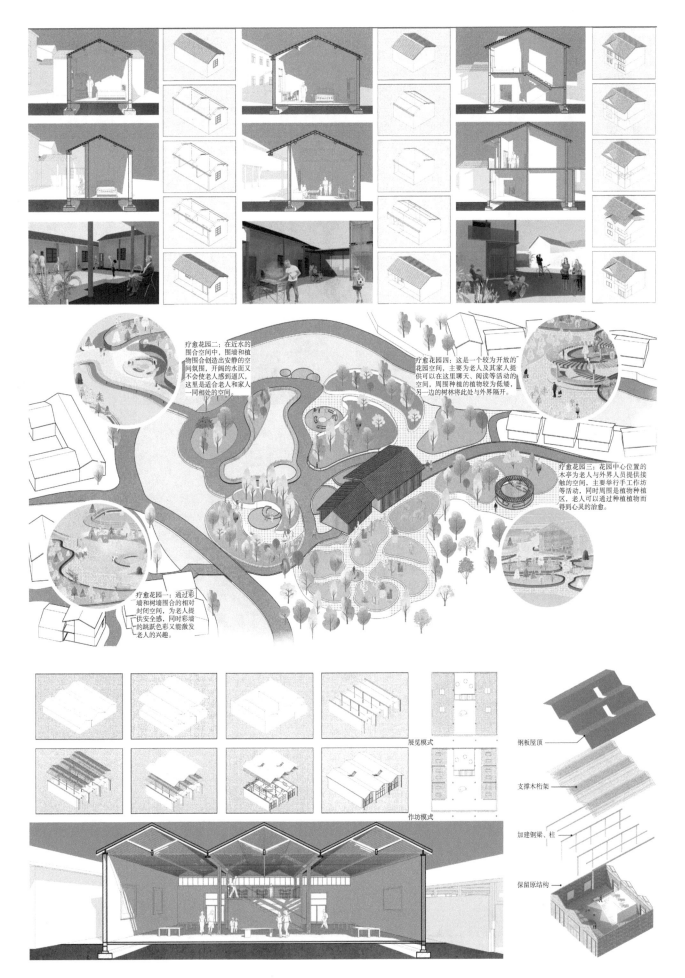

疗愈花园二：在近水的围合空间中，围墙和植物围合创造出安静的空间氛围，开阔的水面又不会使老人感到逼仄，这里是适合老人和家人一同相处的空间。

疗愈花园四：这是一个较为开放的花园空间，主要为老人及其家人提供可以在这里聊天、阅读等活动的空间，周围种植的植物较为低矮，另一边的树林将此处与外界隔开。

疗愈花园三：花园中心位置的木亭为老人与外界人员提供接触的空间，主要举行手工作坊等活动，同时周围是植物种植区，老人可以通过种植植物而得到心灵的治愈。

疗愈花园一：通过彩墙和树墙围合的相对封闭空间，为老人提供安全感，同时彩墙的跳跃色彩又能激发老人的兴趣。

展览模式

作坊模式

钢板屋顶

支撑木桁架

加建钢梁、柱

保留原结构

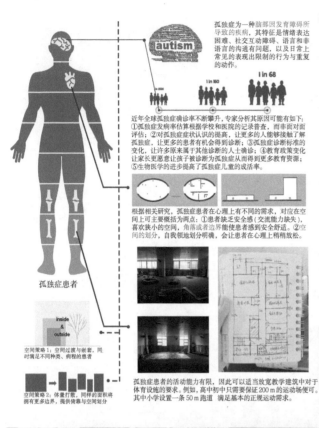

孤独症为一种脑部因发育障碍所导致的疾病，其特征是情绪表达困难、社交互动障碍、语言和非语言的沟通有问题，以及日常上常见的表现出限制的行为与重复的动作。

近年来全球孤独症确诊率不断攀升，专家分析其原因可能有如下：①孤独症发病率估算根据学校和医院的记录普遍，而非面对面评估；②对孤独症症状认识的提高，让更多的人能够接触到了解孤独症，让更多的患者有机会得到诊断；③孤独症诊断标准的变化，让许多原来属于其他诊断的人士确诊；④教育政策变化让家长更愿意让孩子被诊断为孤独症从而得到更多教育资源；⑤生物医学的进步提高了孤独症儿童的成活率。

根据相关研究，孤独症患者在心理上有不同的需求，对应在空间上可主要概括为两点：①患者缺乏安全感（交流能力缺失），喜欢狭小的空间，角落或者边界能使患者感到安全舒适。②空间的划分，自我领地划分明确，会让患者在心理上稍有放松。

孤独症患者

孤独症患者的活动能力有限，因此可以适当放宽教学建筑中对于体育设施的要求。例如，高中初中只需要保证200 m的运动场便可。其中小学设置一条50 m跑道 满足基本的正规运动需求。

inside & outside

空间策略1：空间过渡与嵌套，同时满足不同种类、病程的患者

空间策略2：体量打散，同样的面积将拥有更多边界，提供倚靠与空间划分

实地调研成果概括

①学校的经费很有限，场地限制大，很多设施无法满足目前孩子的需求；目前学校的环境也较差，室内光线较暗。②学校学生都是由家长陪护来上课的，家长大多坐在走廊上，缺乏充足的空间。③老人和孤独症儿童直接一起生活的可能性较低，因为孤独症儿童受到外界刺激容易有攻击性，需要专业人员的看护，老人和儿童一起生活会加重工作人员的压力。④孤独症儿童的抢救期在0~6岁，孤独症儿童在接受及时训练和矫正行为的情况下有可能达到正常人的社交水平，回归社会。

	星期一	星期二	星期三	星期四	星期五
9:00	到校——更换衣服，排泄				
9:15	完成分担工作时间				
9:25	早间活动				
9:50	晨会				
10:05	个别学习·自立学习				
11:05	自立活动	游戏活动	游戏活动	游戏活动	社会生活指导
	悠闲时间（音乐游戏）（运动游戏）手工制作（好朋友时间）				
11:40	排泄、饮手、准备、移动等				
12:00	中餐、收拾、移动等				
12:45	更换衣服、排泄、刷牙等				
13:00	放学会				
13:30	放学				

区域总体分析

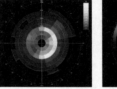

孤独症初中＋高中：疗程包括素养培训、技能培训、社会意识培训。由于初高中生活动能力较强，与老人分置，置于场地西侧也有利于其与规划上西侧的软件大学人群有所联系，需要重点考虑空间的嵌套与过渡（即空间的划分）。

孤独症幼儿园＋小学：疗程包括学前康复。需要重视黄金恢复期中，儿童与自然和不同人群的接触。体块规划上，设计将体量分解为数个小盒子，沿路体块相对整齐，形成连续界面，朝内则更散落自由，增加了整个建筑的周长，或者说是边界，满足不同病况的患者需求，也让其更多地接触室外空间。

孤独症研究与培训中心：与南侧园区入口接壤，配备有康复期孤独症患者使用的康疗花园，主要功能为利用规模带来的患者基数优势，提供开展孤独症观察研究的场所，同时成为相关特教教师的培训实践基地。

背靠有墙——孤独症中学设计

建筑布置选型

①规划路网后，确定两种布局，考虑噪音问题与道路压迫感，选择了西向布置体育场的布局。

②根据噪音情况得到教学区建设范围，并且为防止炫光，将教室南北向排布，基本确定学校总体形态。

1-1 剖面图　　　　　　　　　　　南立面图

2-2 剖面图　　　　　　　　　　　西立面图

教师评语

作品能够根据孤独症儿童的行为心理进行有针对性的设计，由于针对年龄基本超出了患者恢复期，所以设计主要思考如何应对特殊人群的特殊空间需求，即创造自我而隔绝的空间，而非一味强调空间的交流交互，设计构思具有一定的新意，单体设计较好地完成了规划设计目标。

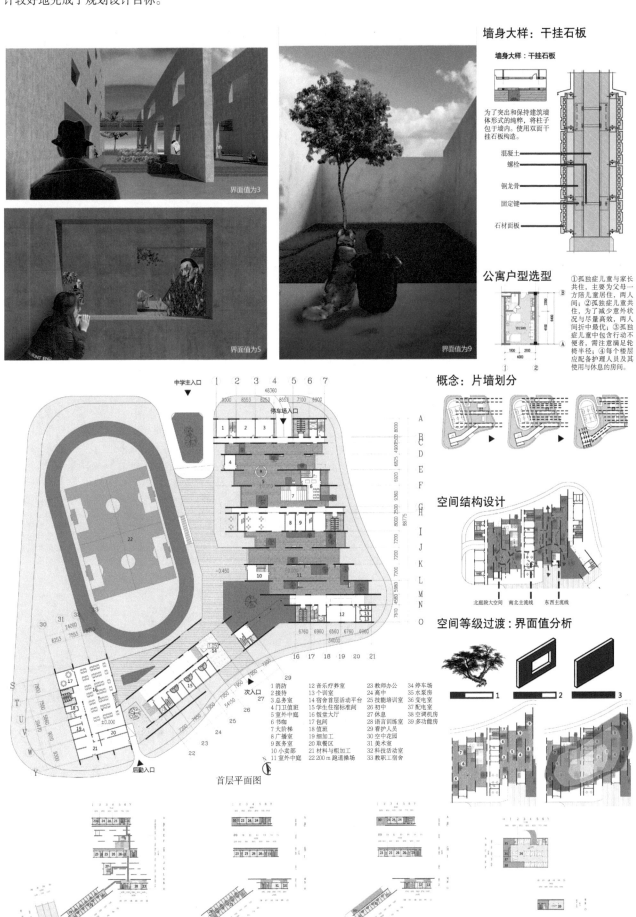

墙身大样：干挂石板

为了突出和保持建筑墙体形式的纯粹，将柱子包于墙内。使用双面干挂石板构造。

混凝土
螺栓
钢龙骨
固定键
石材面板

公寓户型选型

①孤独症儿童与家长共住，主要为父母一方陪儿童居住，两人间；②孤独症儿童共住，为了减少意外状况与尽量高效，两人间折中最优；③孤独症儿童中包含行动不便者，需注意满足轮椅半径；④每个楼层应配备护理人员及其使用与休息的房间。

概念：片墙划分

空间结构设计

北庭院大空间　南北主流线　东西主流线

空间等级过渡：界面值分析

首层平面图

1 消防
2 接待
3 总务室
4 门卫值班
5 室外中庭
6 书咖
7 大阶梯
8 广播室
9 医务室
10 小卖部
11 室外中庭
12 音乐疗养室
13 个训室
14 宿舍首层活动平台
15 学生住宿标准间
16 板堂大厅
17 包间
18 值班
19 细加工
20 取餐区
21 材料与粗加工
22 200 m 跑道操场
23 教师办公
24 高中
25 技能培训室
26 初中
27 休息
28 语言训练室
29 看护人员
30 空中花园
31 美术室
32 科技活动室
33 教职工宿舍
34 停车场
35 水泵房
36 变电室
37 配电室
38 空调机房
39 多功能房

二层平面图　　　　三层平面图　　　　四层平面图　　　　地下层平面图

Design of Rehabilitation Hospital

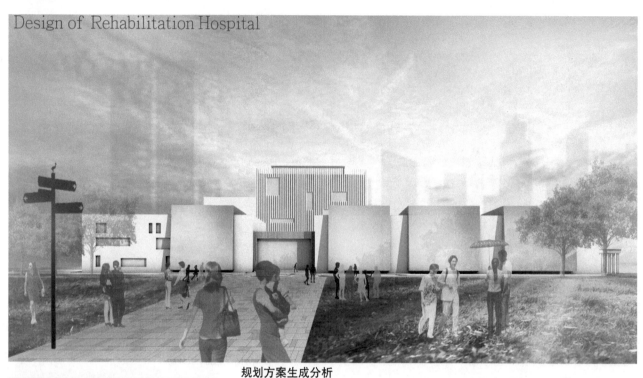

规划方案生成分析

设计基地位于社区西北角，经定位研究，项目主要服务于社区成员，同时为了维持康养医院的持续运作，考虑部分对外开放，从而在整体布局上形成门诊急诊面向城市的主要界面、康复功能以及住院病房靠近社区内部的格局。

园区规划总平面图

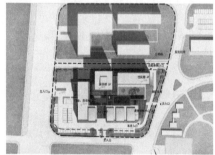

康复医院总平面图

建筑方案生成分析

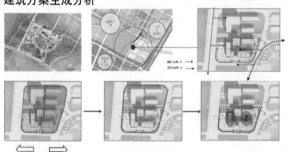

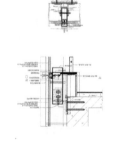

外侧宜设门诊对外开放。内侧面向园区设康复中心，同时保证园区内生活品质。

结合现有规模定位，考虑后期扩建。分期考虑两地块都有面对城市和园区的面，并考虑现有规划的主入口。

选取紧邻园区主入口一侧作为一期开放场地，并遵循内外分区分别布置门诊医技部分与康养部分。

透明横隐幕墙纵剖节点

医院中庭人眼透视图

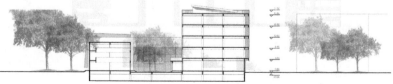

1-1 剖面图

医疗街透视图

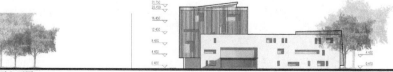

西立面图

作品完成了康复医院地块的建筑设计工作，设计概念清晰，功能设计照顾到较为复杂的多种流线需求，并照顾了相邻地块的未来发展及功能协调，较好地深化了规划设计目标。

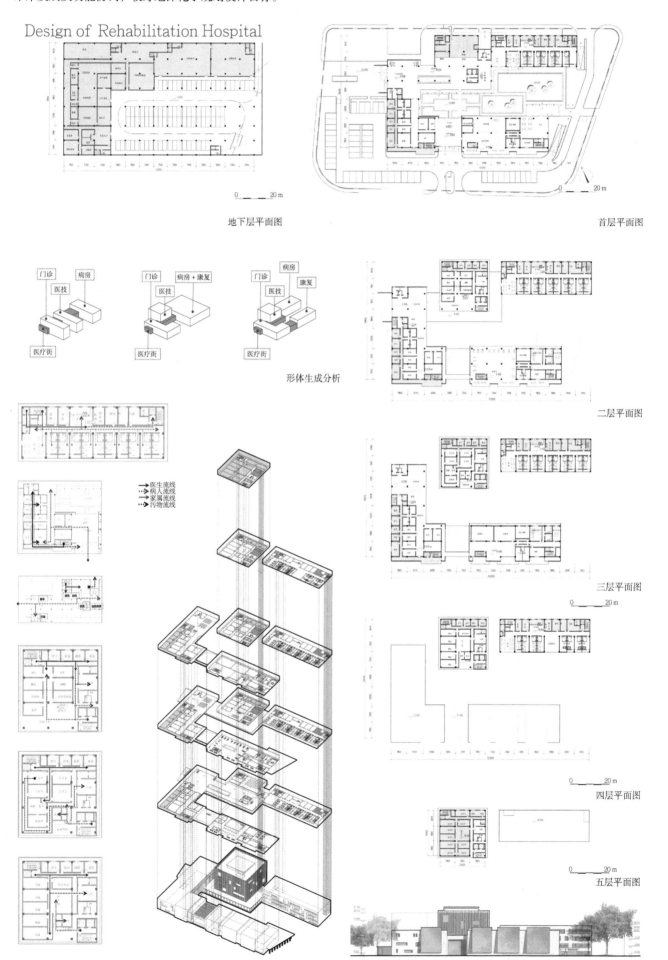

Design of Rehabilitation Hospital

地下层平面图

首层平面图

形体生成分析

二层平面图

三层平面图

四层平面图

五层平面图

流线分析

南立面图

城市共生

4.4 哈尔滨工业大学
4.4.1 夕阳·与家的剪影
陈 晔 师语璠

夕阳·与家的剪影
老年人与自闭症儿童综合福祉设施规划与建筑设计

经济技术指标：
规划用地面积：450000 ㎡
常规建筑面积：320000 ㎡
建筑密度：17%
容积率：0.7
绿地率：40%

总体规划分析

基地　　建邺区　　雨花区

基地分析

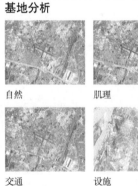

自然　　　　肌理

交通　　　　设施

SWOT 分析

Strengths　　Weaknesses

优越的区位可达性　远离市区
丰富的自然景观资源　道路规划模糊
场地限制少灵活度高　已有村落建筑阻碍

Opportunities　　Threats

设计开放度高　开发滞后
地块边界平整完全　与高速路关系处理
养老建筑的景观引入　内凹地势与防噪要求的矛盾

概念生成

宽裕的地块与便捷的交通

亟待开发的基地内部

放射与激活为主题的规划

五要素

边界　　　　功能　　　　节点　　　　道路　　　　地标

养老区
二期养老住宅区
绿地及停车场

医院&办公管理
孤独症学校
商业&服务

Node　　Node

Entrance　　Entrance

园区外道路　　车行路
主要人行路

功能复合

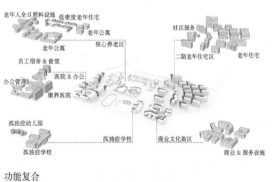

老年人全日照料设施　低密度老年住宅
老年公寓
核心养老区　　　社区服务
老年公寓
员工宿舍&食堂　　二期老年住宅区　老年住宅
办公管理
康养医院
孤独症幼儿园
孤独症学校　　孤独症学校　　商业文化街区
　　　　　　　　　　　　　商业&服务设施

景观分析

小区级景观核心

人工湖：景观核心
绿地&停车
人工湖广场　居住区广场
马场

场景分析

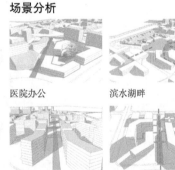

医院办公　　　　滨水湖畔

景观轴线　　　　步行街区

开放空间分析

人工湖广场景观

乐安居

老年人综合福祉设施规划与建筑设计

概念分析

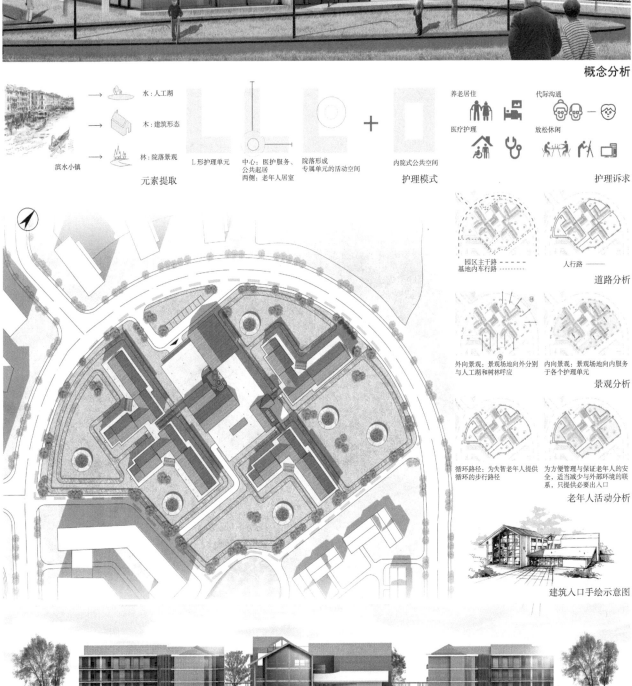

水：人工湖
木：建筑形态
林：院落景观

滨水小镇

元素提取

L形护理单元

中心：医护服务、公共起居
两侧：老年人居室

院落形成专属单元的活动空间

内院式公共空间

护理模式

养老居住　代际沟通

医疗护理　放松休闲

护理诉求

园区主干路 ------
基地内车行路 -------

人行路 ——

道路分析

外向景观：景观场地向外分别与人工湖和树林呼应

内向景观：景观场地向内服务于各个护理单元

景观分析

循环路径：为失智老年人提供循环的步行路径

为方便管理与保证老年人的安全，适当减少与外部环境的联系，只提供必要出入口

老年人活动分析

建筑入口手绘示意图

西立面图

夕阳·与家的剪影

1~4. 护理单元 5. 消防控制室 6. 警卫室 7. 健康评估 8. 入住登记 9. 公共卫生间 10. 设备间 11. 作业治疗室 12~13. 物理治疗室 14. 办公室 15. 档案室 16. 信息室 17. 文印室 18. 财务室 19. 会议室 20. 库房 21. 抢救室 22. 药品室 23. 消毒室 24. 化验室 25.B 超室 26. 心电图室 27. 诊疗室 28. 公共卫生间 29. 公共活动室 30. 会见聊天室 31. 展览展示 32~33. 公共餐厅 34~40. 厨房（34. 洗消室 & 餐车收放 35. 配餐间 & 操作间 36. 主食贮藏 37. 副食贮藏 38. 冷藏冷冻 39. 杂物间 40. 办公室）

用房室内一体化设计

时光胶囊

一层平面图

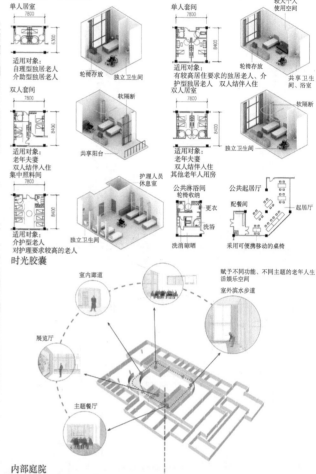

1~4. 护理单元 5. 多功能厅 6. 公共卫生间 7~8. 作业治疗室 9. 物理治疗室 10. 公共活动厅 11. 静点室 12. 注射室 13~17. 亲情网络室 18. 棋牌室 19. 书画室 20. 控制室 21. 培训教室 22. 贵宾室 23~24. 办公室

二层平面图

内部庭院

1~4. 护理单元 5. 多功能厅上空 6. 公共卫生间 7. 办公室 8~9. 社会工作室 10. 室内花园 11. 阅览室 12. 控制室 13~14. 心理咨询室 15. 控制室

三层平面图

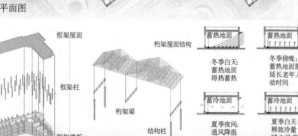

护理单元   多功能厅（大空间）   热环境   光环境

1-1 剖面图

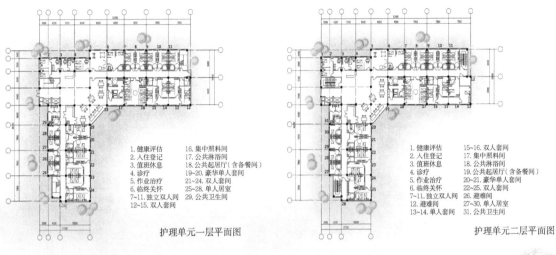

护理单元一层平面图

1. 健康评估　16. 集中照料间
2. 入住登记　17. 公共淋浴间
3. 值班休息　18. 公共起居厅（含备餐间）
4. 诊疗　　　19~20. 豪华单人套间
5. 作业治疗　21~24. 双人套间
6. 临终关怀　25~28. 单人居室
7~11. 独立双人间　29. 公共卫生间
12~15. 双人套间

护理单元二层平面图

1. 健康评估　15~16. 双人套间
2. 入住登记　17. 集中照料间
3. 值班休息　18. 公共淋浴间
4. 诊疗　　　19. 公共起居厅（含备餐间）
5. 作业治疗　20~21. 豪华单人套间
6. 临终关怀　22~25. 双人套间
7~11. 独立双人间　26. 避难间
12. 避难间　　27~30. 单人居室
13~14. 单人套间　31. 公共卫生间

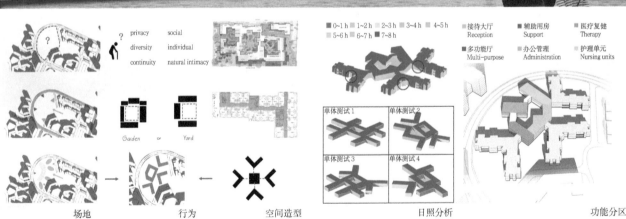

privacy　　social
diversity　individual
continuity　natural intimacy

Garden　or　Yard

场地　　　　行为　　　空间造型

0~1 h　1~2 h　2~3 h　3~4 h　4~5 h
5~6 h　6~7 h　7~8 h

单体测试1　单体测试2
单体测试3　单体测试4

日照分析

接待大厅 Reception　辅助用房 Support　医疗复健 Therapy
多功能厅 Multi-purpose　办公管理 Administration　护理单元 Nursing units

功能分区

夕阳·与家的剪影

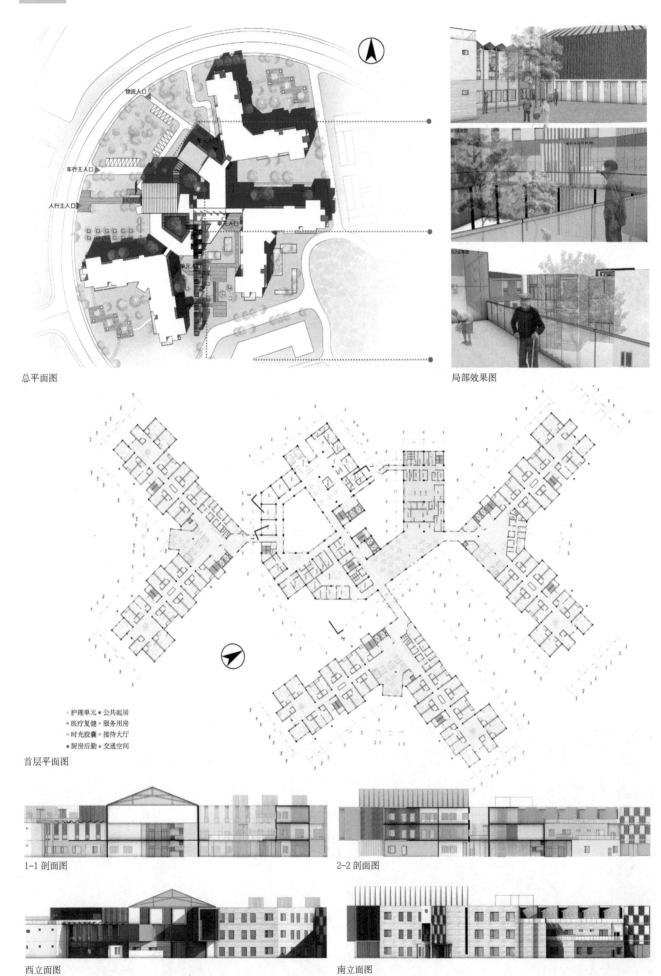

总平面图

局部效果图

■护理单元■公共起居
■医疗复健■服务用房
■时光胶囊■接待大厅
■厨房后勤■交通空间

首层平面图

1-1 剖面图

2-2 剖面图

西立面图

南立面图

教师评语

在规划中，作品将多种功能良好地融合在园区内，并进行了分期建设的构想，同时高容积率的设计使得方案有更高的可实现性。建筑方案一关注了老年户型的多样性，并将其落实在护理单元中，同时公共空间也具备完整服务老年人的功能。方案二结合地域条件，充分发挥庭院空间的包容性，达到了各项功能使用的实际要求，且完善了老年人的交往行为空间。

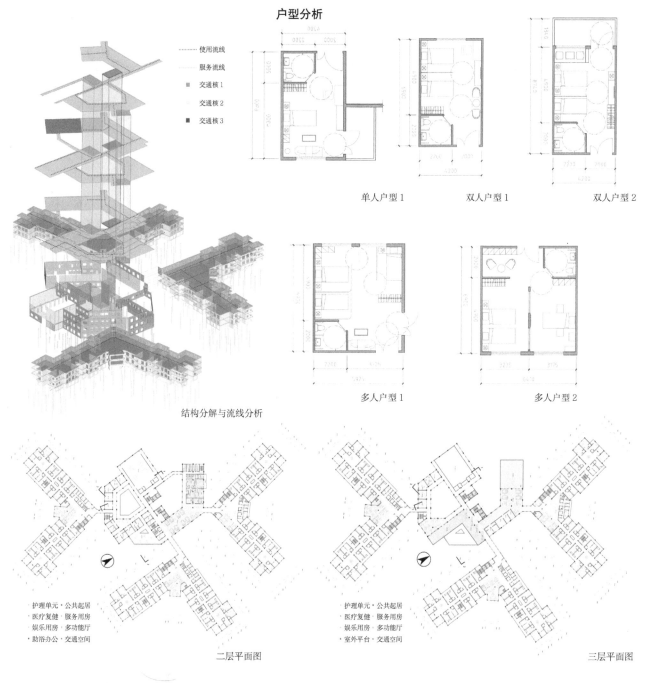

户型分析

.... 使用流线
———— 服务流线
■ 交通核 1
□ 交通核 2
■ 交通核 3

单人户型 1　　　　双人户型 1　　　　双人户型 2

多人户型 1　　　　多人户型 2

结构分解与流线分析

·护理单元·公共起居
·医疗复健·服务用房
·娱乐用房·多功能厅
·助浴办公·交通空间

二层平面图

·护理单元·公共起居
·医疗复健·服务用房
·娱乐用房·多功能厅
·室外平台·交通空间

三层平面图

夕阳·与家的剪影

175

4.4.2 鹤话春秋

方欣杨　王宇慧

区位分析

基地位于南京市雨花区由茶厂路和梅村路所围成的近似于矩形的地块上，紧邻南京市区外高速公路。基地北面与南面有零星村落，而基地内是私人承包的雨花茶茶厂及固有建筑。

建筑类型

选地：3 hm²
老年康养设施

办公，接待 康养医院 孤独症儿童学校 养老住宅 活动中心

建筑类型
以围合式建筑为主，兼有散点式和公共服务建筑。

总平面图

规划分析

绿环隔离
用绿化带隔离场地与周边道路，营造安静的氛围，并提供停车场地。

引入水系
中间低洼处引入水系，营造舒适的休闲景观。

围合院落

分期开发
中部一期开发，形态和结构完整，周边地块预留。

规划结构

规划结构　　景观结构　　形态分析　　道路分级

道路分析

— 架空步行道
— 18 m 道路
— 12 m 带绿化隔离带
— 9 m 道路

单体设计——北方院落

12 个有辅助生活服务的单元（430 个床位），两个失智老人有特殊照料的单元（共 80 个床位），50 张有专业护理的床位。

体块生成

地块形态　　向心旋转　　平行排列

院落形式　　逻辑叠加　　最终形态

护理单元

公共起居厅
护士站、办公、医疗、居室

一层平面布局

二层平面布局

三层平面布局

顶层平面布局

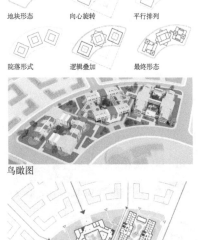

鸟瞰图

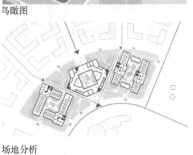

场地分析

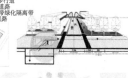 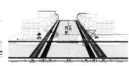

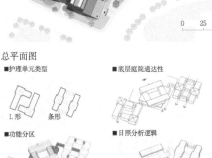

总平面图

■护理单元类型
L形　条形

■底层庭院通达性

■护理单元分布
护士站位置

■功能分区
公共活动
交通空间
护理单元

■日照分析逻辑
护理单元内满足日照要求的立面

公共起居厅设置

日照分析

本方案

防火分区

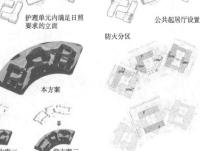

前方案一　　前方案二　　前方案三

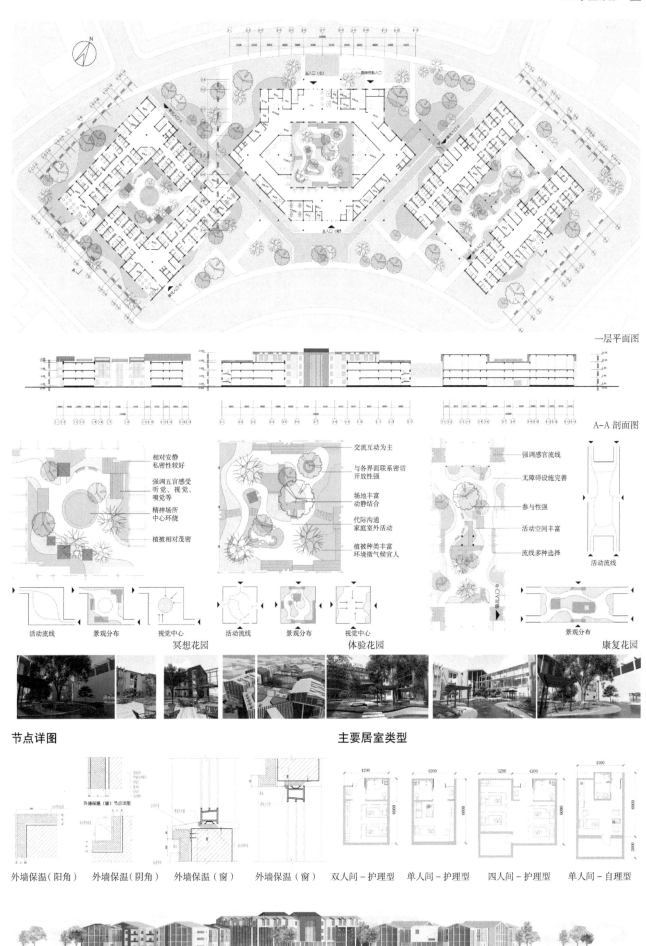

一层平面图

A-A 剖面图

相对安静
私密性较好

强调五官感受
听觉、视觉、
嗅觉等

精神场所
中心环绕

植被相对茂密

交流互动为主

与各界面联系密切
开放性强

场地丰富
动静结合

代际沟通
家庭室外活动

植被种类丰富
环境微气候宜人

强调感官流线

无障碍设施完善

参与性强

活动空间丰富

流线多种选择

活动流线

活动流线　景观分布　视觉中心

活动流线　景观分布　视觉中心

景观分布

冥想花园

体验花园

康复花园

节点详图

主要居室类型

外墙保温（墙）节点详图

外墙保温（阳角）　外墙保温（阴角）　外墙保温（窗）　外墙保温（窗）　双人间－护理型　单人间－护理型　四人间－护理型　单人间－自理型

南立面图

西立面图

东立面图

体块生成

问题　　　初步体量　　　院落式元素提取　　　主要入口退让

最终体量生成：
①顺应主要交通路口的走势进行退让设计。
②楼体设计避免窗户对望的情况发生。

总平面图

公共服务功能　　失智单元　　　公共设施流线　　　护理单元流线

公共起居厅　　　护理单元

功能分析　　　　　　流线分析

0~1 h
1~2 h
2~3 h
3~4 h
4~5 h
5~6 h
6~7 h
7~8 h

日照分析

0　25　50　100 m

哈尔滨工业大学

178

设计说明

护理单元被置入 3 个合院形式围合而成的体量中。每层建筑一共有 5 个护理单元，其中包括 1 个失智老人单元。设计考虑到不同人的居住要求，分为单人间、双人间、单人护理间等不同户型。采光设计不仅仅考虑了冬至日的满窗日照，还根据朝向对每一个房间的西晒直射进行了遮阳设计。每层 5 个护理单元提供 188 个床位、5 个单元起居厅和 3 个时光胶囊。

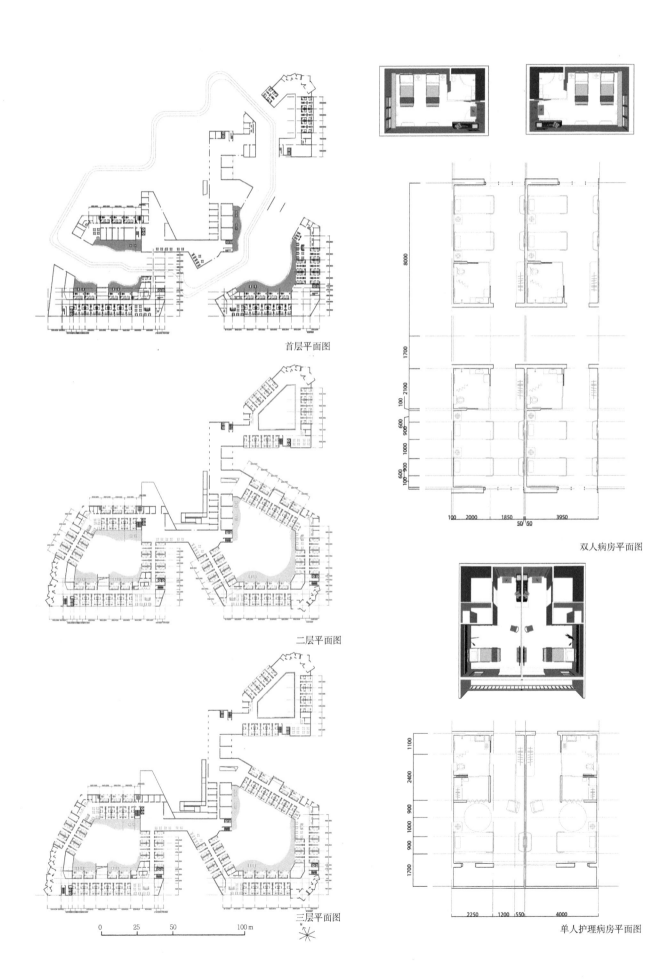

首层平面图

二层平面图

三层平面图

0　25　50　100 m

双人病房平面图

单人护理病房平面图

整体结构采用框架混凝土体系。设计遵循 1 型护理单独配置，提供双排房间以及具有良好光照条件的单元起居室。三个组团居住单元共同连接着一个综合功能的体块，为每一个组团的老人提供良好、公平的配套设施与资源配置。同时屋顶具有一定的可达性，设置一定的屋顶日间护理功能阳光房，以满足老人在冬季的护理需求。

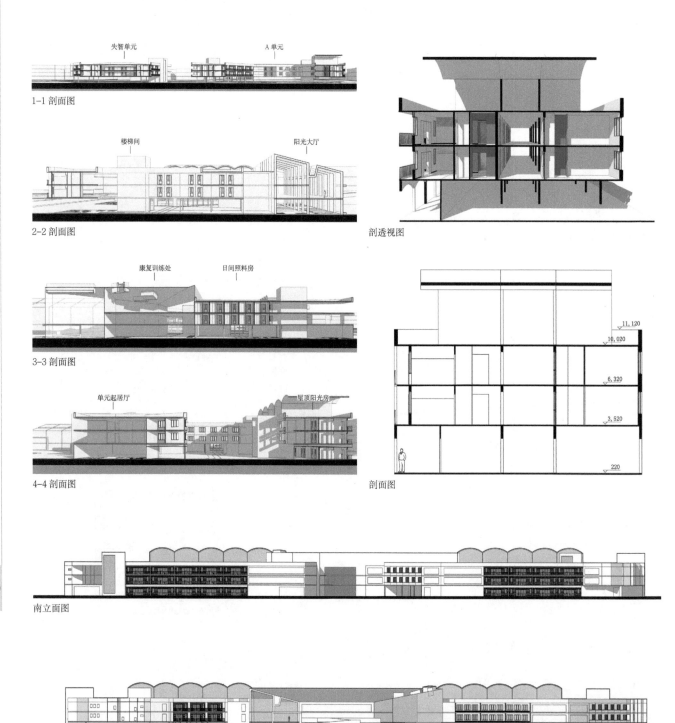

1-1 剖面图

2-2 剖面图

剖透视图

3-3 剖面图

4-4 剖面图

剖面图

南立面图

北立面图

东立面图

教师评语

建筑完成度较高，但是室内空间的组织缺少亲和力，建筑体量布置在让平面布局丰富的同时，也导致了居室朝向不佳的问题。在细节设计上对老年人群体非常关照，但是缺少一定的开放空间。立面设计稍显琐碎，设计手法不够统一。

护理单元 A

A 单元庭院设计：基于使用者对颜色的敏感度，创造良好的明亮的庭院环境。通过不同植株的相互配种来提供更多屋外的田园之趣，丰富老年人的退休生活，以一种参与式的园林设计增强老年人的归属感。

B 单元庭院设计：基于触感，通过铺地的设计，增强老人的感官恢复以及足底按摩感受。底层的公共功能（日间照料用房、香护病房以及临终照料）与场地设计结合，营造亦内亦外的庭园氛围。出户的灰空间是庭院设计的重点，老人和家属可以在此停留，达到一种非常简单就可以接近自然的效果。

护理单元 B

失智单元的庭院设计：
在设计中加入传统中式园林的设计要素，同时通过介入水景和水疗的方法来为游览的老人增添一定的感官刺激体验。庭院在尺度上较为窄小，但是加入了对景等园林手法，开阔了室外空间的视觉感受。

护理单元 C

4.4.3 鲜花易落·松老长青

郭婧媛 史鹤迪

设计说明

作品为面向老人与孤独症儿童的综合福祉设施规划与建筑设计，以代际交流为理念，将老年人照护、幼儿照料、餐饮、会客等多种功能设施进行合并，创造代际共享场所。老年人可以通过文化传承找寻到在社会中的自我价值和生存价值，儿童从老年人身上学习到生活的经验，获得生活的喜悦。在以上理论条件下，对基地地块进行规划设计，通过一系列规划手法，令老年人和孤独症儿童得以相互交流，并各自拥有适宜的独处空间。

规划分析

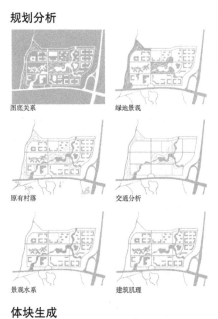

图底关系　　　　绿地景观

原有村落　　　　交通分析

景观水系　　　　建筑肌理

体块生成

单体形态

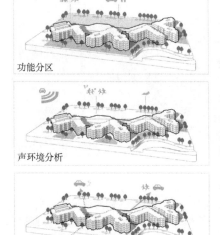

功能分区

声环境分析

交通分析

方案生成

基地范围　周边交通　水系引入　景观设计　总体规划

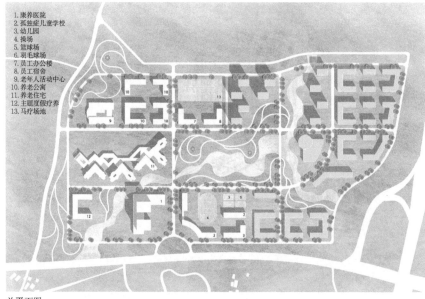

1. 康养医院
2. 孤独症儿童学校
3. 幼儿园
4. 操场
5. 篮球场
6. 羽毛球场
7. 员工办公楼
8. 员工宿舍
9. 老年人活动中心
10. 养老公寓
11. 养老住宅
12. 主题度假疗养
13. 马疗场地

总平面图

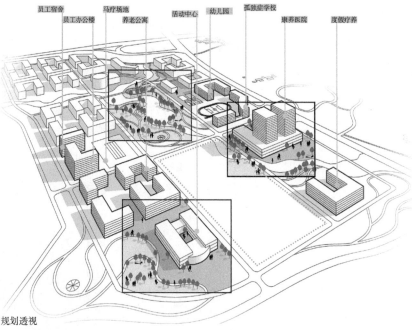

员工宿舍　员工办公楼　马疗场地　养老公寓　活动中心　幼儿园　孤独症学校　康养医院　度假疗养

规划透视

在地块规划透视图中，选取三个节点进行重点表达，三个节点分别为老年人活动中心、康养医院及地块的中心景观区域。考虑到地块主要使用者是老年人和孤独症儿童，引入田间地块的水系将各个建筑联系到一起，起到活跃气氛的作用。活动中心和康养医院分别位于地块的主、次入口附近，以方便地块外的人群使用。

区位分析

模型照片

设计说明

单体建筑为老年人养护住宅。养护单元平面使用"L"字形，一方面考虑到建筑采光的需求，另一方面，"L"字形与老年人的拐杖形态相似，象征对老年人无微不至的关照和帮助。

1. 接待大厅
2. 门卫室
3. 消防控制室
4. 会见室
5. 培训教室
6. 卫生间
7. 书画室
8. 餐厅
9. 厨房
10. 心电图室
11. 化验室
12. 作业治疗室
13. 独立诊疗室
14. 药房
15. 迎室
16. 清毒室
17. 医护培训教室
18. 多媒体室
19. 抢救室
20. 接待室
21. 棋牌室
22. 书画室
23. 阅览室
24. 亲情网络室
25. 设备间
26. 储藏间
27. 琴房

一层平面图

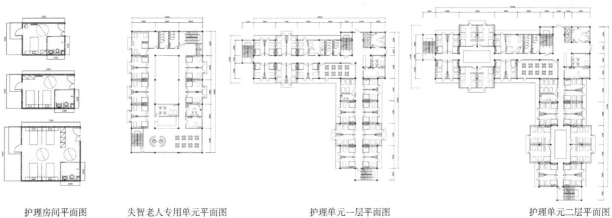

护理房间平面图　　　　失智老人专用单元平面图　　　　护理单元一层平面图　　　　护理单元二层平面图

效果图

立面图

鲜花易落·松老长青

哈尔滨工业大学

184

总平面图

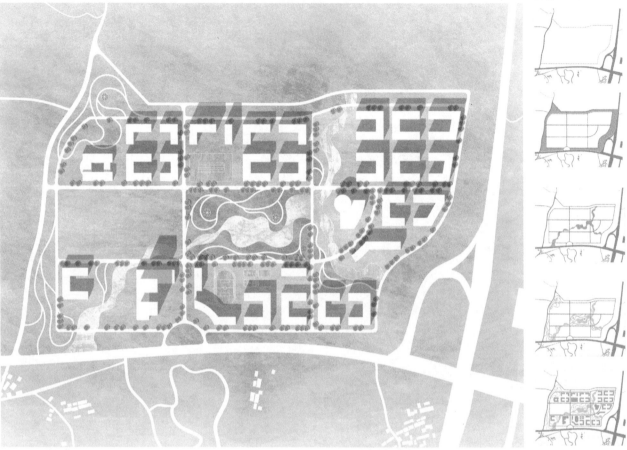

方案生成

总体规划透视图

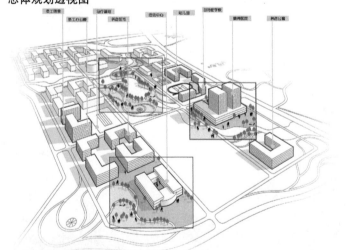

区位分析

区位概况

周边区域分析

主要道路分析

周边交通分析

周边村落分析

周边养老院分析

总体规划分析图

图底关系

绿地系统

水景系统

原有村落

交通分析

建筑肌理

模型照片

规划设计使用了相对理性的处理手法，路网规划齐整。建筑体量在丰富多变的同时也兼顾了足够的容积率，满足养老住宅的需求，功能和流线比较合理。设计较为深入，为老年人提供了各类医疗用房与娱乐用房。

设计说明

单体建筑为老年人养护住宅。养护单元平面使用折线形，一方面考虑到采光的需求，另一方面，建筑与翅膀的形状相似，象征着老人的心自由飞翔。目前传统家庭赡养功能弱化，家庭养老面临严重挑战。社区服务体系较为薄弱，社会所能提供的福利养老设施不可能满足数量庞大的老年群体。

以日照为依据，获取更多阳光

对建筑进行变形，提高日照时间

形体微调

设置主入口

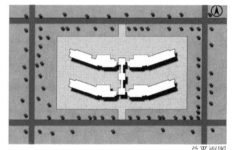

总平面图

一层平面图

1. 单人间　6. 入口大厅　11. 管理用房
2. 双人间　7. 卫生间　12. 仓储用房
3. 三人间　8. 楼梯间　13. 商业用房
4. 起居厅　9. 电梯厅
5. 中厅　10. 活动室

四层平面图

西立面图

剖面图 1-1

单人间　双人间　三人间

护理单元分析

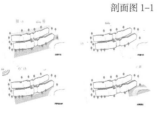

地块分析

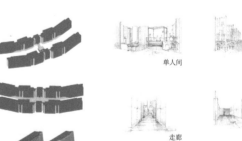

单人间　起居厅

走廊　中厅

走廊　走廊

日照分析

室内节点示意图

4.5　浙江大学

4.5.1　岛

郑盛远　郑俊超

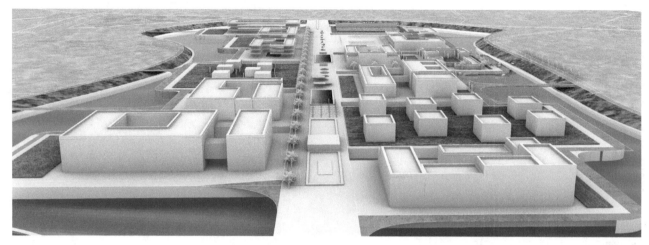

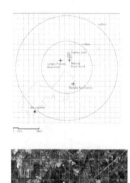  

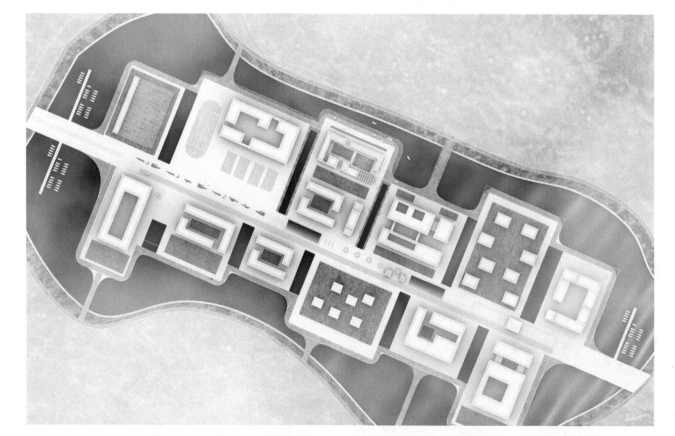

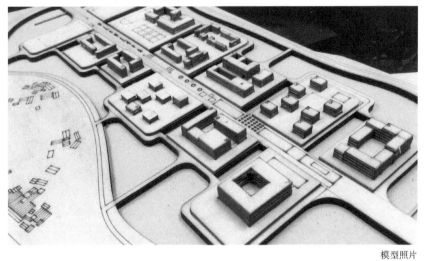

景观层次

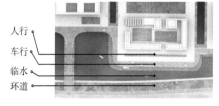

人行
车行
临水
环道

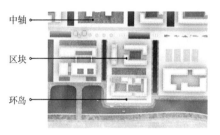

中轴

区块

环岛

模型照片

办公管理区

老年居住区

马场与船坞

开敞式活动空间

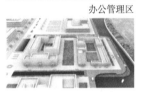

老幼统合区

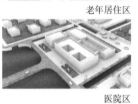

医院区

中轴景观带

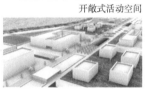

围合式活动空间

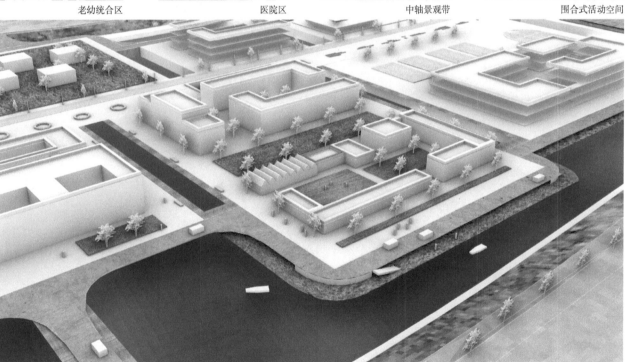

岛

时空胶囊

社区综合体

中国传统村庄的空间结构

这是一个供老人生活两周的时空胶囊。为了唤醒老人对于过去的记忆，从中国的传统建筑中提取板和柱的空间原形，形成老人生活的居住组团。

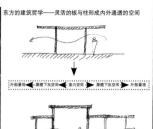

东方的建筑哲学——灵活的板与柱形成内外通透的空间

内部庭院空间

组团操作手法

①规整的回廊空间   ②变化的回廊空间   ③街坊式开放廊道

适应于较严重的失智老人   适应于轻度的失智老人   适应于健康老人

组团间排布

①常规失智老人居住设施   ②打散成有机的村庄聚落   ③用连廊将各个区域连接

室内与室外贯通

内部的框架具有比较灵活的结构，满足不同老人对不同材质的需求，选用老人曾经熟悉的青砖、木材等老旧材料，从触感和视觉上唤醒老人的记忆。

多种室内材质设计

胶囊室内

一层平面图

时空胶囊结构爆炸

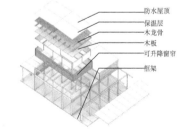

防水屋顶
保温层
木龙骨
木板
可升降窗帘
框架

总平面图

剖面图

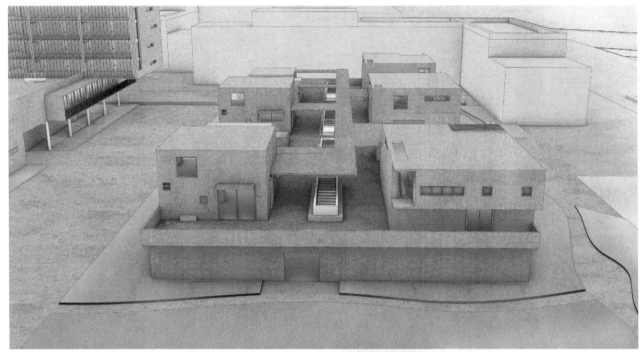

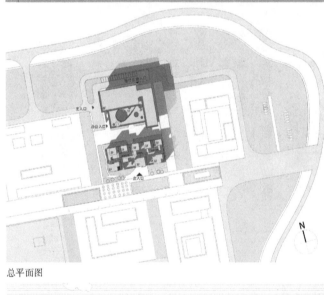

总平面图

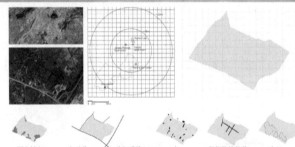

原有村庄　　主干道　　次级道路　　水　　保留的林荫道　　农田

体块生成

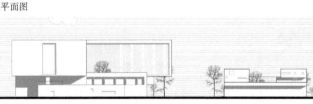

西立面图

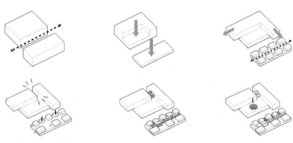

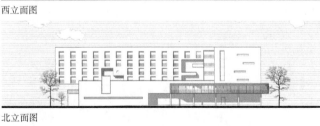

北立面图

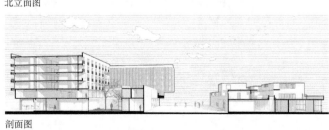

剖面图

剖面图

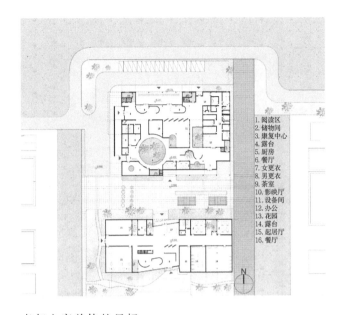

1.阅读区
2.储物间
3.康复中心
4.露台
5.厨房
6.餐厅
7.女更衣
8.男更衣
9.茶室
10.影映厅
11.设备间
12.办公
13.花园
14.露台
15.起居厅
16.餐厅

老年之家单体的目标人群是失能老人和自理老人，为两者分别设置1 800床和60床的功能空间。失能老人因为身体机能退化，需要得到及时的照料。根据这一需求特性，设计考虑了就近医疗的需求，就近布置公共空间，并满足居住的私密性和舒适性。

1.阅读区
2.储物间
3.康复中心
4.露台
5.厨房
6.餐厅
7.女更衣
8.男更衣
9.茶室
10.影映厅
11.设备间
12.办公
13.花园
14.露台
15.起居厅
16.餐厅

自理老人的生活能够自理，因此他们对公共活动空间要求较高，宜选择尽可能体现独立性、可选择性以及居家化的去机构式养老方式。

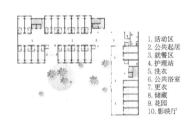

1.活动区
2.公共起居
3.就餐区
4.护理站
5.洗衣
6.公共浴室
7.更衣
8.储藏
9.花园
10.影映厅

针对这两类人群的特性，我们认为失能老人比较适合公寓式集中管理，自理老人适合社区居家式养老。

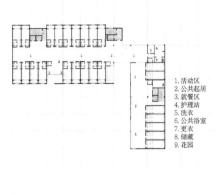

1.活动区
2.公共起居
3.就餐区
4.护理站
5.洗衣
6.公共浴室
7.更衣
8.储藏
9.花园

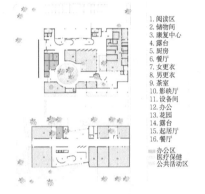

1.阅读区
2.储物间
3.康复中心
4.露台
5.厨房
6.餐厅
7.女更衣
8.男更衣
9.茶室
10.影映厅
11.设备间
12.办公
13.花园
14.露台
15.起居厅
16.餐厅

办公区
医疗保健
公共活动区

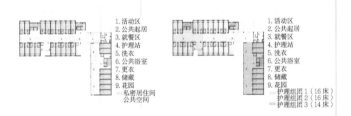

1.活动区
2.公共起居
3.就餐区
4.护理站
5.洗衣
6.公共浴室
7.更衣
8.储藏
9.花园
私密居住间
公共空间

1.活动区
2.公共起居
3.就餐区
4.护理站
5.洗衣
6.公共浴室
7.更衣
8.储藏
9.花园
护理组团1（16床）
护理组团2（16床）
护理组团3（14床）

户型图

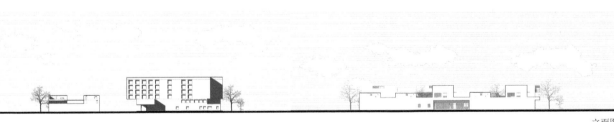

立面图

4.5.2 环流
储宇鑫　王毅超

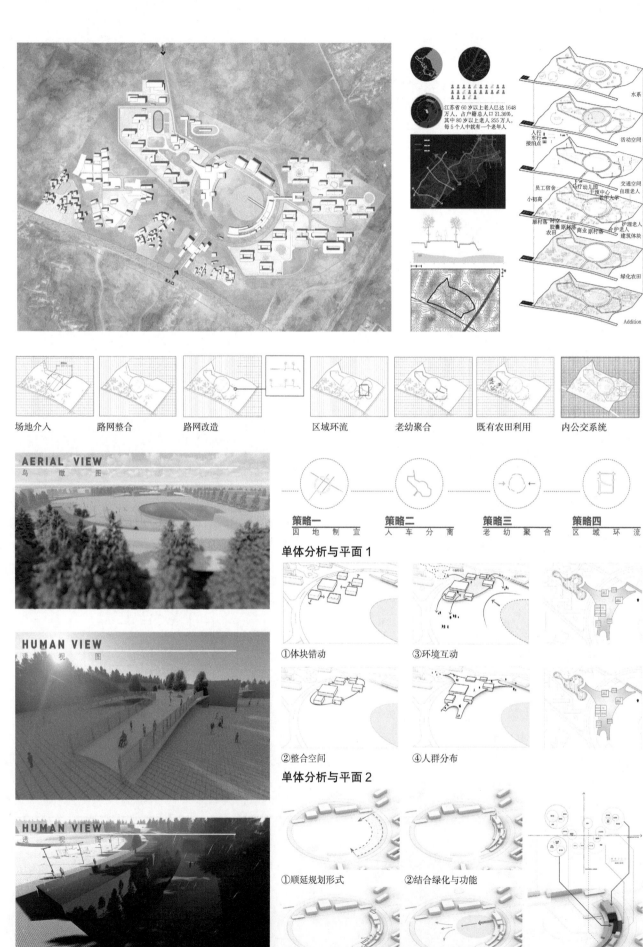

江苏省 60 岁以上老人已达 1648 万人，占户籍总人口 21.36%，其中 80 岁以上老人 255 万人，每 5 个人中就有一个老年人

水系
活动空间

人行
车行
接驳点

交通空间
自理老人

员工宿舍
疗幼儿园
王顿大学
老年大学

小初高

原村落
时空
胶囊 廊材落
护理老人
商业 原村落
介护老人
农田
建筑体块

绿化农田

Addition

| 场地介入 | 路网整合 | 路网改造 | | 区域环流 | 老幼聚合 | 既有农田利用 | 内公交系统 |

AERIAL VIEW　鸟瞰图

HUMAN VIEW　透视图

HUMAN VIEW　透视图

| 策略一 | 策略二 | 策略三 | 策略四 |
| 因地制宜 | 人车分离 | 老幼聚合 | 区域环流 |

单体分析与平面 1
①体块错动　③环境互动
②整合空间　④人群分布

单体分析与平面 2
①顺延规划形式　②结合绿化与功能
③营造坡道及灰空间　④塑造广场与景观

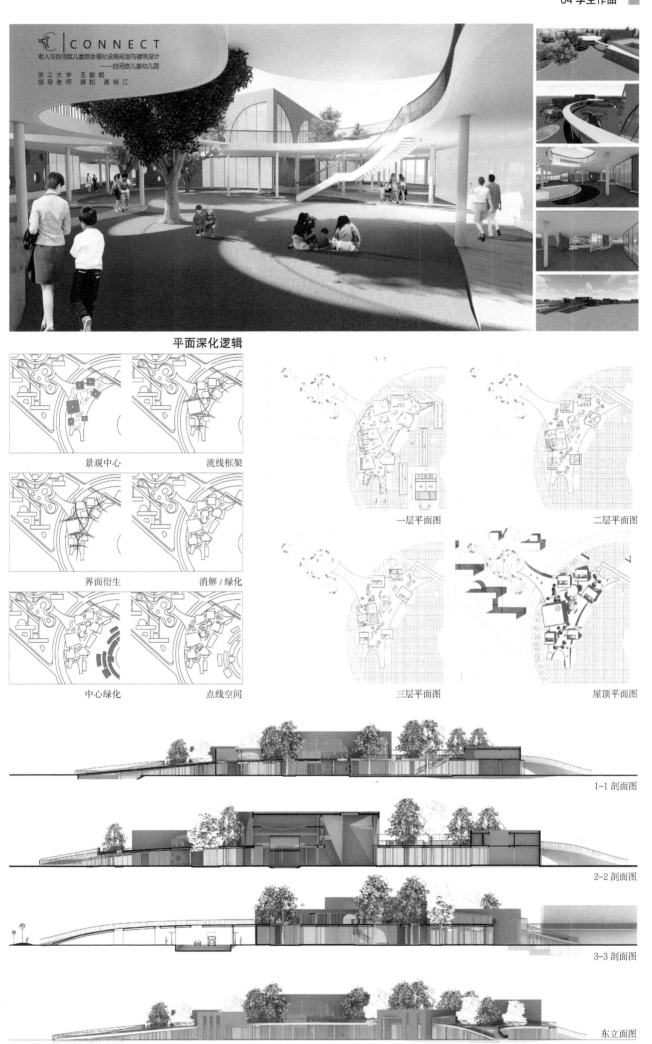

CONNECT
老人与自闭症儿童综合福祉设施规划与建筑设计
——自闭症儿童幼儿园
浙江大学　王毅超
指导老师　裘知　高裕江

平面深化逻辑

景观中心　　　　　　　流线框架

界面衍生　　　　　　　消解/绿化

中心绿化　　　　　　　点线空间

一层平面图　　　　　　二层平面图

三层平面图　　　　　　屋顶平面图

1-1 剖面图

2-2 剖面图

3-3 剖面图

东立面图

CONNECT

老人与自闭症儿童综合福祉设施规划与建筑设计
——自闭症儿童幼儿园

浙江大学 王毅超
指导老师 裘知 高裕江

幼儿园——管理模式——互动装置

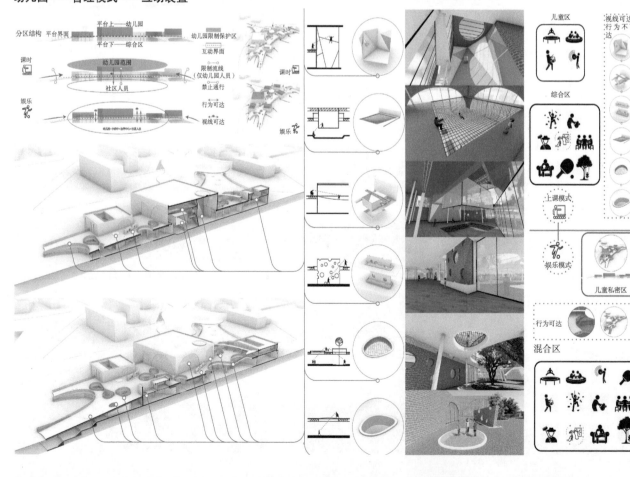

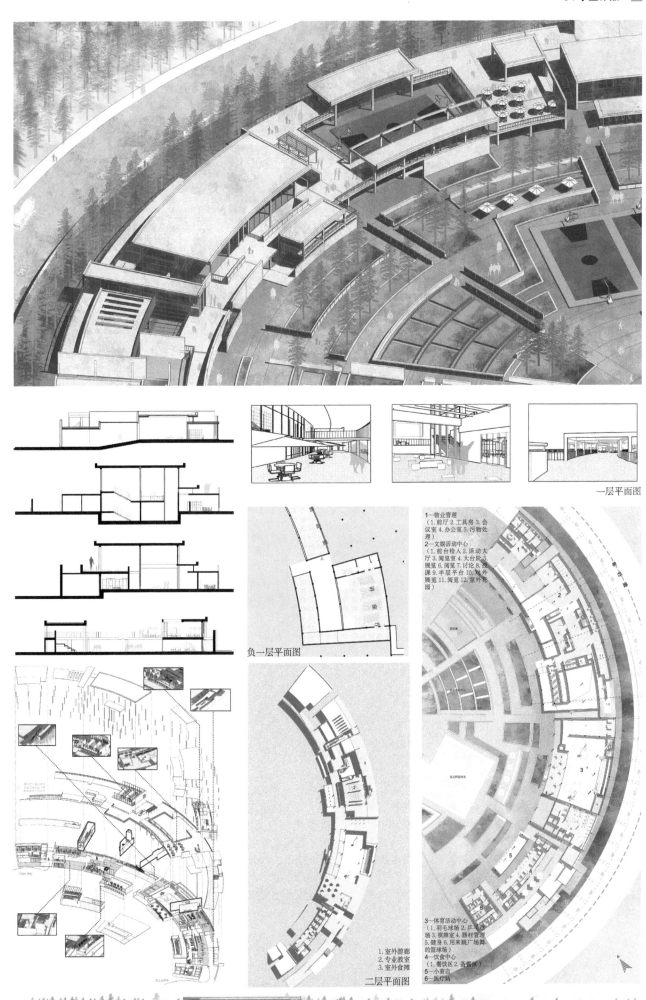

一层平面图

负一层平面图

1—物业管理
（1.前厅 2.工具房 3.会议室 4.办公室 5.污物处理）
2—文娱活动中心
（1.前台绘入 2.活动大厅 3.阅览室 4.大台阶 5.展览 6.阅览 7.讨论 8.授课 9.半层平台 10.对外展览 11.阅览 12.室外花园）

1.室外游廊
2.专业教室
3.室外食摊
二层平面图

3—体育活动中心
（1.羽毛球场 2.乒乓球场 3.棋牌室 4.器材管理 5.健身 6.用来跳广场舞的篮球场）
4—饮食中心
（1.餐饮区 2.备餐区）
5—小商店
6—医疗站

立面图

4.5.3 半岛花园

郑诗吟　周宇嘉

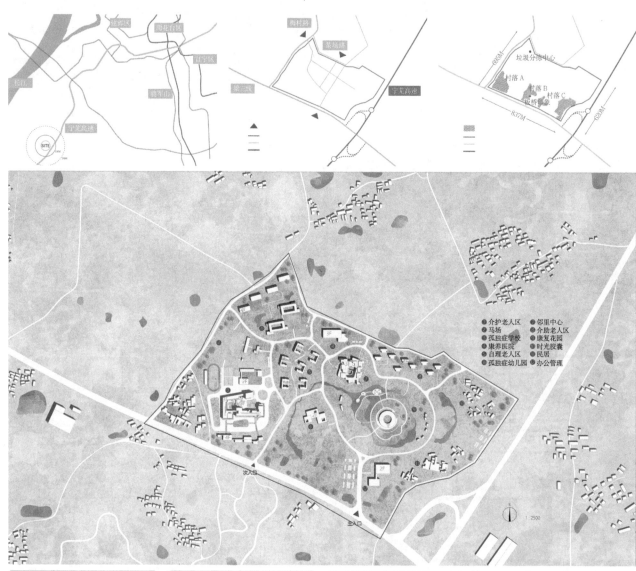

● 介护老人区　　● 邻里中心
● 马场　　　　　● 介助老人区
● 孤独症学校　　● 康复花园
● 康养医院　　　● 时光胶囊
● 自理老人区　　● 民居
● 孤独症幼儿园　● 办公管理

策略 1：核心景观
采用中央康复花园作为景观核心区，中央康复花园融合了老人与孤独症儿童疗养的需求。结合花园和游乐园的形式，将中央区域作为中心点活化基地，吸引人流。

策略 2：动静分离
东侧靠近高速公路，噪音最大的地方与最需要安静的介护区老人隔离。将相对活跃的功能靠近马路放置，并用林区隔离。

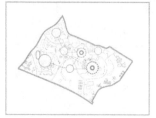

策略 3：引导交流
老人与孤独症儿童的交流将主要发生在康复花园和邻里中心。提倡老人与孤独症儿童的适度交流，两个群体分别位于北侧和南侧，中心功能使二者的流线产生交集。

策略 4：村落呼应
在南侧保留了部分原有村落，在规划上于部分位置适当加入与村落形式、体量类似的建筑，呼应原有村落样貌。

规划结构

功能布置

绿化分布

水系分析

单体 1：孤独症学校

生成过程

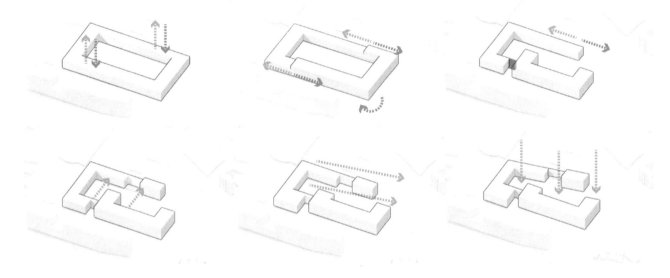

小透视图

总平面图

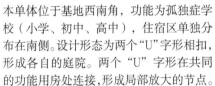

本单体位于基地西南角，功能为孤独症学校（小学、初中、高中），住宿区单独分布在南侧。设计形态为两个"U"字形相扣，形成各自的庭院。两个"U"字形在共同的功能用房处连接，形成局部放大的节点。

西立面

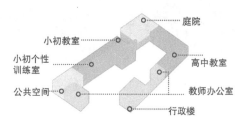

功能分区

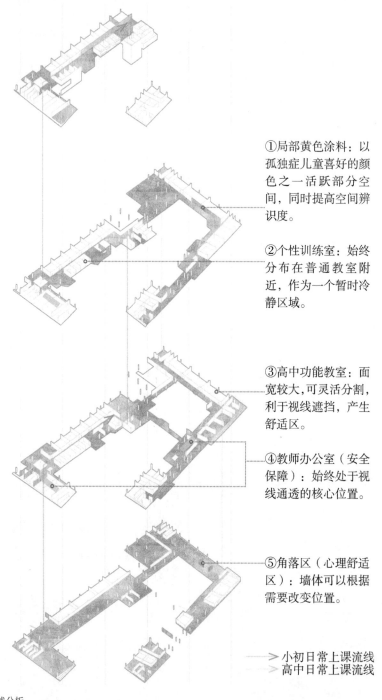

①局部黄色涂料：以孤独症儿童喜好的颜色之一活跃部分空间，同时提高空间辨识度。

②个性训练室：始终分布在普通教室附近，作为一个暂时冷静区域。

③高中功能教室：面宽较大，可灵活分割，利于视线遮挡，产生舒适区。

④教师办公室（安全保障）：始终处于视线通透的核心位置。

⑤角落区（心理舒适区）：墙体可以根据需要改变位置。

> 小初日常上课流线
> 高中日常上课流线

流线分析

基地区位

基地属于雨花区板桥街道板桥社区，板桥街道位于南京市雨花台区西南部，是南京市近期重点规划建设的八大新城之一。

基地周边交通较不发达，基地距市区距离较远，直线距离约 20 km。除主要城市道路外，还有分隔农田的小路，南侧村落中的小道及北侧的茶厂路也与基地相连。

设计说明

本次规划设计以中心康养花园为活化点，同时营造水系、核心游乐设施以及活动中心，吸引基地内的使用人群进入中心空间产生交流。

场地出入口布置在南侧，同时设有多个次出入口。道路呈现从中心向四周发散的形式，车行道以环状道路为主道，向各个停车场地分散，人流围绕各自组团。

建筑多集中在西边，远离噪声大的高速公路。老人与孤独症儿童的组团相对集中，但又有各自的穿插。东侧为时光胶囊区域，建筑形式延续了保留村落的造型风格。

北立面图

A–A 剖面图

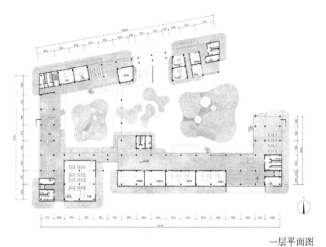

一层平面图

二层平面图

三层平面图

四层平面图

单体2：邻里中心

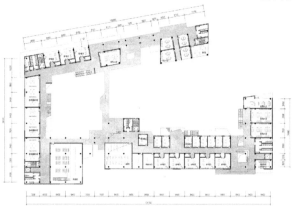

功能组织

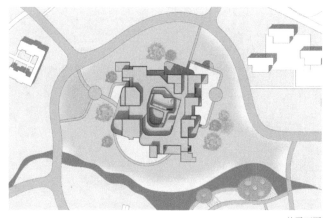

总平面图

半岛花园

形体生成

  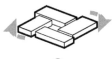 

①	②	③	④	⑤	⑥
设置回形流线，促进两个群体交流，同时可以防止儿童与失智老人走失。	向四个方向开口，同时生成一个中庭花园。整体的空间将依据这一形式设计。	将整体旋转一个角度，使建筑空间产生一个旋转的趋势，与周边圆形的中心半岛形成呼应。	二层在底层的基础上增加形态的错动，生成更多的平台以及走廊空间，满足儿童的活动娱乐需求。	三层沿着中庭向外退让，每层的平台都具有一个良好的视野。	丰富不同区域的空间形态，孤独症儿童的功能空间主要分布在东侧，老人的功能空间布置在在北侧，西南侧为公共的活动空间。

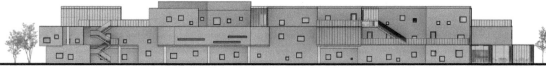

A—A 剖面图

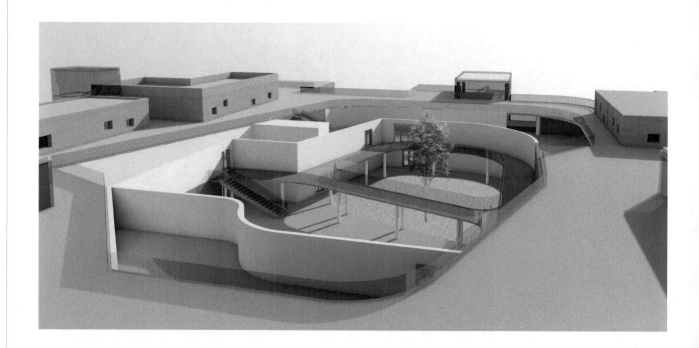

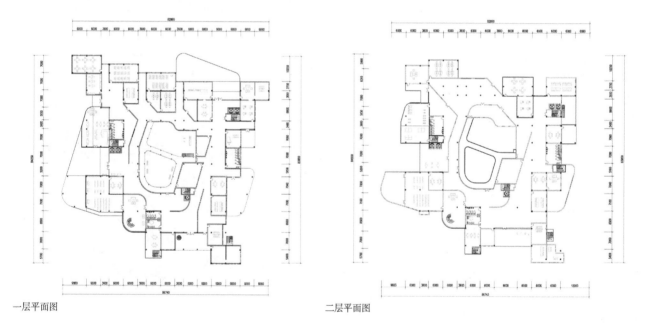

一层平面图

二层平面图

A-A 剖面图

B-B 剖面图

设计思考了孤独症儿童之间以及儿童与老人之间的关系，以此为出发点来考虑建筑功能空间的关系，总体思路尚可，但在细部上的考量稍显不足。

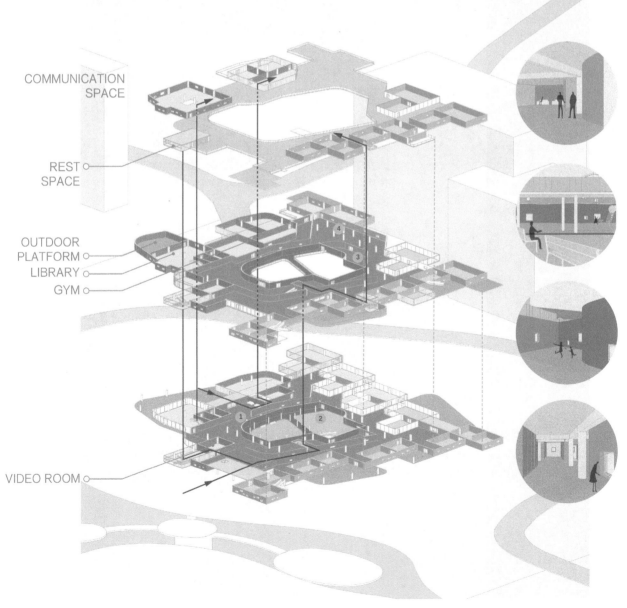

COMMUNICATION
SPACE

REST
SPACE

OUTDOOR
PLATFORM
LIBRARY
GYM

VIDEO ROOM

4.5.4 园中憩
吴韵诗　毛金统

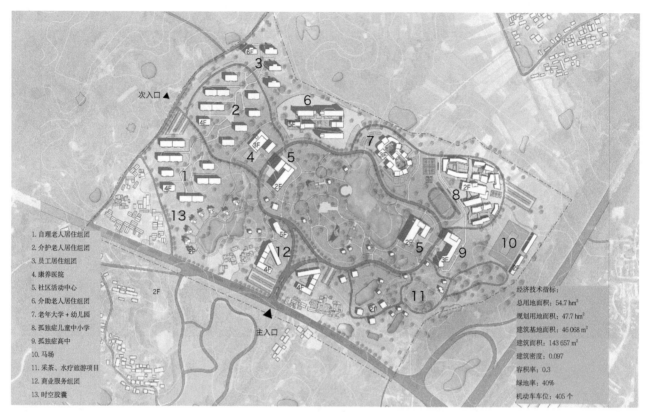

1. 自理老人居住组团
2. 介护老人居住组团
3. 员工居住组团
4. 康养医院
5. 社区活动中心
6. 介助老人居住组团
7. 老年大学＋幼儿园
8. 孤独症儿童中小学
9. 孤独症高中
10. 马场
11. 采茶、水疗旅游项目
12. 商业服务组团
13. 时空胶囊

经济技术指标：
总用地面积：54.7 hm²
规划用地面积：47.7 hm²
建筑基地面积：46 068 m²
建筑面积：143 657 m²
建筑密度：0.097
容积率：0.3
绿地率：40%
机动车车位：405 个

规划总平面图

前期基地分析

基地区位分析

铁路交通分析

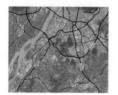
公路交通分析

地铁交通分析

老幼相关建筑分析

基地原有节点分析

方案分析

顺应地势设计

功能区块

细化的功能分区

老人交流

儿童交流

基地原有水系分析

功能分区：延续功能分区上西区老年人、东区儿童的设计。

功能组团：具体的功能组团排布根据路网做了细化调整。

水系分析：在尽可能保留原有水系的基础上修整了边界，同时在基地中心开辟了中心湖泊。

具体建筑功能：根据功能细化每种类型的建筑形式。

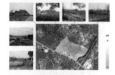
基地原有高差分析

基地原有村落分析

车行道与人行道分析

消防车道分析

休闲步道分析

景观带分析

教师评语

通过寻找场地道路脉络，从板桥生态园形成放射形功能区，包括老幼复合和社区公共绿地。学校根据孤独症儿童刺激程度分级进行功能分区，康复中心根据分析特定人群的生活方式设计室内外共享空间。

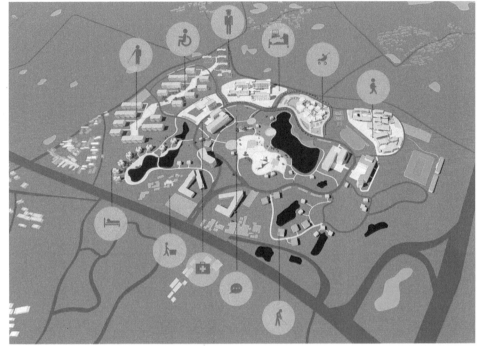

人眼视点渲染图

功能分析图

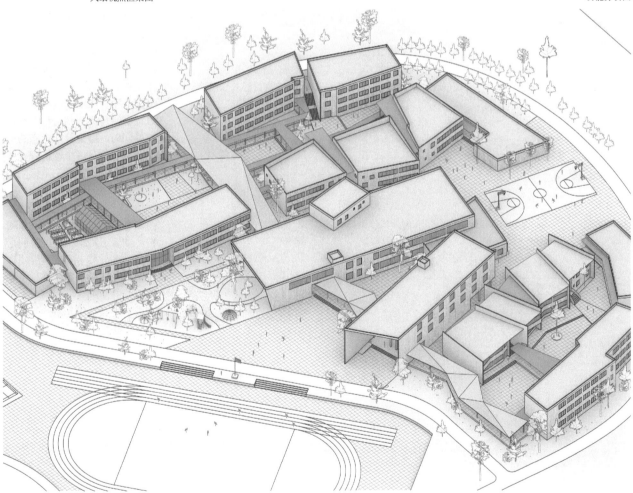

园中憩

孤独症及其他特殊儿童的生活和教学方式与普通儿童不同，有独特的需求和规定。孤独症儿童存在一定的社交障碍，且在孤独症谱系中，不同的孤独症患者有着不同的患病程度，表现出不同的病症。因此，他们对空间有着不同的需求。在建筑设计中，根据孤独症儿童的特点，一般倾向于使用小尺度的亲人空间来缓和大空间带来的强烈刺激感。

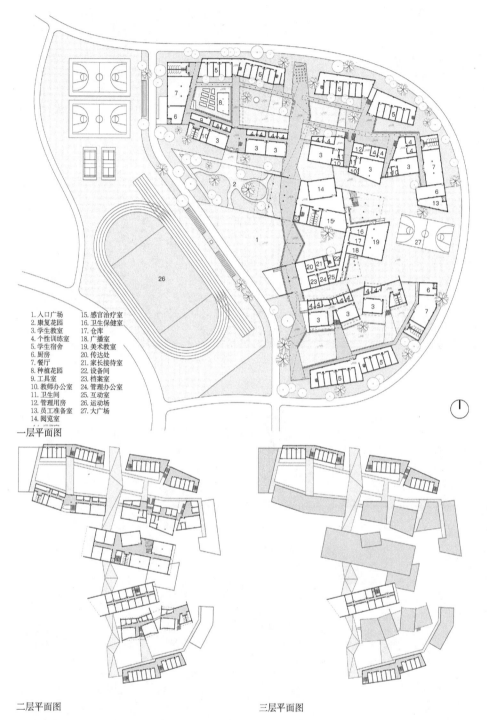

1.入口广场　　15.感官治疗室
2.康复花园　　16.卫生保健室
3.学生教室　　17.仓库
4.个性训练室　18.广播室
5.学生宿舍　　19.美术教室
6.厨房　　　　20.传达处
7.餐厅　　　　21.家长接待室
8.种植花园　　22.设备间
9.工具室　　　23.档案室
10.教师办公室 24.管理办公室
11.卫生间　　　25.互动室
12.管理用房　　26.运动场
13.员工准备室 27.大广场
14.阅览室

一层平面图

二层平面图

三层平面图

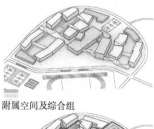

附属空间及综合组

开放空间广场

廊道空间设计

孤独症儿童中小学建筑设计秉持以人为本的原则，考虑孤独症儿童对于小空间的需求。小空间带来的好处是：细小的组团式的布局形式十分有利于孤独症儿童分层级的教育需求。设计在结合周边的村镇聚落形态的同时，考虑聚落形态的可能，将学校分成个性护理、普通护理和初中护理三个组团，旨在建立不同的关联机制和空间形态，对不同程度的孤独症患者给予针对性的关怀和呵护。如普通护理组团的空间形态与一般学校相似，但组团内布置种植花园满足其进一步康养治疗的需求。一些细节设计充分考虑孤独症儿童的需求特点，如颜色偏好等。

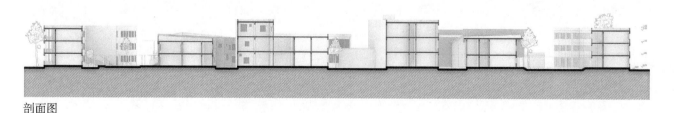

剖面图

立面图

立面图

建筑效果图

形体生成

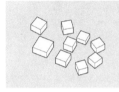    

屋顶平面图   一层平面图   二层平面图   三层平面图

孤独症儿童区：尊重孤独症儿童的生活习性和行为方式，如大部分孤独症儿童有徘徊行为倾向，因此设计"8"字形的路径引导他们通往复合区域。

老人区：不希望与儿童靠近的空间或老人专用空间安排在儿童难以到达的一层与二层北区。

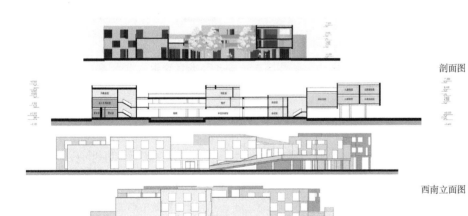

剖面图

西南立面图

西北立面图

幼儿生活单元平面图及效果图

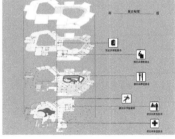

复合功能分析图

园中憩

205

效果图

4.5.5　村田置换·与民同乐
张颢阳　秦士耀

项目位置　　　　　　　　　　　周边村落和农田

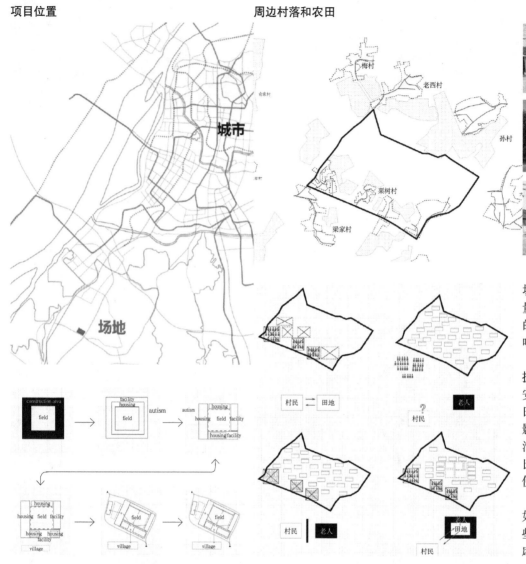

场地红线周边存在着大量村落和农田，场地内的开发势必对此造成影响。

拆除农田和村落会引起安置问题，而传统对农田进行征用的方式又会影响村落内村民的生产活动。但是村落和农田比较散乱，完全保留会使得用地紧张。

如何通过新的模式将这些矛盾转化为优势是考虑的出发点。

设计说明

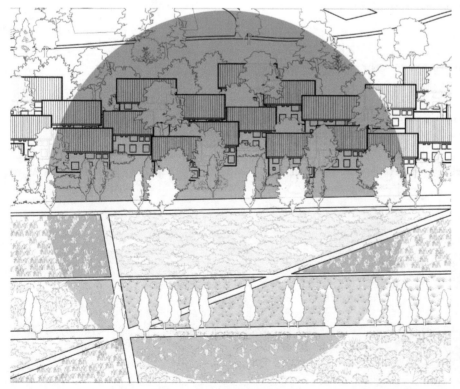

在前期的场地调研和项目研究中，我们格外关注远郊用地对项目的运行产生的影响：脱离了城市核心生活圈的老人们如何得到丰富的娱乐休闲活动？被农田和村落包围的社区如何能够和周边村落建立联系？项目本身是否又能够打造特色的产业，对城市形成一个吸引？我们从分析场地红线以及周边村落的去留问题开始，创造性地提出了"村田置换"的规划概念，将场地红线内原先零散而不规则的农田集中到场地中央，并形成特色农田体验区。项目创造了一种新的发展模式：村民仍旧能够从事农业生产活动，同时村民的生产活动被容纳到养老社区内，从而让老年人能够体验农居生活，并且拥有丰富的休闲娱乐活动。这一模式为后续一系列生态农业、农家乐体验项目的开发创造了可能。

①孤独症学校组团；②特色大农田；③老年活动组团；④马场；⑤时光胶囊疗养区；⑥景观特色小品；⑦线性景观带（引导孤独症选择性融合活动）；⑧老年住宅和老年公寓；⑨车行主干道；⑩人行道路系统；⑪二、三期开发预留地；⑫景观水系；⑬员工宿舍；⑭停车场

位于大农田南端的老年大学综合体承担了三个主要角色，一是园区内老年人聚合并且发生活动的主要场所，同时也是老年人和村民流线交织的场合，这个部分在村民进入农田务工穿过时成为他们的驿站。最后该建筑将作为大农田中央的视觉焦点，形成富有特色的农田园居景观。基于此，我希望能创造一个承载丰富的老年人活动并且满足村民活动、激发二者融合的空间。它应该是疏松的，有层次而多义的。自由的村落肌理给了我灵感，我抓住村落有机体块和屋檐创造的富有层次的灰空间的特点，将其作为空间塑造的重点。

功能图解

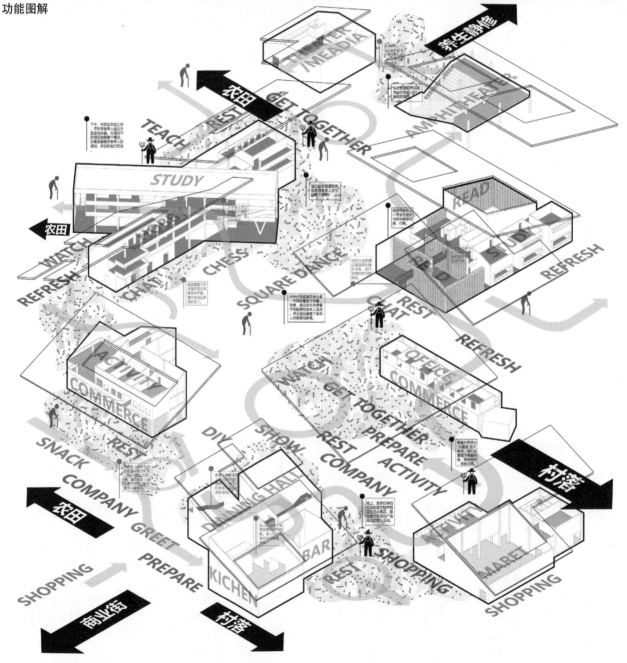

设计说明

作品为老人与孤独症儿童的共享型福祉·康复设施设计中的学校设计。一直以来，对于学校的设计总是把重点放在教学区域的设计上，而对学生日夜生活的生活区却不够重视。作为孤独症儿童的学校组团，鉴于孤独症儿童特殊的生理和心理需求，为其量身定做一个集康复诊疗功能为一体的生活中心显得尤为重要。为了减少环境对孤独症儿童的刺激，无棱无角的环形无疑是最佳的选择，同时通过体块的穿插和大空间的覆盖部署功能。

各项活动空间和各自的单体空间根据村民和老人一天中的事件序列形成的流线进行排布。功能体块彼此之间微妙错动，形成一系列公共空间，再加上解构的屋檐覆盖，使得内部形成非常有梯度的灰空间，构成了内向的有机界面。而这些空间成为被自由定义以及激发活动的场所，例如早上穿越农田来到综合体的老人在临街屋檐下休息碰到了准备农具进农田务农的村民，中午村民家属给村民送来伙食，家属们在中厅或者屋檐下就餐午休，而这时从共享餐厅出来的村民可以邀请他们一同就餐。所有的事件推动了这个社区的融合和塑造了新活力。

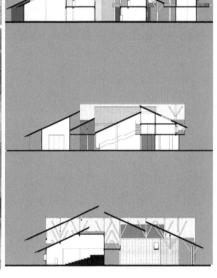

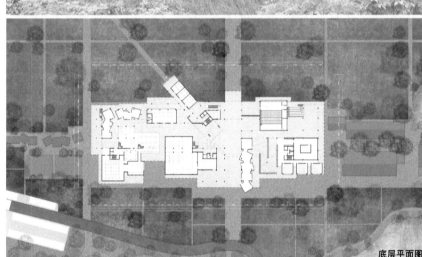

底层平面图

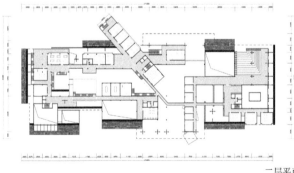

二层平面图

三层平面图

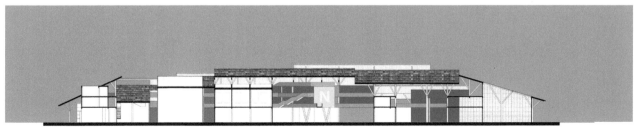

剖面图

村田置换·与民同乐

209

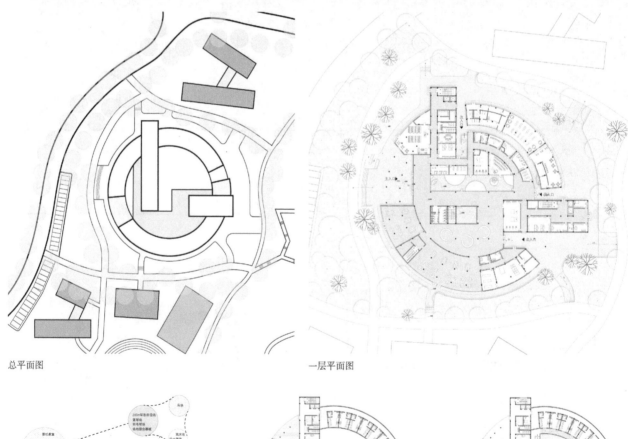

总平面图　　　　　　　　　　　　　　　一层平面图

功能分析

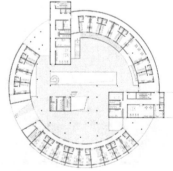

二层平面图　　　　　　　　　　　　　三层平面图

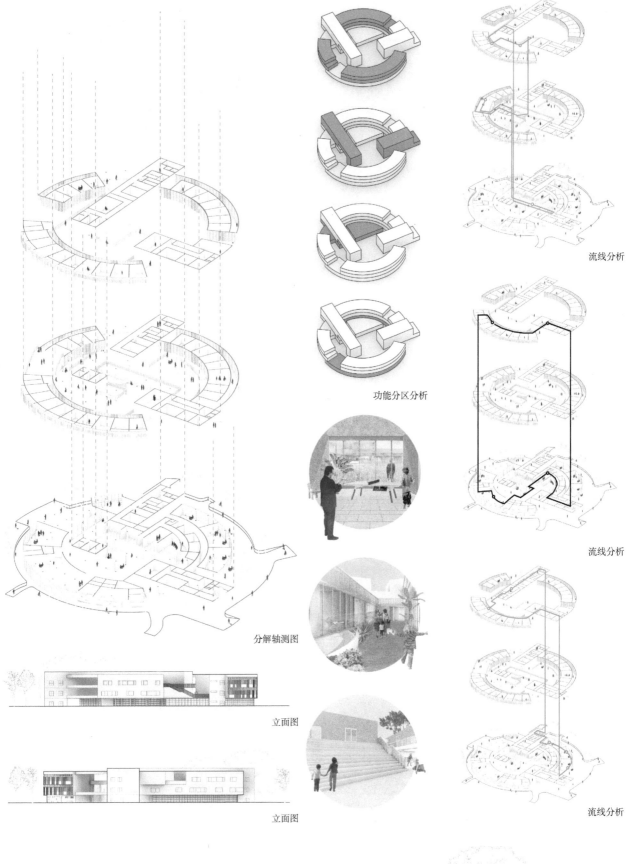

功能分区分析

流线分析

分解轴测图

流线分析

立面图

立面图

流线分析

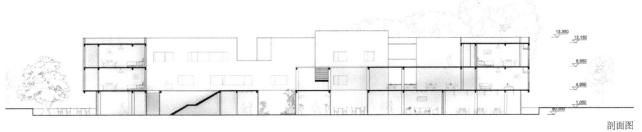

剖面图

4.5.6 乐养之园

娄颖颖 严心疃

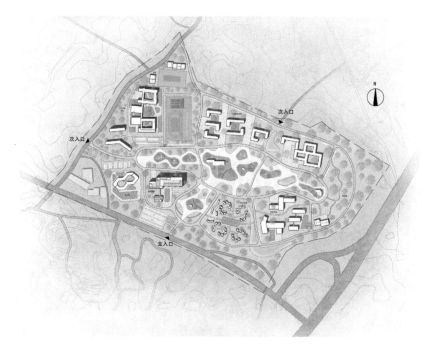

次入口

次入口

主入口

N

总平面图

规划分析

中小学老年公寓 种植
种植
幼儿园 配套公建 办公
康复医院

阅读展览
休憩亭
儿童活动
学校

种植屋舍
茶馆
阅读展览 景观喷泉
休憩亭 老年公寓
景观喷泉
休憩亭

种植屋舍
茶馆
阅读展览 景观喷泉
休憩亭
配套公建
景观喷泉
休憩亭

阅读展览
儿童活动
休憩亭
康复医院
景观喷泉
休憩亭

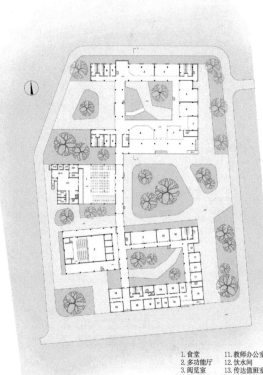

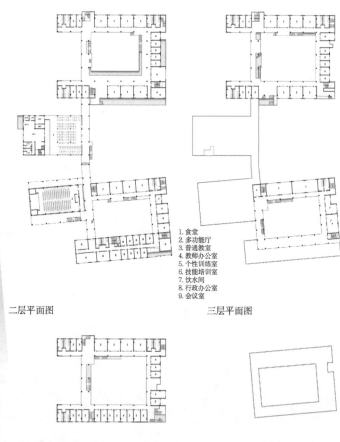

二层平面图

三层平面图

1.食堂
2.多功能厅
3.普通教室
4.教师办公室
5.个性训练室
6.技能培训室
7.饮水间
8.行政办公室
9.会议室

一层平面图

1.食堂　　　　11.教师办公室
2.多功能厅　　12.饮水间
3.阅览室　　　13.传达值班室
4.微机教室　　14.总务库
5.语音教室　　15.荣誉接待室
6.音乐疗法室　16.广播室
7.美术教室　　17.卫生保健室
8.多用途房间　18.行政办公室
9.科技活动室　19.设备用房
10.普通教室　 20.储藏间

小初部四层平面图

高中部屋顶平面图

教师评语

总体规划迎合周边村落自然生长，并打造中央景观，让老人与儿童在舒适的氛围中接近自然，帮助其康复。在建筑单体方面，在孤独症儿童学校中思考了开敞与封闭的关系，并通过趣味楼梯和平台，让孤独症儿童在得到教室教育和训练后有机会与人进行沟通与交流，在潜移默化中增强与人交往的能力。

各层平面分层图

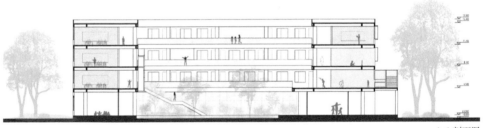

1-1 剖面图

北立面图

中小学鸟瞰效果图

南立面图

西立面图

康养医院鸟瞰效果图

一层平面图

二层平面图

三层平面图

四层平面图

五层平面图

教师评语

建筑单体从老年人实际需求出发，以保健与治疗相结合的原则排布疗养医院的功能空间，通过立面的细部材料与色彩设计，增强老人的舒适度，并创造景观平台、室内中庭等特色元素，以使医院空间变得更加活跃与积极。

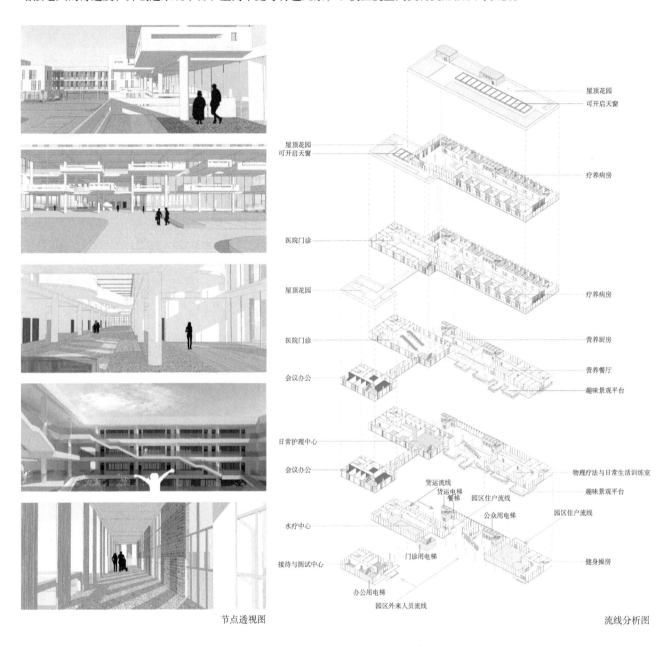

节点透视图

流线分析图

南立面图   东立面图

1-1 剖透视

乐养之园

215

4.6 华中科技大学

4.6.1 绿树村边合

陈雨蒙 张小可

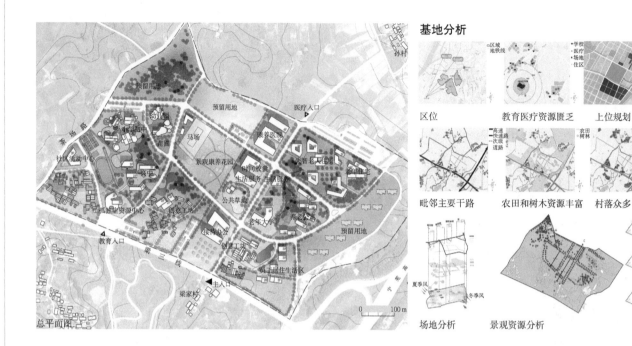

基地分析

区位　　　　教育医疗资源匮乏　　上位规划

毗邻主要干路　农田和树木资源丰富　村落众多

场地分析　　　景观资源分析

总平面图

规划定位

社区性综合福祉设施

・提供公共服务　・与村庄共生互动
・老幼复合　・康复教育培训　・自通介护失智
・保留森林　・融入环境　・丰富景观
・康复研究　・师资培训基地　・教育示范

问题与策略

问题：森林资源　解决方式：
・与功能结合　・提升辨识度　・形成景观带

问题：与周边社区的关系　解决方式：
・开放空间　・丰富层次　・保护隐私

问题：村庄围绕　解决方式：
・密度与尺度适宜　・融入森林与村庄

中期规划方案

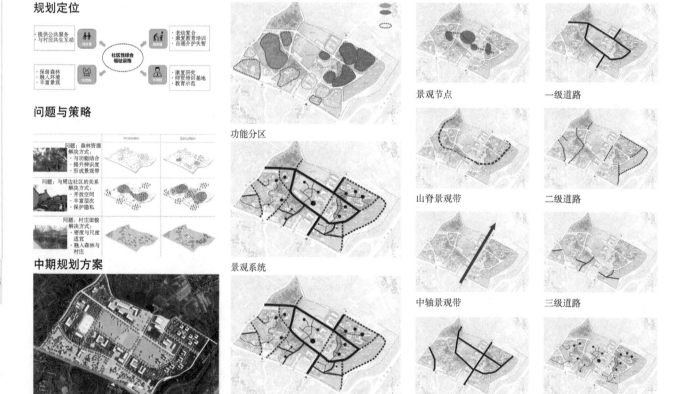

功能分区

景观系统

交通系统

景观节点　　一级道路

山脊景观带　二级道路

中轴景观带　三级道路

原有道路　　步行系统

模型场景展示

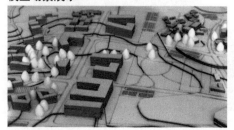

设计说明

规划设计从场地现状入手，着重保护场地风貌，营造森林中的村庄意象。建筑设计在规划概念的基础上，结合场地原有树林和坡地地形，打造与自然景观亲密接触的孤独症学校及地区性孤独症资源中心。

孤独症机构现状

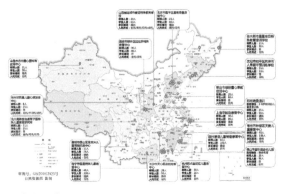

孤独症干预治疗

孤独症研究

设计的另一条线索来自对孤独症的研究，从孤独症机构现状、孤独症干预手段以及孤独症儿童的行为和空间需求，将研究的结果与孤独症学校和孤独症资源中心相结合。

孤独症干预治疗有效年龄段

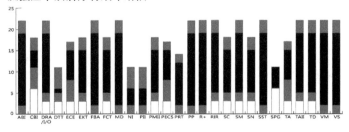

孤独症空间需求

个性化的学习
家长积极参与
一对一辅导评估
针对性的教学
数据收集
行为评估
不同干预手段结合

孤独症学校案例研究——日本久里浜特别资源学校

"久里浜"的孤独症康复教育模式采用资源中心模式，以完善的支援体系辐射全国，体现了生态化和个性化的特点。日本的经验显示，健全法律法规、增加教育资源、集中力量建立区域性特殊教育资源中心，是一种现实可行的发展策略。

任务书调整

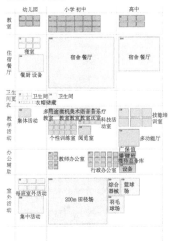

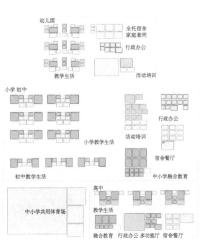
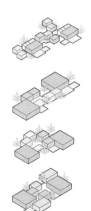

孤独症高中及资源中心设计

孤独症高中学校的设计在一层空间利用曲线形、高差、活动空间的设置，划分孤独症学生和普通学生活动区域，对不同使用人群加强引导，减少干扰，创造家长、儿童、老师有效互动交流的空间。同时，通过平台以及自由形连廊强化树木与建筑的关系。

资源中心的设计通过连续开放透明的公共空间，探讨使社区居民、志愿者、家长了解孤独症及其干预手法，接受培训，积极参与的场所。资源中心和旁边的绿化带作为社区与学校的过渡区，促进两者的互动。

①人群入口分区

②孤独症人群分隔

③人群融合

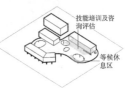
④家长参与

⑤社区互动

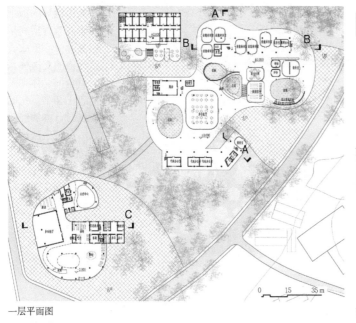
一层平面图

高中二层平面图

支援中心二层平面图

高中三层平面图

支援中心三层平面图

南立面图

东立面图

A-A 剖面图   B-B 剖面图   C-C 剖面图

教师评语

作品保留和利用了基地原有沿街村庄肌理，尊重并强化基地现有绿化自然景观，结合老人及儿童特点，合理分区。规划与建筑设计始终突显因地制宜、绿树成荫的理念，并依据孤独症儿童"回游"行为特点及不同年龄段治疗干预计划，营造出层级分明、简单易行、自然丰富的中学、小学及幼儿园空间。

通过对孤独症儿童干预手法、教学活动及所需空间的研究，对原有任务书进行调整。设计舍弃了以往学校设计常用的空间组合方式，立足于满足不同能力等级孤独症儿童的需要，根据不同的活动需求、行为习惯布置具有不同特点的空间，利用小尺度建筑围合形成院落；同时利用平台、廊道，加强建筑之间、建筑与树的联系，强化场地特征与规划概念；合理设计交通流线，满足不同时间的人群活动需求，增强对不同使用人群的引导，减少不同使用人群间的干扰；亦着重创造共享空间，加强不同群体的交流与融合。

设计概念

多边形平面适应树木分布现状，增加建筑与树木接触面。

曲线平台进一步密切了与树的关系，并为儿童提供便于到达的种植园地和活动空间。

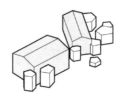

一般教学空间附加个性化干预空间的模式，满足每个儿童差异性干预需求。

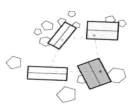

打破传统学习按年龄划分组团的形式，按照孤独症儿童的能力等级划分区域。

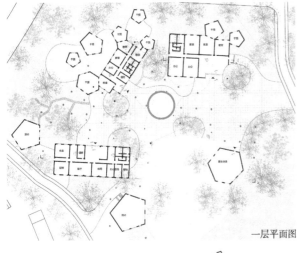

一层平面图

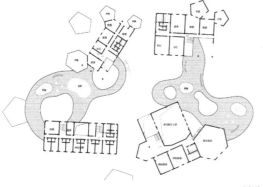

三层平面图

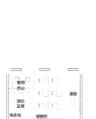

孤独症教室

融合教育教室

个体干预教室

二层平面图

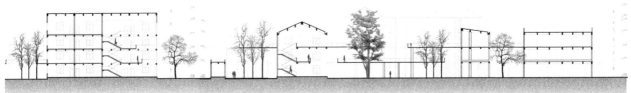

2-2 剖面图

1-1 剖面图

4.6.2 共享社区
孔 晰 李志纯

设计说明：

未来老年人将成为社会的主要构成部分，该为他们提供怎样的居住环境，是建筑师必须要思考的问题。适老化的精细设计必不可少，有温度的空间场所亦是我们考量的重要方向。设计以故城的街巷、旧时的滋味为线索，为老年人提供田园牧歌式的生活方式的空间。在这里，老年人可以采花种菜，漫步会友，也可以遇见舌尖的记忆。

设计从对象研究入手，采用以街头采访和文献研究为主的研究方法，分析了老年人的行为习惯、行为与场所的关系、老年人的生理特征及相应的建筑策略，创造了适宜老年人生活居住的社区及建筑空间。

街头采访

生理特征

生理特征	研究数据	建筑策略			
视觉衰退	老年人视力随年龄增长而减弱	增加色彩明度的辨识度	增加文字标识的字号	辅助适当的人工照明	避免强光直射
听力衰退	老年人听力随年龄增长而减弱	适当增大提醒音量	拉近声源距离	增加震动等其他感官提醒	休息空间隔绝噪音干扰
行动迟缓	人体肌肉力量随年龄的变化	在必要位置设置辅助扶手	增加座椅等休息空间	避免不易察觉的高差	设施尺度符合老人的运动幅度
记忆衰退		照片墙，唤醒回忆	居室老人自由布置，重温故居	户外空间局部场景还原，空间场景还原，熟悉，安全感	材料质感还原，唤醒熟悉的触觉

城市记忆

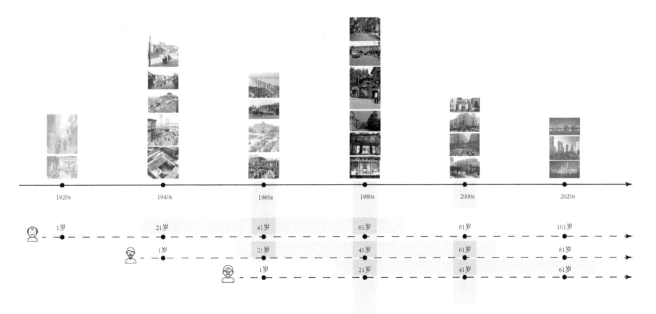

行为日常

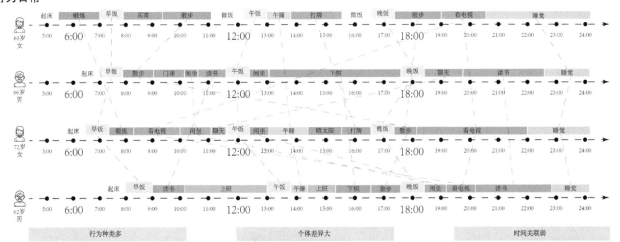

老年公寓

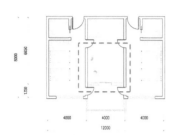

①多人间
多人间由两个双人间和一个共享客厅组成。客厅中包含起居空间和餐厨空间。
双人间有独立的卫生间，既保证了老人生活的私密性，又为他们提供了交流空间。

②双人套间 A
双人套间由双人居室、卫生间和起居室组成。
套间内形成回游动线，方便老年人的生活。

③双人套间 B
双人套间 B 由双人居室、卫生间、起居室和开放厨房组成，还配有较为独立的书房空间，为喜爱静态活动的老人提供了选择。

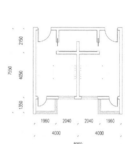

④单人间
为了老年人的安全考虑，两个单人间共享一个淋浴间。独立居住的老人可相互照应。

行为场所

教师评语

设计充分利用基地地形，巧妙布置建筑群，通过视线控制，呈现出自然地貌绵延开阔、稍有起伏的空间结构。老人公寓和住宅设计结合南京不同历史时期街区建筑特征，关注不同代际老人群体的饮食营养、行为特点，意图创造适合老人不同行为活动又具有美好回忆的特殊空间环境。建筑设计中，老人公寓及住宅的差异化值得进一步探讨。

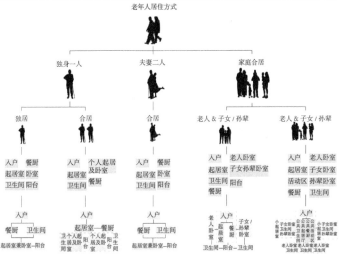

以自理老人为服务主体的老年住宅，沿用规划中坡地的自然概念和老人机理退化的人文概念。大多数自理型老人并不认为自己已衰老，但是社会给他们的定位是弱势群体，让老人们不再工作，这也就使他们与社会的接触减少，无法实现自身价值，缺少社会认同感。因此，老年住宅的设计除了要体现对养老模式需求多样化的探索外，还要帮助老年人实现自身价值。让老年人自己种植、加工并食用自己的劳动果实可以大大提升他们的自我认同，激发老人的活力，创造活力社区。

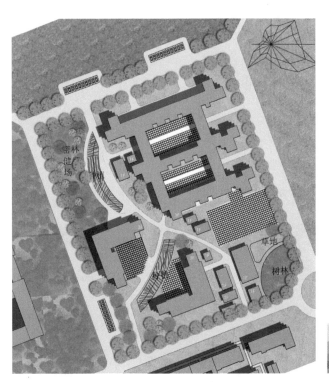

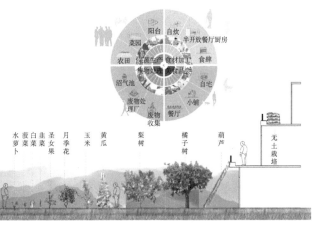

共享社区

223

4.7 北京工业大学
4.7.1 朝夕"乡"处
乔壬路 袁 浩

老幼福祉设施规划

路网结构

概念草图

设计中，以景观广场为中心，提供交流功能。

功能分区

多方案比较

从地形出发，沿 等高线布置。　从原有道路出发。　保留部分原有 道路。　保留部分场地道路，缩 小中心景观面积。

场地元素利用

原场地要素：植物、道路、保留大部分植物，植物间 建筑物。　置入建筑功能。　保留大部分建筑，用 做辅助功能。

架空廊道

建筑组团

景观元素

茶园轴测图

路网结构

水系分布

结构分层图

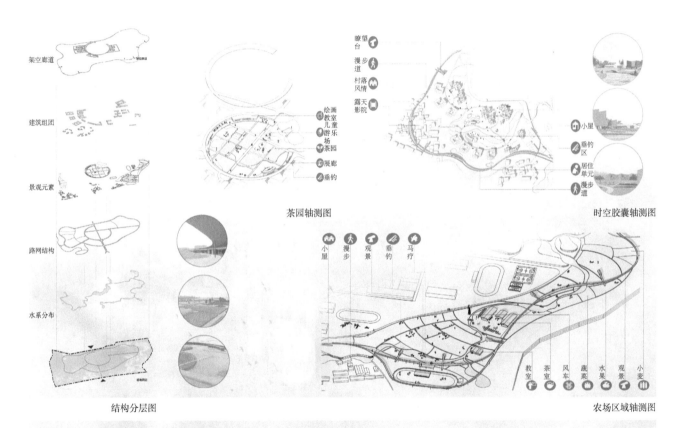

瞭望台
漫步道
村落风情
露天影院

绘画教室
儿童游乐场
茶园
展廊
垂钓

小屋
垂钓区
居住单元
漫步道

时空胶囊轴测图

小屋
漫步
观景
垂钓
马疗

教室
茶室
风车
蔬菜
水果
观景
小麦

农场区域轴测图

[BJUT 2018 | THE PROJECT WITH 6 WEEKS] 2

朝夕"乡"处

老年人福祉设施单体设计

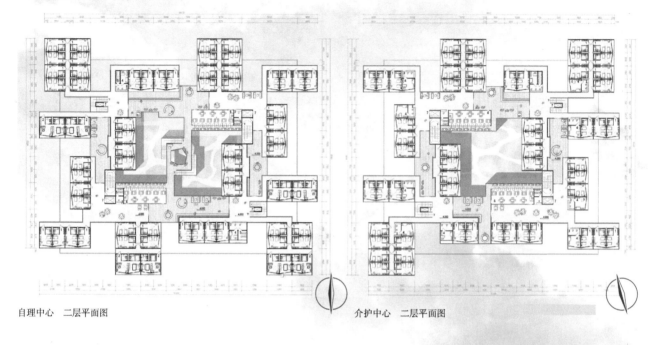

自理中心　二层平面图　　　　　　　　　介护中心　二层平面图

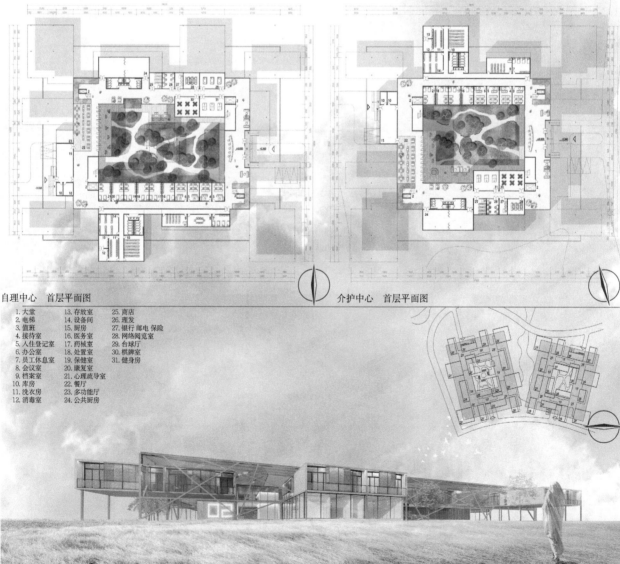

自理中心　首层平面图　　　　　　　　　介护中心　首层平面图

1.大堂	13.存放室	25.商店
2.电梯	14.设备间	26.理发
3.值班	15.厨房	27.银行 邮电 保险
4.接待室	16.医务室	28.网络阅览室
5.入住登记室	17.药械室	29.台球厅
6.办公室	18.处置室	30.棋牌室
7.员工休息室	19.保健室	31.健身房
8.会议室	20.康复室	
9.档案室	21.心理疏导室	
10.库房	22.餐厅	
11.洗衣房	23.多功能厅	
12.消毒室	24.公共厨房	

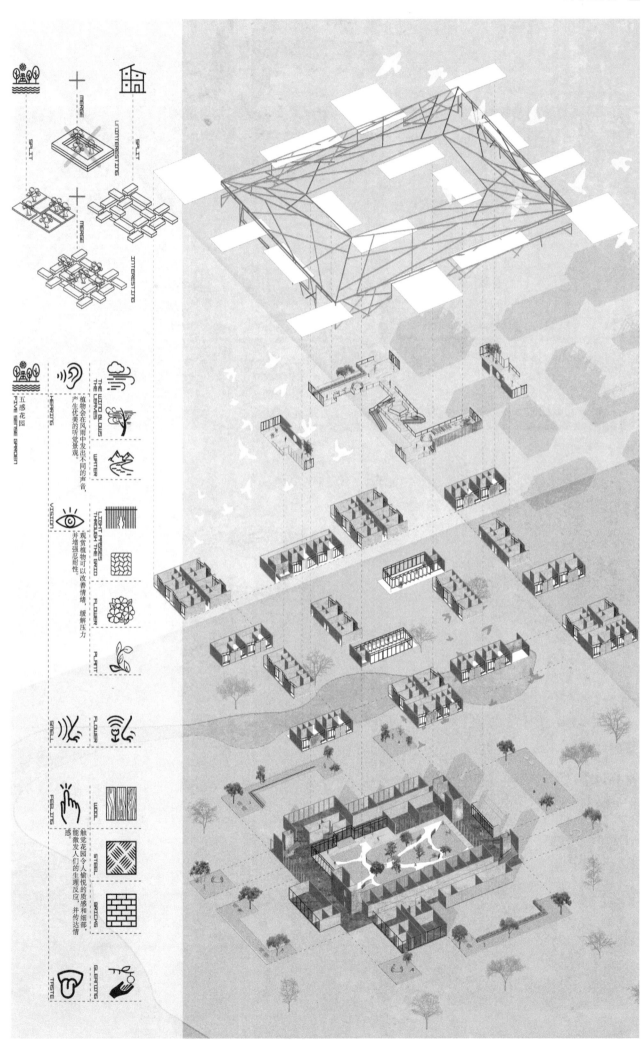

孤独症学校单体设计

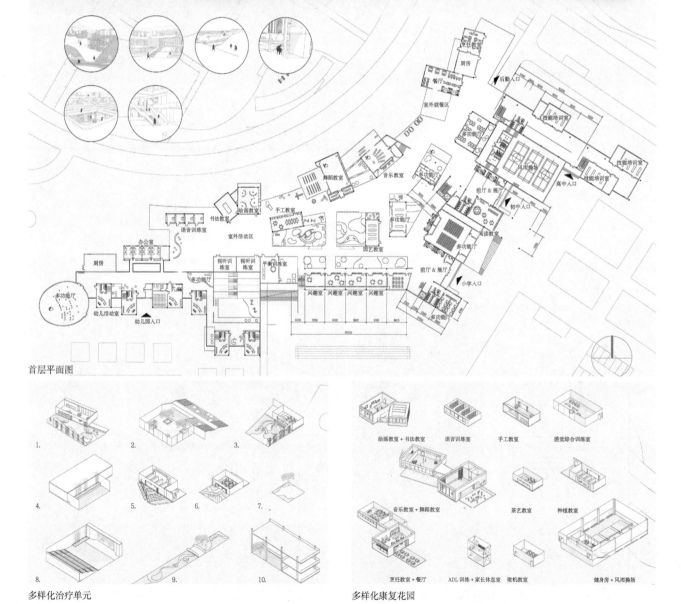

首层平面图

多样化治疗单元

多样化康复花园

教师评语

设计利用场地高差，形成以立体茶厂为核心、各功能片区环状放射性展开的向心性布局，路网关系与景观设施相得益彰、生动活泼。在建筑单体中，养老公寓着眼于共生颐养的概念，采用合院型建筑布局，通过底层架空、空中连廊将院落分割成名为"五感花园"的五个主题空间，空间可识别度高，建筑主要房间充分考虑到了不同朝向的采光需求、景观的均好性；孤独症儿童学校建筑布局以一个起伏的参数化上人屋盖统一各建筑功能，巨构形态灵动丰富，视觉冲击力强，盖下空间考虑到孤独症儿童行为特征，构筑共享内部街道，空间灵动，不失趣味。总的来说，设计实现了单体建筑与规划的统一。

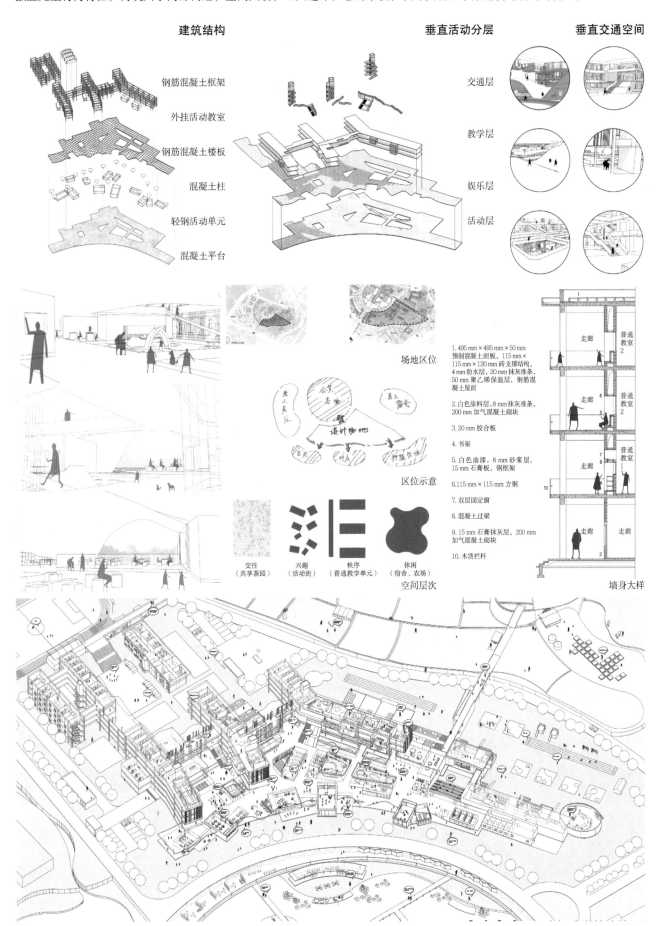

建筑结构　　　　　　　　　垂直活动分层　　　　垂直交通空间

钢筋混凝土框架
外挂活动教室
钢筋混凝土楼板
混凝土柱
轻钢活动单元
混凝土平台

交通层
教学层
娱乐层
活动层

场地区位

区位示意

1.495 mm×495 mm×50 mm 预制混凝土面板，115 mm×115 mm×120 mm 砖支撑结构，4 mm 防水层，20 mm 抹灰准条，50 mm 聚乙烯保温层，钢筋混凝土屋面

2.白色涂料层，8 mm 抹灰准条，200 mm 加气混凝土砌块

3.20 mm 胶合板

4.书架

5.白色油漆，8 mm 砂浆层，15 mm 石膏板，钢框架

6.115 mm×115 mm 方钢

7.双层固定窗

8.混凝土过梁

9.15 mm 石膏抹灰层，200 mm 加气混凝土砌块

10.木质栏杆

走廊　普通教室2
走廊　普通教室2
走廊　普通教室2
走廊　走廊

交往
（共享茶园）
兴趣
（活动街）
秩序
（普通教学单元）
休闲
（宿舍、农场）

空间层次

墙身大样

朝夕「乡」处

05

附录

指导教师与学生照片
参考文献

指导教师与学生照片

指导教师 　　　　　　　　　　　　　　　　　　　　　　　　　　　学生

东南大学建筑学院

周颖老师　陈宇老师

曹艳　宋梦梅　崔颉颀　洪玥　庞志宇　华正晨　徐子攸

黄一凡　王晨　吕雅蓓　徐海闻

同济大学建筑与城市规划学院

姚栋老师　司马蕾老师　崔哲老师

华南理工大学建筑学院

朱小雷老师　庄少庞老师

哈尔滨工业大学建筑学院

卫大可老师

浙江大学建筑工程学院

高裕江老师　裘知老师

房玥　陈非凡　冯雅蓉　叶子桐　朱元元　居子玥　梅桑娜

陈子恩　肖家琪　姜林成　杨小凡

陈晔　师语璠　方欣杨　王宇慧　郭婧媛　史鹤迪

王毅超　郑盛远　郑俊超　郑诗吟　周宇嘉　吴韵诗

储宇鑫　毛金统　张颖阳　秦士耀　娄颖颖　严心曈

陈雨蒙　张小可　孔晰　李志纯

华中科技大学建筑与城市规划学院

刘晖老师　谭刚毅老师

北京工业大学建筑与城市规划学院

李翔宁老师　胡惠琴老师　戴俭老师

乔壬路　袁浩

2018 年 4 月 20 日中期答辩的参加教师

周燕珉老师　程晓青老师　尹思谨老师　刘敬东老师　张倩老师

周燕珉老师、程晓青老师、尹思谨老师：　清华大学
刘敬东老师：　沈阳建筑大学
张倩老师：　西安建筑科技大学

2018 年 4 月 22 日在清华大学建筑学院 503 教室参加教学指导的教师

张玲老师　高燕老师

张玲老师：　深圳大学
高燕老师：　厦门理工大学

2018 年 6 月 7 日终期答辩的参加教师

曲艺老师　张萍老师

曲艺老师：　东北大学
张萍老师：　河北工业大学

1. 图书

陈立典，2012.康复医学概论 [M].北京：人民卫生出版社 .

建筑设计资料集编委会，2017.建筑设计资料集 [M].3 版 .北京：中国建筑工业出版社 .

American Association of Homes and Services for the Aging, 2005. Continuing care retirement communities: 2005 profile[M].[S.l.]: WorldCat.

ANDERZHON J W, HUGHES D, 2012. Design for aging: international case studies of building and program[M].[S.l.]: John Wiley and Sons.

馬場園明，窪田昌行，2015．地域包括ケアを実現する高齢者健康コミュニティ：いつまでも自分らしく生きる新しい老いのかたち [M]．福岡：九州大学出版社 .

加藤仁美ほか，2016.生活の視点でとく都市計画 [M].東京：彰国社 .

日本建築学会，1995.地域施設の計画：21 世紀に向けた生活環境の創造 [M].東京：丸善株式会社 .

社団法人シルバーサービス振興会，2005.生活視点の高齢者施設：新世代の空間デザイン [M].東京：中央法規 .

榊原洋一，2017.自閉症スペクトラムの子どもたちをサポートする本 (発達障害を考える心をつなぐ).東京：株式会社ナツメ社 .

一般財団法人高齢者住宅財団，2013.実践事例から読み解くサービス付き高齢者向け住宅 [M].東京：中央法規 .

猪熊純 ,成瀬友梨ほか .シェア空間の設計手法 [M].東京：学芸出版社，2016.

ヴィクター・レーニエ，2002．シニアリビング 101：入居者が求める建築デザインの要点 [M]．東京：鹿島出版会 .

2. 期刊

韩冬青，单踊，2015.融合 批判 开拓：东南大学建筑学专业教学发展历程思考 [J].建筑学报，(10)：1-5.

胡惠琴，赵怡冰，2014.社区老年人日间照料中心的行为系统与空间模式研究 [J].建筑学报，(5)：70-76.

石媛，李志民，赵宇，2018.建筑计划在医疗建筑设计课程中的应用研究 [J].城市建筑，(11)：80-82.

孙一民，肖毅强，王国光，2011.关于 "建筑设计教学体系" 构建的思考 [J].城市建筑，(3)：32-34.

肖毅强，冯江，2008.华南理工大学建筑学院建筑教育与创作思想的形成与发展 [J].南方建筑，(1)：23-27.

王鹿鸣，2011.关联设计 [M].建筑技艺，(1/2)：50-53.

张倩，2017.社区织补，代际互助 [M].新建筑，(1)：14-18.

周颖，沈秀梅，孙耀南，2018.复合・混合・共享：基于福祉设施的社区营造 [J].新建筑，(2)：41-45.

周颖，唐蓉，孙耀南，2017.基于生活视点的养老居住环境研究：以日本养老设施与养老住宅为主要考察对象 [J].西部人居环境学刊，32(3)：42-50.

周颖，孙耀南，2016.医养结合视点下可持续居住的老年住居环境的设计方法 [J].建筑技艺，(3)：64-69.

周颖，孙耀南，2016.医养结合视点下新型养老住区的设计理念 [J].建筑技艺，(3)：70-77.

ATKINSON J, HOHENSTEIN J, 2011. Using evidence-based strategies to design safe,efficient,and adaptable patient rooms[J].Healthcare Design，11(5)：47-54.

GOBER P，1985. The retirement community as a geographical phenomenon: the case of Sun City, Arizona[J], Journal of Geography，84(5)：189-198.

MOSTAFA M, 2014. Architecture for autism: autism aspectss™ in school design[J]. International Journal of Architectural Research，8(1)：143-158.

草間一郎，2006．アメリカのアクティブ・アダルト・コミュニティリタイアイメージの多様性とサンシティ [J/OL] .http://www.lij.jp/html/jli/jli_2006/2006summer_p054.pdf.

高野哲也,柳沢究,2016.自閉症者の手描き地図からみた空間把握と生活領域[J].日本建築学会学術講演梗概集・都市計画，(8)：377-378.

岡田新一設計事務所，2002.初台リハビリテーション病院 [J].近代建築，(11)：164-167.

井上由起子，2017.福祉経営の理念をかたちにする [J].医療福祉建築，(4)：2-3.

平野勝雅，2011.もやいの家瑞穂 [J].新建築，(10)：128-131.

平野勝雅，2012.リハビリセンター白鳥 [J].新建築，(10)：128-131.

雄谷良成，2017.縦割り福祉から "ごちゃまぜ" のまちづくり [J].医療福祉建築，(4)：6.

尾形裕也，2012．日本における在宅医療の現状，課題及び展望 [J]．季刊社会保障研究，47(4)：357-367.

五井建築研究所，2017.B's 行善寺 [J].医療福祉建築，(4)：12-13.

五井建築研究所，2016.Share 金沢 [J].医療福祉建築，(7)：20-23.

クルーム洋子，2008．アメリカの高齢者住宅とケアの実情 [J]．海外社会保障研究，164(9)：66-75.

金波詩明，園田眞理子，2016.自閉症スペクトラム障害のバリアフリー環境に関する研究：当事者の記述からみた建築環境における困難 [J].日本建築学会計画系論文集，(77)：1325-1332.

3. 论文集

李华，汪浩，2017. 面向老龄化社会的建筑设计教学尝试：老年公寓及社区综合养老设施研究设计 [C]// 2017 全国建筑教育学术研讨会论文集. 北京：中国建筑工业出版社：636-640.

薛春霖，2017. 教"学做研究"：浅论建筑设计课示范式教学方法 [C]// 2017 全国建筑教育学术研讨会论文集. 北京：中国建筑工业出版社：161-164.

张宇，范悦，高德宏，2017. 多元化联合毕业设计教学模式探索：以"新四校"联合毕设为例 [C]// 2017 全国建筑教育学术研讨会论文集. 北京：中国建筑工业出版社：39-42.

4. 学位论文

徐明月，2023. 基于感知觉障碍分析的孤独症感官友好环境设计研究 [D]. 南京：东南大学.

ZEISEL J，1975. Sociology and architectural design[D]. New York: Russell Sage Foundation.

5. 网页

圣科莱塔学校. https://www.stcoletta.org.

里德学院. https://www.alecreedacademy.co.uk.

里德学院. https://www.facebook.com/reedacademy.

庞德·米多斯学校. https://www.pond-meadow.surrey.sch.uk.

特拉维夫第一全纳学校. https://www.gooood.cn/inclusive-school-in-tel-aviv-israel-by-sarit-shani-hay.htm.

甘泉全功能住区. https://www.gooood.cn/sweetwater-spectrum-residential-community-for-adults-with-autism-spectrum-disorders.htm.

大米和小米北京双桥中心. https://www.gooood.cn/interior-design-for-dami-xiaomi-education-center-china-by-makadam.htm.

日本社会福祉法人佛子园官网. http://www.bussien.com.

五井建築研究所. B's 行善寺. https://www.goi.co.jp/building/bs_gyozenji.

五井建築研究所. Share 金沢. https://www.goi.co.jp/building/share_kanazawa.

初台リハビリテーション病院. http://www.hatsudai-reha.or.jp/j.

川崎市教育委員会. 自閉症の子どもの理解とよりよい支援をめざして [EB/OL]. [2019-03-26].https://www.city.kawasaki.jp/880/cmsfiles/contents/0000019/19360/jiheisyou.pdf.

悠平と歩く道 子ども部屋の構造化 [EB/OL]. [2014-10-20]. https://yuheipapa.hatenablog.com/entry/20141020/1413766184.

子ども部屋の構造化 [EB/OL]. [2011-02-06]. https://ameblo.jp/autism-awareness/entry-10790820877.html.

御野場病院 .http://www.seikankai.or.jp/care/t_reha.html.

「足す」複合化と混ぜる」複合化. http://wakuwaku-ws.com/olympus-digital-camera-406.

Center for the intrepid：national armed forces physical rehabilitation center[EB/OL]. [2007-08-31]. https://healthcaredesignmagazine.com/architecture/center-intrepid-national-armed-forces-physical-rehabilitation-centerfort-sam-houston-san-an.